（典藏版）

百部国学传世经典

中华国学经典盛宴／获取先贤核心智慧

菜根谭

【明】洪应明／著
史靖妍／主编

漓江出版社

图书在版编目（CIP）数据

菜根谭 / (明)洪应明著；史靖妍主编. --桂林：
漓江出版社，2017.7
(百部国学传世经典)
ISBN 978-7-5407-8185-9
Ⅰ. ①菜… Ⅱ. ①洪… ②史… Ⅲ. ①个人-修养-中国-明代
Ⅳ. ①B825
中国版本图书馆 CIP 数据核字(2017)第 180785 号

菜根谭

作　　者　【明】洪应明　著
主　　编　史靖妍

策划统筹　陈植武　林晓鸿
责任编辑　李淑娟

出 版 人　刘迪才
出版发行　漓江出版社
社　　址　广西桂林市南环路 22 号
邮　　编　541002
网　　址　www.lijiangbooks.com
印　　制　北京飞达印刷有限责任公司
开　　本　710 mm×1000 mm　1/16
印　　张　30
字　　数　554 千字
版　　次　2017 年 8 月第 1 版
印　　次　2021 年 8 月第 5 次印刷
书　　号　ISBN 978-7-5407-8185-9
定　　价　45.00 元

前言

中华民族有着数千年的文明历史，创造了光辉灿烂的古代文化，其中中国传统国学是我国辉煌灿烂的文化典籍的核心部分，它博大精深、源远流长，显示出中华文化的深厚根基，给人类留下了丰富的精神财富。它是我们炎黄子孙的文化精髓，它塑造了我们中华民族的民族精神，是培育民族精神的重要资源。它开启心智，滋润生命，陶冶人格，塑造灵魂。

开卷有益，忙碌的人们闲暇之时，应该用传统国学来陶冶自己的情操，开阔自己的心胸，提高自己的人文修养，用先人的哲思来涤荡自己忙碌的心灵。我们应该坚持阅读的爱好，在潮流文化的强大攻势下，让传统文化永驻我们的心田。“复兴国学，从根本上讲，是复兴中华民族的自尊心、自信心。”我们要甄选传世经典著作中最经典的部分来读，要以开放的胸襟和燃烧的激情去承接古人的经典大论与哲思华章，以自豪而不狂妄、执着而不僵化的精神风貌来直面当今社会的竞争与挑战。

为了弘扬中国传统文化，帮助读者深刻了解我们的历史与文化，用经典历史文学知识陶冶情操、提高文化修养，同时使国学得到承传，得以弘扬光大，我们精心编排了本书。为了便于读者理解和领会古代先贤的思想与精神，我们在文章中选取了与正文相契合的插画，将插画与正文有机地结合在一起，可大大增加读者的阅读趣味。

本书选取了国学经典著作中很多优秀的作品及资料，博采各类经典作品的长处，并有所创新，以使得本书风格迥异、卓然超群，相信会给读者带来全新感受。

由于时间仓促，书中难免有不尽之处，恳请读者朋友们提出宝贵意见，在此深表谢意。

目录

第一卷

第二卷

第三卷

第四卷

第一卷

天道忌盈 卦终未济

原文

事事留个有余不尽的意思，便造物[①]不能忌我，鬼神不能损我。若业必求满，功必求盈[②]者，不生内变，必召外忧[③]。

注解

①造物：指创造天地万物的神，通称造物主。

②盈：充满。

②外忧：外来的攻击、忌恨。

译文

不论做任何事都要留余地，就是不要做得太绝，这样造物的上帝才不会嫉妒我，甚至最愿与人恶作剧的鬼也不会伤害我。假如一切事物都要求尽善尽美，一切功劳都达到登峰造极的境界，即使不为此而发生内乱，也必为此而招致外患。

事典

贵妃乱朝政　害人终害己

万贵妃是明宪宗的妃子，山东诸城人。她4岁即进宫做勤杂活，由于她聪明伶俐，干活不怕脏累，又善于逢迎主子，因而很得孙太后的赏识，及至成年，出落得花枝招展，更加惹人喜欢。宪宗少年时，常到太后住处游玩，善于察言观色的万氏，感觉到自己日后要想富贵，就得在太子身上下功夫。而她那动人的媚(mèi)态，也确实打动了少年太子的心。于是他请求祖母让万氏去服侍自己，皇太后答应了他的要求。万氏跟随太子后，二人如影随形，时刻不离，名义上二人是主仆，实际上已是夫妻。宪宗当皇帝那年才16岁，万氏已是35岁的人了，尽管她比皇帝年长19岁，但仍能狐媚惑(huò)主，把宪宗弄得如醉如痴。原来万氏以为宪宗当皇帝后一定会立她为皇后，怎奈她出身寒微，皇后梦当然成为泡影。宪宗的父皇英宗看儿子已经16岁了，就在全国范围内挑选后妃，最后定下吴氏、王氏、柏氏三女为皇后人选。万氏知道自己没分，气得咬牙切齿，可是皇后尚未选定，英宗却突然病死。宪宗的生母周太后即命太监牛玉为帝选皇后，他认为三女中吴氏貌美且贤，可母仪天下。经周太后最后裁定，选择吴氏女为皇后，于是立即诏告天下，择吉日为宪宗完婚。宪宗虽然与吴皇后结了婚，但实际上并不喜爱她，其心仍恋着万氏，并且册封万氏为皇贵妃。

万贵妃没能当上皇后，把满腔怨恨都集中到吴皇后身上。她自恃宪宗宠爱，每见皇后都不遵守宫中礼法，不是冷嘲热讽，就是怒目而视。起初吴皇后尚能容忍，后来万贵妃更加肆无忌惮地顶撞她，根本不把她这个皇后放在眼里。忍耐终有限度，何况皇后年轻气盛，心想我堂堂一国女主，竟遭妃子奚落，这还了得。于是就大声斥责万贵妃，万贵妃一听，怒火中(zhōng)烧，立即反驳，在大庭广众之下侮辱皇后，惹得皇后性起，命令宫人把万贵妃按倒在地，打了一顿，这一下可闯了大祸。万贵妃披头散发地跑到宪宗面前大哭大闹，说皇后加害她，请求圣上为她做主。宪宗本来一心都在万贵妃身上，对吴皇后并不感兴趣，现在她竟敢欺负爱妃，真是岂有此理！宫廷斗争向来是不择手段的，为了达到废掉吴皇后的目的，万贵妃与宪宗费尽了心机。宪宗在万贵妃的怂(sǒng)恿下找到周太后，要求废掉吴皇后。周太后一听摇摇头说，皇后册封才一个月，没有大错，怎么能随便废掉！宪宗见母后不允，就说，如果母后不同意废掉吴氏，儿就不做皇帝了。这一下把周太后吓住了，无奈只得同意了宪宗的意见，下诏废掉吴皇后。

万贵妃见自己的阴谋得逞，非常高兴，进一步要求宪宗立她为皇后。但周太后认为她年龄太大，决不能立为皇后。后来改立王氏女为皇后。王皇后深知万贵妃的厉害，又有吴皇后前车之鉴，她一切都听之任之，一切都随着万贵妃，任凭她胡作非为，倒也相安无事。宪宗对万贵妃言听计从，朝中一些大臣也迫于她的淫威，不敢与之相抗。后来万贵妃生下一个男孩，宪宗大喜，这是他的第一个儿子。封建社会，母以子贵，既然自己生的是长子，那皇后早晚也是自己的。谁知好景不长，不到一年孩子竟夭亡了，这年她已 39 岁。从此，万贵妃再也不能怀孕了。她生性嫉妒，自己不能生，也决不能让别人生。为了实现自己的企图，她严格控制宪宗到其他妃嫔住室过夜，同时指示亲信在宫中明察暗访，只要发现宪宗去哪位妃嫔宫中，就派人送去打胎药，强逼服用，如果怀了孕，不堕胎就被秘密毒死。柏贤妃曾生一男孩，这是宪宗的第二子，被她发现后即用药毒死，宫中虽有人知道此事，但迫于万贵妃的权势，谁也不敢揭发此事，只瞒着宪宗一人就是了。

到了宪宗成化十一年，宪宗仍然无子，不免有些着急。一天，太监张敏为他梳头，他对着镜子叹息道：“朕已有白发了，老将至矣，可叹尚无儿子，将来朕百年后，这皇位谁来继承呢！”说罢潸(shān)然泪下，很是伤感。张敏大为感动，冒着生命危险，跪在地上叩头说：“万岁不必忧虑，您早有儿子了。”宪宗惊诧(chà)得瞪大了眼睛说：“爱卿不是哄骗朕吧！”张敏再次叩头说，奴才怎敢哄骗陛下！这时在一旁站着的太监怀恩也跪在地上说：“张敏所言是实，皇子是纪妃所生，今年已 6 岁，因恐遭不测，才不敢让外人知晓。”原来纪妃怀孕时，万贵妃也有耳闻，曾派人前去处治。可那人见纪妃为人忠厚，不忍加害，回来对万贵妃说，纪妃肚子内长的是一硬块，并非怀孕，万贵妃听后半信半疑，将纪妃赶出皇宫。不久，纪妃果然生了一子，这是宪宗的第三子，纪妃怕因此引来杀身大祸，便吩咐太监张敏将婴儿溺死。张敏说，皇上至今无子，岂能将亲生骨肉抛弃！于是便把小孩密藏起来抚养，纪妃乳汁不足，就用米汤补充，被废吴皇后住处离纪妃不远，也常来照料，这才将小孩的命保住。

宪宗听说有了儿子，恨不得马上见到，忙派人前往迎接。纪妃哭着说："儿去之日，便是娘命尽之时，若见一穿黄袍留小黑胡的人，即是你父皇。"宪宗见到儿子，抱在怀中热烈亲吻，看着儿子不住地连连点头，太像我了，这是我的儿子！于是下命通告满朝文武及全国庆贺。万贵妃听到这一消息，如梦方醒，认为左右蒙骗了她，把千仇万恨一下子移到了纪妃身上。不久纪妃生病，凶狠残忍的万贵妃买通太医，在药中下毒，毒死了纪妃。但无人敢追究。

6岁的小儿被立为皇太子，宪宗的母亲周太后说，太子之母已亡故，无人照料，让他搬到我的宫中来吧。宪宗遵母命，将太子送来。一天，万贵妃请太子吃饭，周太后说："你只管去，但千万记住不能吃东西。"万贵妃见太子来到，非常高兴，马上摆上一桌丰盛的宴席。太子说："我已吃过饭，什么也不吃了。"万贵妃又端来一碗汤，太子看了很久说："汤里可能有毒药，我不敢喝。"说着便起身离去。万贵妃望着太子的背影说："如此小小年纪就这样待我，如果做了皇帝，岂不把我当成砧板上的鱼肉吗！"于是她召集同党密谋，决定要除掉这个太子。唯万贵妃之命是从的宪宗也同意废掉太子。只是由于泰山地震，占卜说与太子有关，宪宗害怕才算作罢。

宪宗改变主意，决定不废掉太子，万贵妃心灰意冷，从此一直郁郁不乐，于成化二十三年暴病而死。关于她的死因说法不一。有的说是因废太子失败自缢而死；有的说是得暴病而死；也有说是因毒打宫人用力过猛，痰阻塞而死。

人能诚心和气　胜于调息观心

原文

家庭有个真佛，日用有种真道。人能诚心和气、愉色婉言，使父母兄弟间形骸两释、意气交流，胜于调息观心①万倍矣！

注解

①观心:观察自己的行为,也就是反省自己。

译文

任何家庭都应该有种真诚的信仰,任何人的生活都要有种不变的原则。一个人如果能保持纯真的心性,言谈举止自然温和愉快,这样才能与父母兄弟相处得很融洽,比用静坐调护身心还要好上千万倍。

事典

武丁意拔贤 托梦用傅说

武丁是商代一个有作为的国王,相传年少时在民间生活,了解民间疾苦,也熟悉下层的人民。他对国事和用人问题上的见识,远在他的父王小乙之上。

武丁即位后,遍观宫中大臣,没有一个可以辅佐他成就一番事业的。于是,他想出一个计谋。

一日,武丁与群臣宴饮,正在兴奋之际,武丁突然昏倒,人事不省。大臣恐慌,多方调治不见效,三天之后,武丁突然清醒,对大臣述说他几天来做的一场奇梦:

我昏迷之时,一天见到天帝,天帝叫我尽心国事,不拘旧法,选拔贤人,革除积弊(bì)。临别时,天帝告诉我有一个奴隶叫“说”的,是个贤才,上天赐之于我。你们赶快四下寻找,尤其不要放过在边远贫苦之地做苦工的奴隶。

群臣受命四出查访,终于在傅险一带(今山西平陆县东)找到了那个叫“说”的人,面貌、名字都和武丁梦中所见一样。“说”是一个奴隶,正在傅险那个地方修筑城墙。傅说“见于武丁,武丁曰:是也。得而与之语,果圣人,举以为相,殷国大治”。因为是在傅险得到的,因此定名为“傅说”。

武丁是怎样想到傅说的呢?司马迁说是“武丁夜梦得圣人,名曰说”。“乃使百工营求之野”。比较可信的解释是:武丁少时在民间曾到傅险一带私访,他扮作杂役,遇见筑城的傅说,谈及国事民心,意见十分相投,深感傅说是个不凡的人。即位以后,意欲拔以重任,又恐众人不服,于是才演出梦见天帝圣人的故事。

三顾茅庐

官渡之战后,袁绍带领残兵败将逃走了,原来投靠袁绍的刘备,只好带着张飞和从曹营回来的关羽,投奔荆州军阀刘表。刘表虽然客客气气地接待了他,而且还拨给他一些兵马,但是刘表这个人却既无大志,又无胆略,还害怕刘备的势力发展,所以就叫刘备屯驻在偏僻的新野县城内。

刘备是汉朝的宗室,从起事到现在已经二十多年了,名声极大。有许多德才兼备的人都认为他是一个明主,来投靠他,而且刘备也为了江山大业四处寻觅人才。

刘备刚刚将兵屯驻在新野后,就有一个人来投奔他,此人名叫徐庶。刘备见他机敏、忠诚,就请他担任军师。有一天,徐庶对刘备说:“您知道卧龙先生吗?”刘备说:“曾经听别人说起过,不知道他的才能比您如何?”徐庶急忙摇摇头,摆手说:“我怎么能与卧龙先生比呢?如果非要拿我和他比的话,就是乌鸦比凤凰了。”刘备惊讶地说道:“那么他一定是个非常难得的人才了,请您带他来见我吧!”徐庶连忙说:“这个万万使不得,像卧龙先生这样的天下奇才,得您亲自登门拜请才行。此人复姓诸葛,单名亮,字孔明,是琅邪阳都人。从小死了父母,跟着叔父在荆州避难。在他十七岁那年,叔父也死了,他就在襄阳城西二十里的隆中山定居下来,平时除种地以外,经常和一些朋友们攻读史书,切磋学问,谈论天下大事,而且他还将自己比作辅佐齐桓公成为霸主的管仲和辅佐燕昭王打败齐国的名将乐毅。您想想看,他不正是您所寻求的兼有将相才能,能辅佐您成就大业的人吗?他是一个非常了不起的人物,就像卧在地上准备腾空而起的巨龙,所以被称作‘卧龙先生’。您说,像这样的天下奇才,是不是值得您亲自前往,请他出山呢?”刘备听得心花怒放,点头称是,马上决定要亲自去请卧龙先生。

次日，天气晴朗，刘备带着关羽和张飞前往隆中。这里层峦叠嶂，树木高大、挺拔、葱绿，风景迷人。其中有一座山蜿蜒曲折，真像一条静卧的苍龙，准备随时飞上天空。刘备三人骑马继续前行，来到一座山岗下，看到了几间掩映在苍松翠竹间的小屋。刘备下马亲自敲打房门，里面出来一位小书童，问："你们找谁呀？"刘备客气地说："请告诉卧龙先生，刘备前来拜见。"小书童说："先生不在家，人一早就出去了。"刘备急忙问："先生去哪儿了？"小书童说："不知道，先生朋友很多，大概找朋友们一块读书去了。"刘备很失望，问道："那么先生什么时候能回来呢？"小书童说："这也说不定，或者三五天，或者十几天，没准儿。"张飞见刘备还想问下去，很不耐烦，就对刘备说："既然他不在，我们就回去吧！"关羽也同意，刘备只好对小书童说："等先生回来，请你转告他说，我刘备前来拜访了。"于是，三个人掉转马头，失望地离开了卧龙岗。回到新野后，刘备天天派人打听隆中的动静。过了几天，得到一个非常令人高兴的消息：卧龙先生回来了！刘备命令："立即备马。"这时候，正赶上冬天，冷风嗖嗖地吹，天上又飘着雪花，关羽和张飞都劝刘备改天再去，刘备不听劝阻，决意要亲自去请，关羽、张飞也只好陪着。雪花纷纷扬扬飘落下来，山就像用玉砌成似的，树也好像用白银裹着似的，很是漂亮。三个人却无心赏景。张飞还生刘备的气，吵吵嚷嚷地说："这么一个山里人，派个人叫来不就行了，何必哥哥您亲自来请呢！"刘备劝他说："卧龙先生是一个非常难得的人才，怎么可以随便去叫来呢？我之所以冒着这么大的风雪来请他，正是想向卧龙先生证明我刘备是诚心实意请他出山的。"他们冒着风雪，好不容易才到卧龙岗，刘备下马，轻轻地敲门，又是那个小书童出来说："诸葛先生正在堂上读书呢。"刘备高高兴兴地进去拜见，只见这个少年不过二十来岁，英俊年轻，刘备恭敬地行了个礼，说："久仰先生大名，这次终于见到了您，实在是很荣幸。"那个少年慌忙站起来，还了个礼说："将军您是刘皇叔吧。听童儿说过，您来找过我二哥。"刘备惊讶地问："先生不是卧龙先生？"少年说："我是诸葛均，是诸葛亮的弟弟。我还有个大哥诸葛瑾，现在在东吴做官。我和二哥住在隆中。"刘备问："那么卧龙先生现在何处？"诸葛均说："二哥和几个朋友昨天出去了。"刘备又请诸葛亮，仍是没有见到人影，只好失望地回去了，打算改日再来拜访。

又过了些时候，打听到诸葛亮确实在家，刘备就让关羽和张飞陪着，第三次前往隆中拜见诸葛亮。这次不用说张飞是不愿意去，就连关羽也有些不愿意去了。刘备说："你们知道周文王访贤姜尚的故事吗？文王那么器重姜尚，姜尚一心辅佐文王和武王，他们齐心合力，终于完成了灭殷的大业。我们应该向古人学习啊！"说完，就带着张飞和关羽出发了。为了表示自己的恭敬，在离草屋很远的地方,刘备就下马步行。从小书童那里得知诸葛亮还在草屋睡觉,就没敢惊动,刘备让关羽和张飞在门外等候,自己恭恭敬敬地站在草屋的台阶下等着。

时间过得很慢,刘备等了好一会儿,诸葛亮才醒来,小书童连忙向诸葛亮禀报说:“刘备将军已来了好半天了。”诸葛亮立即出门迎候。刘备看诸葛亮,二十七八岁的年纪,身高约八尺,是山东人的个子,但长得清秀,神采焕发。刘备迎上去说:“久仰先生大名,今日承蒙接见,很荣幸。”诸葛亮赶紧说:“刘皇叔三顾茅庐,未能迎候,请您原谅。”二人就进入草堂交谈起天下大事来。

刘备说:“现在汉室衰败,曹操将汉献帝挟持到了许昌,借着天子的名义摆布各诸侯。我想尽我的全力,平定天下,但是我的智慧和谋略很差,能力也很微薄,起事二十多年,也没有什么成就。很想请您出山,帮助我实现夙愿。”诸葛亮说:“我为将军您忧国忧民之心而感动。但是我年纪太轻,学识不足,而且又不愿意追求功名利禄,还是请将军另请高明吧!”诸葛亮怎么也不肯答应刘备的请求,刘备急忙诚恳地说:“希望先生能救救天下受苦受难的百姓,为我指出一条宽阔的前程吧!”诸葛亮虽然在隆中居住了十年,但他却根据自己对天下大事的精心观察分析,形成了独特的政治见解,确定了统一天下的方针。刘备诚恳的求问使他很受感动,就向刘备提出了自己的见解。

他说:“自从董卓叛乱进入洛阳以来,天下豪杰们同时举起反叛大旗,势力很大,大有争夺天下之势。曹操和袁绍相比,无论从实力上讲还是从名望讲,都不如袁绍,可他却打败了袁绍,主要是因为他有智谋。如今,曹操兵力充足,并且挟持了汉帝,不可能与他争夺天下。而孙权呢,他占有长江的险要,而且老百姓都顺从他,有才能的人也时有去投奔他,因此,对他只能联合,不能打他的主意。总之,要联孙抗曹。”

刘备会心地点了点头,心想:是啊,对曹操是不能硬拼,只能联合孙权才能同曹操对抗。但是我还不能站稳脚跟呢,我没有立足之地呀。诸葛亮说:“荆州这个地方,地势险要,北有汉水,沔水,南通南海,东连吴会,西通巴蜀,是个用兵的好地方,而刘表却没有守住它的能耐。这荆州之地,正是为将军提供了发展事业的好地方。而且益州(今四川省及云南、贵州、湖北、陕西、甘肃各一部分,巴郡,蜀郡即属益州)号称‘天府之国’,将军您可以益州为根据地,完成您的远大志向。”

听完这一番话,刘备舒了一口气,精神也为之一振。但是他对自己如何争取光明的前程,还很模糊。诸葛亮说:“您是皇家后代,而且为人正直,许多人才都前来投靠于您。您如果能同时占有荆州、益州,凭着险要的地势,团结好西南的少数民族,对外联合孙权,对内政治清明,等待时机,再向中原发展。这样,您就能完成自己的夙愿,汉业也可以复兴了。”

刘备对诸葛亮精辟的分析大为赞赏，一再拜谢道："先生的话使我受益匪浅，如能出山相助，我就可以随时领教了。"诸葛亮仍然推脱，刘备悲伤地说："先生您这样的天才，不肯出山相助，是我刘备的不幸，是汉室的不幸呀！"说着，泪水夺眶而出。诸葛亮深深地被感动了，立即答应出山。从此以后，诸葛亮就用他全部的智慧和才干辅佐刘备。刘备三顾茅庐求请诸葛亮的佳话也一直流传至今。

王猛扪虱谈天下

东晋时期，桓温第一次北伐驻军灞上的时候，有一天，一个穿着一身破旧短衣的读书人到军营前求见桓温。桓温正想招揽人才，听说来了个读书人，很高兴地接见了他。

这个读书人名叫王猛，从小家里很贫困，靠卖畚箕过活。但是他挺喜欢读书，学问渊博。当时关中士族嫌他出身低微，瞧不起他，他毫不在乎。有人曾经请他在前秦的官府里做小官吏，他也不愿去。后来索性在华阴山隐居了下来。这次听到桓温打进关中，特地到灞上求见桓温。

桓温想试试王猛的学识才能，请王猛谈谈当今天下形势。

王猛把南北双方的政治军事形势分析得一清二楚，见解十分精辟，桓温听了不禁暗暗佩服。

王猛一面谈，一面把手伸进衣襟里摸虱子（文言是"扪虱"，扪音 mén）。桓温左右的兵士们见了，差一点笑出来。但是王猛却旁若无人，照样跟桓温谈得起劲。

桓温问他说："这次我带了大军，奉皇上的命令远征关中，为百姓除害。但是为什么我来到这里，地方上的豪杰都不来找我呢？"

王猛淡淡一笑说："您不怕千里跋涉，深入敌人腹地。但是长安近在眼前，您却不渡过灞水。大家不知道您心里怎么打算，所以不愿来见您啊。"

王猛这一番话正说中了桓温的心事。原来桓温北伐，主要是想在东晋朝廷树立他的威信，制服他在政治上的对手。他驻军灞上，不急于攻下长安，正是想保存他的实力。

桓温无话可答。但是他看出王猛是一个难得的人才，从关中退兵的时候，他再三邀请王猛一起南下，还封他一个比较高的官职。王猛知道东晋王朝的内部矛盾很深，拒绝了桓温的邀请，仍旧回到他的华阴山去了。

但是这样一来，这个摸虱子的读书人却出了名。

后来，前秦的皇帝苻健死了，他的儿子苻生是一个十分残暴的人，很快就被他的堂兄弟苻坚推翻。

苻坚是前秦王朝中一个有作为的皇帝。他在即位以前，就想找一个得力的助手。有人向他推荐王猛。

苻坚派人把王猛请了来，两个人一见如故，谈起历史上兴亡大事，见解完全吻合。苻坚十分高兴，认为真像刘备找到诸葛亮一样。

苻坚即位后，自称大秦天王。王猛成为他最亲信的大臣，一年里被提升五次，权力大得没人能跟他比。

那时候，王猛才三十六岁，年纪轻轻，又是汉族人。前秦的氐族老臣见到苻坚这样信任王猛，哪会心服。有个氐族大臣樊世，是跟着苻健一起打下关中的。有一次见到王猛，很生气地骂他："我们耕种好土地，你倒来吃白饭。"

王猛也顶了他一句说："你们不但要耕种，还要给我做饭呢！"

樊世更冒火了，说："我不把你的头割下来挂在长安城头上，我也不想活了。"

隔了几天，樊世和王猛在苻坚面前又争论起来，樊世当着苻坚的面，要想打王猛。苻坚觉得樊世闹得不像话，把他办了死罪。从此以后，氐族官员再不敢在苻坚面前说王猛的坏话了。

王猛受苻坚的信任，帮助苻坚镇压豪强，整顿朝政。王猛兼任京兆尹的时候，太后的弟弟光禄大夫强德酗酒闹事，强抢人家财物和妇女。王猛一到任，就逮捕了强德，一面派人报告苻坚。等到苻坚派人来宣布赦免强德，王猛早已把强德处决了。以后几十天里，长安的权门豪强，皇亲国戚，被处死、判刑、免官的二十多人。朝廷官员大为震惊，坏人也不敢胡作非为了。苻坚赞叹说："我现在才懂得国家应该有法制呢。"

过了十几年，前秦在苻坚和王猛的治理下，国力越来越强大，先后灭掉了前燕、代国和前凉三个小国，统一了黄河流域地区。

动静合宜　道之真体

原文

好动者云电风灯[1]，嗜寂者[2]死灰槁木[3]；须定云止水[4]中，有“鸢飞鱼跃[5]”气象，才是有道的心体[6]。

注解

①云电风灯：形容短暂不稳定。

②嗜寂者：特别好静的人。

③死灰槁木：死灰是指熄灭后的灰烬，槁木是指枯树，比喻丧失生机的东西。据《庄子·齐物论》篇：“形固可使如槁木，而心固可使如死灰乎。”

④定云止水：定云是停在一处不动的云，止水是停在一处不流的水，都是比喻极为宁静的心境。

⑤鸢飞鱼跃：鸢，形状如阳，指极为宁静中的动态。

⑥心体：心就是本体，因为古时以心为思想的主体。

译文

一个好动的人就像乌云闪电，霎时就会无影无踪，又像风前的残烛孤灯，摇曳不定忽明忽暗；一个喜欢清静之人，如熄灭的灰烬，又像丧失了生命的枯木，生命力消失。可见过分的变幻和清静，都不是合乎理想的人生观，只有在缓动的浮云下，平静的水面上，才能看到鹞鹰飞舞，鱼儿跳跃的景观，用这两种心情来观察万事万物才算是具有崇高道德的人。

事典

靖郭君欲城薛

靖郭君田婴准备在封地薛修筑城防工事，因为会引起齐王猜疑，不少门客去劝谏阻止他。田婴于是吩咐传达人员不要为劝谏的门客通报。

有个门客请求谒见田婴，他保证说：“我只说三个字就走，要是多一个字，愿意领受烹杀之刑。”田婴于是接见他。客人快步走到他跟前，说：“海大鱼。”然后转身就走。田婴赶忙问：“先生还有要说的话吧？”客人说：“我可不敢拿性命当儿戏！”田婴说：“不碍事，先生请讲！”客人这才回答道：“你没听说过海里的大鱼吗？渔网钓钩对它无能为力，但一旦因为得意忘形离开了水域，那么蝼蚁也能随意摆布它。以此相比，齐国也就如同殿下的‘水’，如果你永远拥有齐国，要薛地有什么用呢？而你如果失去了齐国，即使将薛邑的城墙筑得跟天一样高，又有什么作用呢？”田婴称赞说：“对。”于是停止了筑城的事。

靖郭君在薛地筑造城池，是一种发展私家势力的行为。这不利于齐国的国家利益，也不利于靖郭君个人的长远利益。齐客以“海大鱼”为喻，恰切地说明了靖郭君个人与齐国犹如大鱼与海的关系，终于使靖郭君停止了“城薛”的行为。

孟尝君欲入秦

孟尝君即将西行秦国，幕僚说客百般劝阻他听不进去，并说：“你们用人事道理劝我，我都懂，不必再言，如有用诡语的鬼道来劝我，我倒要斟（zhēn）酌（zhuó）斟酌。”

孟尝君言毕，家臣来报：“有人要以诡德鬼道奉告。”

孟尝君吩咐家臣接见。来人见到孟尝君就说：“我来此经过淄水，见淄水上有两个偶人交谈，一个是土偶，一个是木偶。木偶对土偶说：‘你原先是泥土，于是把你捏成土偶，如果遇到雨水、洪涝一起来，你一定被毁，变成一团泥巴。’土偶不否定地说道：‘不错，我遭雨水、洪水会不成形，但我是返璞归真了。而你呢！原是东园桃树被人取干刻成人形，遇到雨水、洪涝一起来，你必定浮在汪汪水面上东游西荡，最终不知归宿。君侯现在入秦，秦是四面闭塞的国家，对中原虎视眈眈地存觊觎之心，如若您去，恐像木偶一样，遭不知所终的祸患。'"

孟尝君听后在厅堂踌(chóu)躇(chú)一会，然后无言离去，自此再也不讲西走秦国之事。

欲动必先确定根本，有了根本的原则，无论遇到外界何等巨大的压力，都不会对自身造成多大的伤害；有了根本的东西，即使受了损伤，也能及时作出补救措施，并且，还能够促进事情的发展。动以静为根，且动要注意适度，否则，就会害生。

弄权一时　凄凉万古

原文

栖守道德①者，寂寞一时；依阿②权势者，凄凉万古。达人③观物外之物④，思身后之身⑤，宁受一时之寂寞，毋⑥取万古之凄凉。

注解

①道德：指人类所应遵守的法理与规范。据《礼记·曲礼》说："道德仁义，非礼不成。"

②依阿：阿与依同义，依附、迎合。指自己缺乏独立人格，凡事都随意附从他人意见。

③达人：指智慧高超、胸襟开阔、眼光远大的人，据《左传·昭公七年》说："圣人有明德者，若木当世，其后必有通达之人。疏：'谓知能通达之人。'"

④物外之物：泛称世事以外的东西，也就是现实物质生活以外的精神生活和道德修养，即佛都所谓不生不灭的涅槃境界。

⑤身后之身：指身死后的名誉。

⑥毋：毋同"勿"，不要。

译文

一个坚守道德规范的人，虽然有时会遭受短暂的冷落；可那些依附权势的人，却会遭受永久的凄凉。大凡一个胸襟开阔的聪明人，能重视物质以外的精神价值，并且又能顾及死后的名誉问题。所以，他们宁愿承受一时的冷落，也不愿遭受永久的凄凉。

事典

一朝权在手　放纵何所有

晋惠帝新的辅佐大臣是太宰汝南王司马亮和太保卫瓘，秦王司马柬(jiǎn)、楚王司马玮等一批宗室亲王和老臣，贾后族党贾模、郭彰、贾谧(mì)等也共同参与国政。这样的安排，显然是暂时妥协的结果，新的权力之争立即又开始了。

对于贾后来说，两个辅佐大臣暂时还不构成主要危险，因为汝南王软弱无能，卫瓘乃一介文官，都好对付。主要的威胁来自掌握兵权的楚王司马玮和东安王司马繇(yáo)。

首先被除掉的是东安王繇。司马繇很讨厌贾后的凶残，想废掉她，不料尚未行动，便被其兄到汝南王那里诬告一状，说他"专行诛赏，欲专朝政"。贾后立即利用这条罪状罢了东安王的官，接着又以他有不满言论为由，将他废迁到带方(在今朝鲜境内)。

贾氏党族的权势更加膨胀，尤其是贾氏的母舅郭彰和内侄贾谧二人，整日宾客盈门，以致世人有"贾郭"之称。贾谧多少懂点文学，也喜欢延揽士大夫，因

此，陆凡、潘岳、左思等文人纷纷前来依附，号称"二十四友"。潘岳对贾谧尤其卑恭，每逢遇到贾谧和郭槐出门，都要下车伏在路边，望尘而拜，真是丢尽了文人的脸面。

不久，新的机会使贾后如愿以偿，清除了剩下的对手。汝南王司马亮和卫瓘见楚王玮刚愎好杀，想夺其兵权，用临海侯裴楷当北军中侯，掌管禁军。楚王玮得知后，大发脾气，吓得裴楷不敢接受委任。汝南王亮和卫瓘又想打发楚王玮与诸王都回封国去，楚王更加愤怒。有人建议他去投靠贾后，楚王接受了这个建议，果然被贾后留下当了太子太傅。贾后留下楚王的目的，是要利用他来行借刀杀人之计。元康元年(291)六月，贾后叫惠帝下手诏给楚王玮，让他率兵诛杀汝南王亮和卫瓘，等到楚王玮完成任务以后，贾后又以惠帝的名义，派殿中将军王宫举着皇帝解散兵卒用的驺虞幡，向兵众宣布："楚王矫诏用乱，大家不要听从他！"兵卒立即放下武器，一哄而散。楚王玮成了光杆司令，不知所措，随即被捕。临刑，楚王玮从怀中取出用青纸写的惠帝手诏，给监斩官尚书刘颂，流着泪说："我受诏行事，以为是为了国家，如今反倒成了罪恶。我也是先帝子孙，为什么要蒙受此等不白之冤啊！"这位二十一岁的亲王，一向以果敢勇锐、乐善好施而深得人心，然而，他毕竟太年轻、太单纯、太轻信，有勇而无谋，难免成为俎上之肉。

一箭双雕，除掉太宰、太保和楚王之后，大权就完全落到了贾后手中。她除依靠族兄贾模、内侄贾谧和母舅郭彰外，还起用了几个有经验的大臣。以张华为侍中、中书监，裴颀为侍中、尚书仆射，裴楷为中书令，加侍中，与右仆射、司徒王戎共掌机要。这几个人和贾模倒还能互相配合，同心辅政，故而在以后的七八年内，总算相安无事，维持了一个相对稳定的局面。

贾后见大权在握，便开始荒淫放恣，为所欲为。这个又黑又矮的丑女人，私生活特别放荡，不光与太医令程据等人乱搞，还经常派人在洛阳城内外物色美貌少年入宫和她鬼混。洛阳城南有个专管抓捕盗贼的小吏，年少貌美，风度翩翩。有一天人们忽然发现他穿起了常人不可能有的华贵服装，都怀疑他是偷盗来的,上司也当面审问了他。小吏当众交代说:“前些日子,我在路上碰到一个老太婆,说家里有人生病,巫师讲须找一个城南的少年去压压邪气,求我帮忙,答应重谢。我就跟了她去,上车以后,放下帷帘,将我藏在簏(lù)箱中。车子行了大约有十来里路,抬下箱子,过了六七个门槛,然后打开箱子,让我出来。只见周围尽是楼台亭阁,我问这是什么地方?回答说是天上。接下来让我用香汤洗浴,换上贵重衣服,美餐一顿,然后将我带进一间房内。里边有个女人,大约三十五六岁,身材很矮,皮色青黑,眉后有疵。她留我住了几天,和她同枕共饮,临走还送了我这些贵重衣物。”旁听的人中有贾后的远亲,知道少年所说的中年妇人就是贾后,不禁为之脸红,赶紧走掉。小吏的上司也是个聪明人,从此不再追究此事。本来,贾后怕丑事泄露,凡是被骗进宫去的少年,她玩腻了便杀掉,没有能活着出来的。这个小吏算是命大,贾后实在太喜欢他了,才活着放了出来。

贾后与许多男人淫乱,但只生了三个女儿,到四十多岁,还是没有儿子。郭槐见女儿无子,劝她好生爱护太子司马适,贾后却根本不听。郭槐想把小女儿贾午所生的女儿嫁给太子为妃,太子也很愿意结这门亲事以巩固自己的地位,贾午和贾妃两姊妹都不同意。太子听说王衍的大女儿长得十分漂亮,贾后却偏让贾谧娶了她,而为太子聘了不如姐姐的小女儿,太子愤愤不平,溢于言表。元康九年(299)十一月,郭槐临终,特地拉着贾后的手,叮咛女儿:“我死之后,务必尽心扶持太子。赵粲和贾午会扰乱你家大事,别让他们再进言。你要牢记我的话。”贾后却反其道而行之,加紧谋害太子,终于酿成“八王之乱”。西晋的灭亡与这个恶妇有直接关系。

抱朴守拙　涉世之道

原文

涉世[①]浅，点染[②]亦浅；历事深，机械[③]亦深。故君子与其练达[④]，不若朴鲁[⑤]；与其曲谨[⑥]，不若疏狂[⑦]。

注解

①涉世：经历世事。《晋书·孔衍传》说："博学不及衍，涉世声誉过之。"
②点染：此处是指一个人沾上不良社会习气，有沾污之意。
③机械：原指巧妙器物，此处比喻人的城府。
④练达：指对世事能圆滑通达。
⑤朴鲁：朴实、粗鲁。此处指憨厚，老实。
⑥曲谨：拘泥小节谨慎求全。
⑦疏狂：放荡不羁，不拘细节。白居易诗："疏狂属年少。"

译文

一个刚踏入社会的青年人阅历虽然很短浅，但是所受各种社会不良习惯的感染也比较少；一个饱经世故而阅历很广的人，各种恶习也随着增加。所以一个有修养的君子，与其讲究做事的圆滑，倒不如保持朴实的个性；与其事事小心谨慎委曲求全，倒不如豁达一点才不会丧失纯真的本性。

事典

林逋乐清贫　修身严律己

林逋(公元967—1028年),字君复,亦称和靖先生,北宋钱塘(今浙江杭州)人。少年丧父,刻苦攻读,但不求功名和权力,乐于过清贫生活,后在西湖孤山的一个草屋中定居。撰(zhuàn)有《省心录》。

《省心录》中说:"以责人之心责己,则寡过;以恕己之心恕人,则全交。有过知悔者,不失为君子;知过遂非者,其小人欤!"其意思是:在人与人交往的过程中,首先应该严于律己,宽以待人,这样才能少犯错误,多交朋友。如果有了过失而知道痛改前非,仍然是一位君子;反之,知错不改,因循姑息,那可就是小人了。

林逋认为,自恕和责人是一个问题的两个方面,凡是事事总在原谅自己或文过饰非的人,就会常常把责任事故和自己的过失推给对方,或过分强调客观因素的不利条件。为此,他要人们严格要求自己,成为"严于律己,宽以待人"的君子。同时,他还认为,作为一个君子有三个基本要求:

首先,要敢于正视自己的缺点和错误,不要讳疾忌医。他说:"人有过失,己必知之;己有过失,岂不自知。"又说:"制水者必以堤防,制性者必以礼法。"只有将自己的惰性和行为纳入礼仪和法度中,并经常强调自我检查和约束,才能防止违礼背俗或是违法乱纪的事情发生。

其次,要有自信心。他说:"自信者人亦信之,胡越犹弟兄;自疑者人亦疑之,身外皆敌国。"意思是说,只有自己相信自己,别人才会相信你,即使是南北相隔迢迢万里甚至是不同民族,双方的关系也会亲如手足。反之,自己缺乏自信,则将寸步难行,自身以外都是敌人。

再次,要从严要求自己。林逋认为,修身在于治民主,要以仁人志士作为自己的表率。他说:“见善明,则重名节如泰山;用心刚,则轻生如鸿毛。”又说:“为善易,避为善之名难;不犯人易,犯而不较难。”意思是说:想要做好事并不难,难的是做了好事不求别人知道;不侵犯他人的利益并不难,难的是当自己的利益受到他人侵犯时而不计较。

林逋一生虽然没有做什么官,但是他的有关治心修身的名言,仍常被后人当作座右铭。

出淤泥而不染　明机巧而不用

原文

势利[①]纷华,不近者为洁,近之而不染者尤洁;智械机巧[②],不知者为高,知之而不用者为尤高。

注解

①势利:指权势和利欲。《汉书·张耳陈余传》说:“势利之交,古人羞之。”

②智械机巧:运用心计权谋。

译文

权力和财势,以不接近这些的人为清白,接近而不受污染的人就更为清白;权谋术数,以不知道算高明,知道而不使用者就更为高明了。

事典

不皲手的药

宋国有个人善于炼制一种预防皮肤冻裂的药膏。在冬天,如果把这种药膏涂在手上的话,就能够防止手冻裂,所以他家祖祖辈辈就靠冬天在河边把这些药膏卖给洗衣服的人为生。

有个外地人听说他们家善于炼制这种药膏,便寻上门来,情愿出一百个大钱买下他的药方。这家人在农村里生活了几十年,从来没见过这么多的钱,这些钱足以够他们全家什么都不干生活好几年了。但是考虑到是祖传的秘方,他也不能擅作主张,于是他召集全家商议说:“我家在河边卖了几辈子的药膏,也挣不到几个钱,现在只要卖掉药方,一下子就可以拿到一百大钱。怎么样,卖了吧?”家人一听说能卖这么多的钱,心跳都快停止了,大家都异口同声地说:“还等什么,卖了吧!”

那个外地人弄到了药方,便去献给吴王,并让吴王派太医照着药方制造这种药膏。不久,越国大举侵犯吴国。吴王命令那外地人统率军队迎战,当时正值朔冬腊月,两军在水上大战。吴国军士涂上药膏,手脚皮肤没有冻裂,一个个生龙活虎,杀得越国人望风而逃。

吴王大喜,划出一块土地封赏给他。

同样是这种预防皮肤冻裂的药膏,有的以此得赏封地,有的则只能卖给洗衣人,这原来是用法不同的结果啊!

同样的东西,只是不同的人让它在不同的领域发挥作用,结果收到了截然不同的效果。任何事情,都不能只局限于眼前的利益,要把目光放得长远,积极开拓进取,把事物的优势和效用发挥到极致,让“物尽其用,人尽其才”。

田父弃玉

魏国有一位农夫,善于稼禾之作,人们尊称他为田父。有一天,他在野外开拓荒地,无意中发觉一块直径一尺的宝玉,因他不识货,便取回家向邻人请教。

不想邻人是个贪利的小人,欲占宝玉为己有,就哄骗他说:“这是一块惹祸的怪石,藏在家里不吉利,不如还是放回原处,扔掉算了。”

田父听了他的话,将信将疑,后来还是将宝玉带回家中,放在室内的庑(wǔ)廊下。

这天夜里,宝玉大放异彩,照得室内通明,田父全家惊骇不已,恐怖失色。第二天一早,就将宝玉放光的事告诉了邻人。邻人乘机连吓带骗地说:“这是怪石作祟的征兆,日后必生祸患,唯有抛弃掉灾祸才可消除。”

田父经不住邻人的恐吓,于是毅然将宝玉弃之远郊。

田父弃玉,邻人却偷偷地将宝玉取回来,俟后奉献给魏王。魏王见到宝玉急忙召玉匠询问。玉匠接过宝玉仔细端详了一会儿,向魏王拜贺:“微臣张胆恭贺大王得宝,这块玉璧是天下奇珍,臣一生未曾见到如此的异宝。”

魏王问:“你说玉是奇珍异宝,我问你这块玉璧有多大的价值?”

玉匠答道:“物当有价,此玉璧无价可以当值。昔日有价值连城之玉,这块玉璧用五座城池只能买得看一眼。大王试想此玉价值几何?”

魏王立即召见献玉的邻人,赏赐给他千金,并且永久享受大夫的俸禄。

天下万事皆有是非,虽说是者常是,难以为非;非者常非,难以为是。但常是的不一定能为时所用,常非的却偏有人要取而用之;用常是的常常会失去自己应有的,行非的常常会得到自己不应有的。养生者不要凭得与失的观念,来权衡行为利弊,而应以是否对生命有益去把握心智思维。

良药苦口　忠言逆耳

原　文

耳中常闻逆耳[1]之言，心中常有拂心[2]之事，才是进德修行的砥石[3]。若言言悦耳，事事快心，便把此生埋在鸩毒[4]中矣。

注　解

①逆耳：刺耳，使人听了不高兴的话。《孔子家语·六本》中说："良药苦口而利于病，忠言逆耳而利于行。"

②拂心：不顺心。

③砥石：是一种磨石，粗石叫碗，细石叫砥，此处指磨炼、教训。

④鸩毒：鸩，是一种有毒的鸟，其羽毛有剧毒，泡入酒中可制成毒药，成为古时候所谓的鸩酒，人喝了酒后会立即死亡。

译　文

一个人的耳朵假若能常听些不中听的话，心里经常想些不如意的事，这才是敦品励德的磨刀石。反之，若每句话都好听，每件事都很称心，那就等于把自己的一生葬送在剧毒之中了。

事典

子玉不听劝　落入敌圈套

为人性情暴躁，动不动就发脾气，这是一个领袖人物的品行之大忌。古今中外，许多领导人就是因为这一性格毛病，贻误了国家，祸殃及自身。公元前632年农历四月三日，楚国令尹子玉率领五国的联合兵马进攻宋国，在与晋文公率领的军队于城濮（pú）进行的一次大战中，由于子玉性情暴躁，感情用事，致使楚军一败涂地，子玉本人也自杀身亡。

公元前638年，宋军因泓水之败归附了楚国。可是，公元前634年，宋国又开始背楚亲晋，这一行动引起了楚国的极大不满。第二年冬天，楚成王会合陈、蔡、郑、许四国的军队包围宋都。宋急忙向晋国求救。晋国当时正想联合中原诸侯，抵抗楚国北进，从而自己称霸中原，宋国主动来求救，这正好借机争取宋国。所以，晋文公便很快地发兵救宋。

公元前633年春，晋军以问罪曹国为名，借道卫国。卫国不予借道。晋文公便亲自率大军杀奔卫国，势如破竹。正月初九占领了卫国的五鹿，又派使者与秦、齐两国建立友好关系。接着又破了曹国，俘虏了曹国国君曹共公。晋军逼临宋境，企图迫使楚军主动北上作战，以解除宋围，同时，晋文公此举也避免了因援宋而受曹、卫的夹击，从而争取到了有利的作战形势。

此时，楚成王也看到，长期围宋，城坚兵顿，师劳士困；且救曹、卫不及，失掉盟国屏障；晋军逼临，大有晋、秦、齐联合攻楚之势。于是决定收缩兵力，撤除对宋的围困。并告诫前线统帅子玉，切勿与晋军交战。

但是，子玉觉得，这样撤军有损楚国的威望，实在是咽不下这口气。他还自负地认为，晋国新兴，实力不如强楚，因此极力要求楚王允许他同晋军作战。楚王也不甘心围宋失败，于是也就答应了子玉的请求，但却只派少数兵力增援子玉。

子玉得到楚王派来的增援，更坚定了与晋军决战的决心。为寻找与晋军交战的借口，子玉派使臣宛春向晋文公提出：若允许曹、卫复国，楚将即行解除宋围。

这时的晋国，由于受到秦、齐等大国的默许和支持，又占据着曹、卫的大片土地，因此也不肯罢兵。但是，又不好回绝楚国提出的让曹、卫复国的条件，于是，晋文公同曹、卫国公"商谈"，私下允许曹、卫复国，但条件是曹、卫必须与楚断交。同时，还扣留了楚使宛春，以此来激怒子玉。

子玉见晋军扣留使者，又挟持曹、卫与楚断交，气得暴跳如雷，怒气难遏。他立即下令撤去对宋国都城的包围，全力追逐晋军。

晋文公见楚军来势凶猛，马上下令退避三舍。这时，宋国也派兵出城，配合晋军作战，秦、齐两国也派来了部队。农历四月初一，晋、宋、秦、齐四国联军在城濮驻扎了下来。

楚军将士见晋军退去，自己已经占了上风，便纷纷要求停止进攻。但此时的子玉已是头脑发热，固执己见。他不顾士兵的疲倦劳累，在晋军后面一直紧追不舍。楚军一直追至城濮，刚刚选择有利地形安营扎寨完毕，子玉就派人向晋军挑战。

晋文公很有礼貌地回复说，楚君的恩惠（晋文公流亡时，曾得到楚成王的礼遇）鄙人不敢忘记，正是为了回报贵国君王的恩惠，所以我们才退避到此……既然大夫你还不肯谅解我们，那就请整顿好部队，明天战场上相见吧！

四月初二大清早，晋文公就登上废墟，检阅自己的部队。只见晋军士气高昂，七百辆战车装备齐全，排列有序。于是，晋文公命令排开阵势，派胥臣带领下军进攻楚军右翼（yì），狐毛、狐偃带领上军进攻楚军左翼，自己和先轸、郤臻（zhēn）率领中军进攻楚军中军。

子玉见晋军打来，立即指挥部队迎战。他亲自率领中军，子西率领右军，子上率领左军，大家一起杀了出去。子玉蛮有把握地说："今天晋军一定会完蛋！"

战斗开始，胥臣所部将虎皮蒙在马背上，冲入敌阵，很快就冲溃了楚军右翼的陈、蔡两国军队。狐毛、狐偃在上军中虚设中军大旗，渐渐后退，栾枝派人用车子拖着树枝奔驰，扬起满天尘土。时适冬末春初，东北风将尘土猛烈地吹向楚军，使楚军睁不开眼睛。子西误以为晋中军退却，即率军奋力冲击。狐毛、狐偃且战且退，子西紧追不舍。突然，子西被晋先轸、郤臻统领的中军禁卫军拦腰袭击，二狐迅速回头夹击，子西军大乱。就这样不一会工夫，楚军左翼又垮了下来。子玉见左右翼都已崩溃，只有中军尚存，再战下去一定不堪设想，于是急传令撤军，连夜南逃。

晋军随即起而追击，直追到楚军后方囤粮之地，并利用楚军的粮秣(mò)、营舍休兵三日。然后又毁其营舍，于四月初十还师。子玉由于吃了败仗，也觉大失脸面，最后引咎自裁了。

总结城濮之战楚军失败的原因，一个重要的方面就是子玉的怒气所致。当楚军围困宋都并行将灭宋之时，晋国竟联合秦、齐出兵曹、卫，直逼楚军侧翼，迫使楚兵罢围，这确实损伤了楚之大国的地位。但是，这时楚成王的头脑还是清醒的，他看到中原形势已发生了不利于楚国的变化，从而采取收缩兵力、暂时避免决战的方针，这是对的。然而，由于前线统帅子玉被晋军的作战行动所激怒，骄傲自负，不顾变化了的形势，更没有理解楚成王的意图，执意与晋军决战。楚成王也存在着侥幸心理，当子玉请战时，竟然允许了其所请，但又顾及形势对楚不利，不愿给子玉较多的兵力，这种最高决策的失误，就给城濮之战埋下了失败的种子。

由于子玉被晋军所激怒，刚忿用兵。特别是在宛春被扣，曹、卫两国与楚绝交后，子玉更是怒不可遏，急于求战。在晋军避其锐气时，他指挥部队紧追不舍；对晋军选择有利战机，退避三舍的举动，子玉由于为怒气所迷惑，错误地认为晋军是怯战；在作战中不察对方行动的虚实，不识对方的诈谋，更听不进部将的劝告，最后终于跌入晋军的陷阱，以致酿成城濮之败的大过错。

被人们誉为兵圣的孙子曾经这样说：

“主不可以怒而兴师，将不可以愠而致战。合于利而动，不合于利而止。怒可以复喜，愠可以复悦，亡国不可以复存，死者不可以复生。故明君慎之，良将警之，此安国全军之道也。”

攻人毋太严　教人毋过高

原文

攻[1]人之过[2]毋[3]太严，要思其堪受[4]；教人之善毋太高，当使其可从。

注解

①攻：攻击、指责。
②过：指缺点、隐私。
③毋：无、不。
④堪受：能否接受。

译文

当责备别人的过错时，不可太严厉，要顾及对方是否能接受，不要伤害对方的自尊心。当教诲别人行善时，不可以希望太高，要顾及对方是否能做到。

事典

能体恤民情　不骚扰百姓

东汉会稽(jī)郡太守刘宠有一年被调到京城去任职。临行时,五六位白发苍苍的老人,受城南深山区百姓的委托,来给刘宠送行。

刘宠道谢,歉疚地向老人们说:“我这几年没给大家做多少事,你们都这么大年纪了,实在不该前来为我送行而远路奔波。”老人们则颇有感触地说:“我们住在深山大谷里头,很少到外边来。从前,城里的官员们只知道贪钱恋物,白天要,夜里要,闹得鸡飞狗叫,百姓们睡觉都不安宁。自从您当太守,官员们不去骚扰了,甚至夜里的狗仔也不叫了。几年来我们安居乐业,过上了太平日子,心中感念太守。现在听说太守要走,大家都舍不得,大忙时节,托我们几个老头来送一送,表表心意。”说完,每人托出一百文钱给刘宠路上用。刘宠被感动了,他说:“父老们过奖了,大家的心意我领了,这钱还是带回去吧。”老人们坚决不肯。无奈刘宠只好从每人手里拿一文钱,作为收下的象征。这样,老人们才称谢道别。刘宠看老人家走远以后,将收下的几文钱,轻轻地放进了河水里。人们知道这件事后,纷纷称赞,并且给刘宠取了个雅号叫“取一钱太守”。

刘宠曾到过两个郡任太守,后又多次升任高官,但家中从不接受别人的贿赂,没有珍宝玉器。他每日粗茶淡饭,衣着朴素,不摆排场,被别人视为“寒酸”。即使在京师之中往来,他也常常下马步行,从不造声势,不惊动别人。他还三次辞去相位,回到家乡,为人民办实事,刘宠为官就是这样清廉、俭朴。

无过便是功　无怨便是德

原文

处世不必邀[①]功，无过便是功；与人[②]不求感德[③]，无怨便是德。

注解

①邀：求取。

②与人：帮助别人，施恩于人。

③感德：感激他人的恩德，据《诗经·小雅》篇："忘我大德，思我小怨。"

译文

人生在世不必勉强去争取功劳，其实只要没有过错就算功劳；救助人不必希望对方感恩图报，只要对方不怨恨自己就算知恩图报了。

事典

恺撒心宽容　以诚服政敌

常言道，攻心为上，攻城为下。作为罗马帝国实际奠基人的恺撒在其一生的军事和执政的生涯中，有一个突出的特点就是对政敌宽大为怀，知人善用，用感召的力量使之与自己合作。

恺撒认为要增强和扩大自己的地位、影响，就不能对敌对一方实行残酷无情的打击和镇压政策，因为这样只会引起人们的普遍憎恨和厌恶，不能使胜利保持长久；相反他认为应该树立自己宽厚、仁慈的形象，在政治上赢得人心，争取国内舆论的支持。最突出的一个例子，就是在攻占科芬尼城后，恺撒立即下令将被俘的元老、执政官、财务官和保民官等50人一律释放。尽管这些人获释后又重回政敌庞培的阵营，而在法萨罗战役后有一些人又一次被俘，但恺撒还是再次宽恕了他们，可谓仁至义尽了。在内战后期，恺撒对于著名政敌和旧贵族中的显要人物，不仅格外宽容，而且予以信任和重用，比如著名的反恺撒分子西塞罗和多米乌斯，都得到了重新任用。

由于恺撒宽容政敌，当时许多敌对方面的官兵，都纷纷前来投诚，不少旧贵族和高级官吏，也都愿意和恺撒合作。例如，公元前49年1月庞培率众出走时，有相当一部分元老并未追随他离去。又如在恺撒率军进攻庞培的家乡时，由于庞培的家乡民众久闻恺撒宽厚之名，竟然未做激烈的抵抗就表示降服和合作。

七擒孟获

诸葛亮是一个办事周到、谨慎的政治家、军事家，他深知国家安定的重要性，就建议平定南中地区（今云南、贵州两省的部分地区和四川省西南部一带）的叛乱，这场叛乱是南中一个少数民族首领孟获发动的。

孟获在少数民族中很有势力，不肯服从蜀汉的统治，趁着刘备刚死的机会，他煽动了很多人，杀死了统治他们的当地官吏，发动了叛乱。

南中地区聚居着众多少数民族，孟获的叛乱使他们失去了安定的生活，人们被迫离开自己的家乡，逃难四方。而且叛乱也严重影响了蜀国的统治。于是，公元225年，诸葛亮率领浩浩荡荡的大军，兵分三路，向南中进发。

诸葛亮手下有一名参军(官名),名叫马谡,他在刚出兵时建议说:“南中依仗地势险要、偏远,不服从朝廷已经很久了。今天以武力打败他们,明天他们又会反叛。攻城为下,攻心为上,我认为我们这次出征不应该以杀尽他们为目的,而应该征服他们的心。丞相,你认为我说得对吗?”

诸葛亮赞许地说道:“你的见识很高,我也这样想。孟获在少数民族中很有威信,我们应该变敌为友,让他心悦诚服地服从汉朝的统治。”

诸葛亮派人全面了解了孟获的情况,知道他虽然英勇,但不知兵法。于是,诸葛亮制定了周密的作战计划。

这一天,汉朝大将王平带着军队突然冲进孟获的营地,孟获慌忙迎战。开战不久,王平突然掉转马头,朝着孟获喊:“今天暂且饶过你,改日再与你决一胜负。”

孟获看王平战败逃去,心中大喜,带领兵士穷追不舍。王平带着人马逃往一条山路,路的两旁是陡峭的高山,地形十分险峻。忽然,王平一班人马停住了,孟获正感到奇怪,这时喊声大起,蜀兵举着兵器从两旁山上冲下来,孟获中了埋伏,掉转马头想逃走,可是蜀兵层层包围上来,紧紧追赶。孟获渐渐体力不支,翻下马来,马上被赶到的蜀兵捆绑起来。

士兵们押来了孟获,诸葛亮往下一看,他身材高大,肩宽臂粗,双目炯炯,果然是一条硬朗朗的汉子。孟获心中正懊恼不已,以为被汉人俘虏,必死无疑。这时,他看见诸葛亮慢慢地走过来,孟获把眼一闭,心想横竖一条命。没想到身上的绳索居然被松开了。孟获睁开眼,居然是诸葛亮亲自为他松绑,孟获正惊异不已,听见诸葛亮说:“孟将军,你没有受伤吧,我们一同出去走走。”

走出军营,孟获本以为看见一支支精锐的部队,没想到竟都是些老弱病残兵,刀枪都钝得一点儿光泽也没有,旗帜破烂,在旗杆上耷拉着。孟获本来还有些敬畏之情,看到这些,心中很不屑。

这时,诸葛亮开口问道:“你看我的军队如何?”

孟获冷笑说:“以前我不了解你们,所以吃了败仗,现在看了你的军队,那肯定可以打败你。”

诸葛亮一直观察着孟获的表情,这时微微地笑了:“那好吧,孟将军,我这就放你走,你赶紧回去重整人马,咱们再打上一仗。”

孟获回去之后,发誓一定要雪耻,他当即挑选了一支精锐部队。当天晚上,孟获亲自带了这支队伍来劫营。一直到蜀营跟前也没被发现,孟获暗暗高兴,心想这一次可是大获全胜了。

孟获把刀一挥,顿时,兵士们举着火把,一窝蜂地冲了进去。这下,孟获才发现上当了,原来营房里一个人也没有,还没等他发令撤退,营寨四周已是火把连天，蜀兵铺天盖地一般围了上来。孟获和他的部下毫无抵抗的能力，全都当了俘虏。

天亮以后，士兵把孟获押了上来。诸葛亮说："这次你又被我活捉了，心里应该服气了吧？"孟获一扭脖子，生气地说："这根本不是打败仗，而是上你的当。如果真刀真枪地打一仗，我还被你逮住，我才心服呢！"

其实，孟获知道这次是必死无疑了，他不过是这样说说而已，却听见诸葛亮爽朗的笑声："来人，给他松绑。"

接着，诸葛亮又好酒好肉地款待了孟获，让他把俘虏都带走，连兵器也一一奉还，诸葛亮说："那好，我们就再较量一次吧。"

孟获通过这两次交锋领会了诸葛亮的厉害，不敢再死冲硬拼地鲁莽行事。他回去后赶紧造土城、土垒，又退到泸水南岸，凭着河流做阻挡。这样充分准备之后，孟获得意洋洋，以为可以高枕无忧了。他对周围的人说："诸葛亮带兵从北边跑到这儿，水土不服，现在正是夏季最热的时候，又有瘟疫流行，他们肯定待不久就得回去，而我们有泸水阻拦他们，又修了土城、土垒，诸葛亮飞也飞不进来了。"

但是，诸葛亮却想出了从两边包抄的妙计。起先，将士们看到泸水浪花翻滚，水流很急，而河上又没有桥，想要渡过谈何容易，都露出一些畏惧的神情。诸葛亮看到这番情景，忙劝慰他们，说："我们现在已进军到泸水了，只有再接再厉，渡过河去，平定叛乱才行。胜负在此一举，凡是勇猛进攻作战的，必有重赏。"

将士们又重新振作起来，诸葛亮留下少数士兵在岸边，装着准备渡河的样子，把孟获的军队都吸引到岸边来准备作战。然后派出两支部队，分别从上游和下游水流缓慢的地方，偷偷渡过河去，再像一把铁钳一样，从两边包围上来。孟获的军队毫无准备，见到汉军就如见到天兵天将，还没来得及作抵抗，内部已乱成一团，又全部都成了俘虏。

这回孟获还是不服，他说："这次失败是因为没防后路，丞相倘若肯放我走，我一定召集各路人马和您大战一场。那时再被擒住，我就投降。"

诸葛亮就又把孟获放了回去。

这样捉了放，放了又捉，一连捉了孟获七次，孟获是个心直口快的人，他对诸葛亮说:“我感谢丞相的恩德,可是心却不服。因为我们世世代代住在这儿,您为什么无缘无故来侵犯我们呢?”

诸葛亮耐心开导他说:“你们这里有汉人居住,北边也有南人来往,大家都是自己人,怎么能说是侵犯呢?而我这次率军南下,还不是因为你们的叛乱吗?”

孟获这个硬邦邦的汉子,听了诸葛亮的话感动得热泪双流,他对各部族的首领说:“丞相对我七擒七纵,这是自古以来没有的事啊!丞相如此厚待我,我再不感谢他的恩德,就不知羞耻了。”

那些部族首领和众多的蛮兵蛮将早就心服了,听孟获这样一说,赶紧跪下谢恩,高呼:“丞相的恩德我们永世不忘!南人永远不再造反了。”

于是,诸葛亮摆下丰盛的酒宴,庆贺民族的友好。在酒席上,诸葛亮宣布:蜀军占领的地盘,全部退回,由孟获和各部首领治理。

孟获和手下的兵士们无不欢呼雀跃,心中十分感激。

以后,南中一带的少数民族与汉族大体相安无事,民族之间十分团结。

人能放得心下 即可入圣超凡

原文

放得功名富贵之心下,便可脱凡[①];放得道德仁义之心下,才可入圣[②]。

注解

①脱凡:脱是脱俗,即超越尘世外的意思。

②入圣:进入光明伟大的境界。

译文

一个人能不被功名富贵的权势思想左右，就可超越庸俗的尘世杂念；一个人不受仁义道德等教条的束缚，就可以进入超凡绝俗的圣贤境界。

事典

宽容而大度　千古留美名

娄师德（公元630—699年），字宗仁，郑州原武（今河南原阳西）人。进士及第，调江都尉。高宗上元初，为监察御史。后朝廷募猛士讨吐蕃，娄师德自荐从军，以战功迁殿中侍御史，兼河源军司马，并知营田事。任职期间与吐蕃作战，八战八捷，成为著名军事将领。武则天天授初，为左金吾将军，检校中州都督，率士卒屯田，积谷数百万，受武后降书嘉奖。长寿元年（公元692年），召授夏官侍郎、判尚书事，进同凤阁鸾（luán）台平章事，从此任相职八年，勤勉忠直，多有建树。

娄师德为人宽容大度，官员中有得罪自己者，皆不以为意，用之如常。著名的大臣狄仁杰一向看不起娄师德，因为当时武则天实行酷吏政治，娄师德为求自保，主张委曲求全，“唾面自干”一词即出于其口。这实际上是在恶劣的政治环境中以屈求伸的一种策略，但和主张刚直不阿的狄仁杰的为人宗旨却大异其趣。但是娄师德并未因此而排斥狄仁杰，反而屡次向武则天举荐他，极力建议将狄仁杰擢为宰相。狄仁杰终于得以位列宰执。但是娄师德从未张扬此事，所以狄仁杰一直毫不知情。他任宰相后，耻于与娄师德同列，几次将娄排挤出京师，然而娄师德并不计较，一切如常。

武则天后来发觉了这个问题。一天,她问狄仁杰说:“师德贤乎?”狄仁杰回答:“为将谨守,贤则不知也。”意思是娄师德当将军还算称职,贤良与否则说不清。武则天又问他:“知人乎?”狄仁杰回答:“臣尝同僚,未闻其知人也。”武则天说:“朕用卿,师德荐也,诚知人矣。”又拿出娄师德以前举荐狄仁杰的奏书,让狄仁杰看。狄仁杰看罢,十分惭愧,感叹地说:“娄公盛德,我为所容乃不知,吾不逮远矣!”从此,他以娄师德为楷模,积极地发现人才,举荐人才,宽厚待人,尽心竭力为国家和百姓办事,终于成为一代贤相。

我见害于心　聪明障于道

原文

利欲未尽害心,意见①乃害心之蟊贼②;声色③未必障道,聪明乃障道之屏藩④。

注解

①意见:本意是意思和见解,此处为偏见、邪念。

②蟊贼:蟊,害虫名,专吃禾苗,据《诗经·小雅》篇:“及其蟊贼,传:‘食根曰蟊,食节曰贼。’”因此世人都把足以危害社会的败类称为蟊贼,此处当祸根解。

③声色:泛指沉湎于享乐的颓废生活。

④屏藩:原指保卫国家的重臣,此处作最大障碍解。据《左传·昭公》二十六年:“建母弟以周屏藩。”

译文

名利欲望未必都会杀害人的心性，只有自以为是的偏私和邪妄才是残害心灵的毒虫；歌舞女色未必都会妨碍人的品德，只有自作聪明的人才是破坏道德的最大障碍。

事典

南柯一梦

传说唐朝的时候，有一个人很想做官，可就是没有官运。一天，他在他家南面的一棵老槐树下喝酒，喝着喝着，不知不觉地就醉倒睡着了。

睡梦中，这个人梦见大槐安国的国王把自己请去，把女儿嫁给了他，并按其心愿，派他到南柯郡当太守。在南柯郡他当了十二年太守，享尽荣华富贵。妻子为他生下了五男二女，儿子长大也当了大官，女儿都嫁给豪门贵族。可惜，后来敌人入侵，他带兵打仗，被打败，妻子也在这时病死。这时国王对他产生了怀疑，就把他打发回家了。他一时悲哀，就惊醒过来，这才知道原来自己是醉酒做了一场大梦。尽管是梦，但他还是不甘愿，按梦境去寻找，才发现，原来所谓的槐安国，就是喝酒的槐树下的一个蚂蚁窝，南柯郡就是槐树最靠南边的树枝上的小蚁窝。

日有所思，夜有所梦，多思就多梦，多梦则害意，多梦则伤阴。一个人多思的原因是因利欲的诱惑，由于他不能得到某种满足，他的心理就失之偏颇，于是他便以恣意妄想来满足这种心理，以完成心理的代偿需求。古人将这种心理现象称之为“淫思或恋淫”。

黄粱一梦

唐玄宗开元七年，有个名叫吕翁的道士，因事到邯郸去，遇到一个姓卢的书生。

二人攀谈起来，谈话中，那位姓卢的书生，流露出渴望荣华富贵，厌倦贫困生活的想法，吕翁虽劝解了一番，但卢生感慨不已，难以释怀。于是，吕翁便拿出一个枕头来递给卢生，说："你枕着我这个枕头睡，它可以使你荣华富贵，适意愉快，就像你想要的那样。"

卢生刚刚睡下，就朦朦胧胧地发现枕头上的洞孔慢慢地大了起来，里面也逐渐明朗起来，卢生于是把整个身子都钻了进去，这一下子，他回到了自己的家里。过了几个月，他娶了一个老婆，姑娘家里很有钱，陪嫁的物品非常丰厚，卢生高兴极了，从此以后，他的生活变得富足起来。

第二年，他参加进士考试，一举得中，担任专管代皇帝撰拟制诏诰令的知制语。过了三年，他出任同州知州，又改任陕州知州。卢生的本性喜欢作治理水土的工程，任知陕州时集合民众开凿河道80里，使阻塞的河流畅通，当地百姓都赞美他的功德。于是，没过多长时间，他被朝廷征召入京，任京兆尹，也就是管理京城的地方行政官。

不久，爆发了边境战争，皇帝便派卢生去镇守边防。卢生到任后，开拓疆土九百里，又迁户部尚书兼御史大夫，功大位高，满朝文武官员深为折服。

卢生的功成名就，招致了官僚们的妒忌。于是，各种各样的谣言都向他飞来，指责他沽名钓誉、结党营私、交结边将、图谋不轨。很快，皇帝下诏将他逮捕入狱。与他一同被诬的人都被处死了，只有他因为有皇帝宠幸的太监作保，才被减免死罪，流放到偏远蛮荒的地方。

又过了好几年，皇帝知道他是被人诬陷的，所以，又重新起用他为中书令，封为燕国公，加赐予他的恩典格外隆重。他一共生了五个儿子，都成为国家的栋梁之材，卢家成为当时赫赫有名的名门望族。此时的卢生地位崇高，声势盛大显赫，一时无双。

后来他年龄逐渐衰老，屡次上疏请求辞职，皇上不予批准。将要死的时候，他挣扎着病体，给皇帝上了一道奏疏，回顾了自己一生的经历并对皇帝的恩宠表示感激。奏疏递上去不久卢生就死了。

就在这时，睡在旅店里的卢生打了个哈欠，伸了个懒腰，醒了。他揉揉眼睛，摇晃几下头，发现自己的身子正仰卧在旅店的榻上，吕翁坐在他的身旁，店主人蒸的黄粱米饭还没有熟。触目所见，都和睡前一模一样。他一下子坐了起来，诧异地说："我难道是在做梦吗？"吕翁在一旁，对卢生不动声色地说："人生的适意愉快，也不过这样罢了。"卢生怅然失意了好一会儿，才对吕翁谢道："我现在对荣华的由来，穷达的运数，得和失的道理，生和死的情形，都彻底领悟了。这个梦，就是先生用来遏制我的私心欲念的啊，谢谢先生的点拨！"

荣华富贵如同一场梦，如浮云般虚幻，后来这位书生就和道士修道去了。

富者应多施舍　智者宜不炫耀

原文

富贵家宜宽厚，而反忌刻①，是富贵而贫贱其行矣！如何能享？聪明人宜敛藏②，而反炫耀，是聪明而愚懵③其病矣！如何不败？

注解

①忌刻：忌是猜忌或嫉妒，刻是刻薄寡恩。

②敛藏：敛含有收、聚、敛束等意，敛藏就是深藏不露。

③懵：本意是指心神恍惚，对事物缺乏正确判断，不明事理。

译文

一个富贵家庭待人接物应宽大仁厚，而很多人却刻薄无理，这种人虽身为富贵之家，可他的行径却非常低贱，这如何保持富贵的身份呢？一个才智出众的人，本应谦虚有礼不露锋芒，可许多人反而夸耀自己的本领如何高强，这种人虽表面聪明，其实他们的言行与无知的人并没有什么不同，那他的事业到头来又如何不败呢？

事典

东方朔多智而善藏

西汉时,汉武帝在京城里开凿昆明池,挖到深处,不是土,而全是火烧后的炭灰,颜色如墨。满朝文武都不知怎么回事,汉武帝就向以博学而著称的东方朔询问。东方朔答道:“我也孤陋寡闻,不知道是什么原因,这要问来自西域的人。”

汉武帝想博学的东方朔也说不出原因,也就不问了。到后汉明帝时,有个西域道士来到洛阳朝见。当时,朝中有人说起先朝东方朔的话,就向西域道士询问汉武帝挖墨炭的原因。那道士从容地说:“经书上说,‘凡天地间灾异劫数临近结束时,才有火热之象’。这是火劫的征兆。”众人这才恍然大悟。当年东方朔不道出原因,是故意避讳的用意。

一个人的聪明才智是用于修身治国的,而不是以此来显露自己的虚荣,不然的话,就容易招来灾害。

汉武帝刘彻当朝时期,东方朔上书给皇帝,奏牍竟用了三千块竹简,得要两个人才能将东方朔的奏折抬举起来。武帝从上往下读,读读停停,足足花了两个月的时间,才通读了东方朔的上书。东方朔对朝廷宜做哪些事情,自有看法,他的话语打动了武帝的心。到了昭帝之时,人们也有将东方朔视为圣人,也有把他看成是普通人的。东方朔自己也常常有些让人摸不透的行为举止,他或是直接向朝廷以忠言相告,或是用讥讽之语来谏劝皇帝。到宣帝登基后不久,东方朔见世道转乱,就毅然辞去官职,以此来躲避纷繁乱世。

像博学多才的东方朔那样,在表达自己的主张时,宜采用委婉的方法,这样既能改变他人的看法使自己的主张生效,又能保全自身。养生者要明白,聪明才华是到能够用得上时才用,而不是随便地乱用,否则就贬低了自身的价值。

居安思危　处乱思治

原文

居卑[1]而后知登高之为危,处晦[2]而后知向明之太露[3];守静[4]而后知好动之过劳,养默[5]而后知多言之为躁[6]。

注解

①居卑:泛指处于地位低的地方。
②处晦:在昏暗的地方。
③露:云层聚集处叫露。此处当显现、显露用。
④守静:隐居山林寺院的寂静心理。
⑤养默:沉默寡言。
⑥躁:不安静、急促。

译文

站在低矮处然后才知攀登高处的危险性,在阴凉处然后才知过分光亮的地方会刺眼睛,保持宁静的心情然后才知道喜欢活动的人太辛苦,保持沉默心情然后才知道话说多了会很烦躁。

事典

荀息智谏晋灵公

春秋时期,晋国的晋灵公是个不听别人的意见,只顾自己享乐的国君。为了个人享乐,他浪费了许多钱财,要建一座九层高台。由于建台费用太大,劳民伤财,大臣们纷纷反对。晋灵公怕人提意见,便下令:"谁来提意见,就杀谁!"

这时,有个机智的大臣荀息求见晋灵公。晋灵公手持弓箭见他,说:"你不怕死吗?"荀息说:"我不是来提意见的,我是来做个奇特的游戏给你观赏的。我能把十二颗棋子堆起来,还能在上面加九个鸡蛋。"晋灵公觉得好玩,便笑着要荀息表演。荀息果然巧妙地将九个鸡蛋高高地叠放在堆成一堆的棋子上面。晋灵公看了连声惊叫:"危险!危险!"荀息却说:"还有比这更为危险的事呢!浪费那么多钱财,花三年的工夫也不一定能将九层高台建成。还将使男人不能耕田,女人不能织布,国库自然跟着空虚。邻国就会乘机攻打进来,那时候国破家亡,不是比这几个鸡蛋更危险吗?"晋灵公听了如梦初醒,赶紧下令停止建筑高台,并重重地奖赏了荀息。

已经用不正当的手法将国家置于危险境地,灵公自己却懵然不知,这不就是助长了这种危害性的蔓延吗?事物的矛盾变化,只要某一因素开始扩展,就必然会引起物质的变化。养生者必须明白这个道理,然后用之于养生的实践,这样就能避免身体遭受意外的损害。

淳于髡巧谏齐威王

淳于髡是齐国的一个人赘女婿。身高不足七尺,为人滑稽,能言善辩,屡次出使诸侯之国,从未受过屈辱。齐威王在位时,喜好说隐语,又好彻夜宴饮,逸乐无度,陶醉于饮酒之中,不管政事,把政事委托给卿大夫。文武百官荒淫放纵,各国都来侵犯,国家危亡,就在旦夕之间。齐王身边近臣都不敢进谏。淳于髡用隐语来规劝讽谏齐威王,说:"都城中有只大鸟,落在了大王的庭院里,三年不飞又不叫,大王知道这只鸟是怎么一回事吗?"齐威王说:"这只鸟不飞则已,一飞就直冲云霄;不叫则已,一叫就使人惊异。"于是就诏令全国七十二个县的长官全来入朝奏事,奖赏一人,诛杀一人;又发兵御敌,诸侯十分惊恐,都把侵占的土地归还齐国。齐国的声威竟维持达三十六年。

齐威王八年(公元前371年),楚国派遣大军侵犯齐境。齐王派淳于髡出使赵国请求救兵,让他携带礼物黄金百斤,驷马车十辆。淳于髡仰天大笑,将系帽子的带子都笑断了。威王说:"先生是嫌礼物太少么?"淳于髡说:"怎么敢嫌少!"威王说:"那你笑,难道有什么说辞吗?"淳于髡说:"今天我从东边来时,看到路旁有个祈祷田神的人,拿着一个猪蹄、一杯酒,祈祷说:'高地上收获的谷物盛满篝笼,低田里收获的庄稼装满车辆;五谷繁茂丰熟,米粮堆积满仓。'我看见他拿的祭品很少,而所祈求的东西太多,所以笑他。"于是齐威王就把礼物增加到黄金千镒、白璧十对、驷马车百辆。淳于髡告辞起行,来到赵国。赵王拨给他十万精兵、一千辆裹有皮革的战车。楚国听到这个消息,连夜退兵而去。

齐威王非常高兴,在后宫设置酒肴,召见淳于髡,赐他酒喝。问他说:"先生能够喝多少酒才醉?"淳于髡回答说:"我喝一斗酒也能醉,喝一石酒也能醉。"威王说:"先生喝一斗就醉了,怎么能喝一石呢?能把这个道理说给我听听吗?"淳于髡说:"大王当面赏酒给我,执法官站在旁边,御史站在背后,我心惊胆战,低头伏地地喝,喝不了一斗就醉了。假如父母有尊贵的客人来家,我卷起袖子,弓着身子,奉酒敬客,客人不时赏我残酒,屡次举杯敬酒应酬,喝不到两斗就醉了。假如朋友间交游,好久不曾见面,忽然间相见了,高兴地讲述以往情事,倾吐衷肠,大约喝五六斗就醉了。至于乡里之间的聚会,男女杂坐,彼此敬酒,没有时间的限制,又作六博、投壶一类的游戏,呼朋唤友,相邀成对,握手言欢不受处罚,眉目传情不遭禁止,面前有落下的耳环,背后有丢掉的发簪,在这种时候,我最开心,可以喝上八斗酒,也不过两三分醉意。天黑了,酒也快完了,把残余的酒并到一起,大家促膝而坐,男女同席,鞋子木屐混杂在一起,杯盘杂乱不堪,堂屋里的蜡烛已经熄灭,主人单留住我,而把别的客人送走,绫罗短袄的衣襟已经解开,略略闻到阵阵香味,这时我心里最为高兴,能喝下一石酒。所以说,酒喝得过多就容易出乱子,欢乐到极点就会发生悲痛之事。所有的事情都是如此。"这番话是说,无论什么事情不可走向极端,到了极端就会衰败。淳于髡以此来婉转地劝说齐威王。威王说:"好。"于是,威王就停止了彻夜欢饮之事,并任用淳于髡为接待诸侯宾客的宾礼官。齐王宗室设置酒宴,淳于髡常常作陪。

留正气给天地　遗清名于乾坤

原文

宁守浑噩[1]而黜[2]聪明,留些正气还天地;宁谢纷华[3]而甘澹泊,遗个清名在乾坤[4]。

注解

①浑噩:同浑浑噩噩,泛指人类天真朴实的本性。
②黜:摒除。
③纷华:繁华富丽。
④乾坤:象征天地、阴阳等。

译文

人宁可保持纯朴无邪的本性而摒除后天的聪明才智,以便保留一点浩然正气给孕育灵性的大自然;人可以抛弃俗世的荣华富贵而过着清虚恬静的生活,以便留一个纯洁高尚的美名给孕育本性的天地。

事典

为官不重名　只为民办事

方克勤，字去矜，号愚庵，浙江宁海人，明初洪武年间任山东济宁知府，他为政以德化为本，治事廉正，被百姓呼为“父母官”。

元泰定三年（公元1326年），方克勤出生于一个中小地主家庭，父亲在元朝任鄞（yín）县（今属浙江）县学教谕。在父亲的影响下，他五岁即会读古文，自辨章句，被呼为“神童”。十八九岁时已成为当地“名儒”。参加浙江省考试，他谏言时务，“历数往昔治乱之由”，表现出非凡的政治见解。面对风起云涌、轰轰烈烈的农民大起义，他深表同情地说：“民之为盗者，或迫于饥寒，或怯于徭役。”认为农民之所以起兵造反，皆是被迫无奈。当吴江县（今属江苏）同知金刚奴募兵镇压农民起义时，他登门责问：“奈何使其（农民）去妻子而为兵？”指出随便征发农民兵役，“是所谓致盗，非御盗也”。

在朱元璋军队南进闽、广，北伐中原，大明王朝行将建立之际，隐居教书的方克勤出山了。至正二十七年（公元1367年），他“著国家所以兴亡之故为书”，为新国家献计献策。该书“累数千言”，提出了治国安邦的五条主张：第一，举贤才；第二，安人心；第三，黜豪强；第四，除暴敛；第五，明教化。这五条相辅相成，“人心者，国家之元气”，养元气必须明教化，“教化所以燮养元气之具也”。而“不任贤才，则教化不行；不去苛敛，则人心不安”。这些主张充分体现了他的政治理想和抱负。

洪武四年（公元1371年），方克勤被征召为山东济宁府知府，正式开始了他的政治生涯。济宁府，元至正八年（公元1271年）置，治所在今山东济宁市。辖境相当于今山东巨野、郓城、济宁、兖州、曲阜、泗水、宁阳，江苏丰县、沛县，安徽砀山，河南虞（yú）城等市，县地（后改为州，辖境缩小）。这一带为元末农民起义的发源地，元朝军队多次围剿烧杀，造成人口锐减，经济凋敝。朱元璋曾下令各地垦荒，三年不征税。但济宁府官员为邀功请赏，提前征收赋税，且“以田定其徭”，弄得“民滋惰，田不增辟”。方克勤一到任，便重申三年不征税的诏令，劝民垦荒，又罢不时之役，减轻了人民负担。当时，济宁府守城指挥使凭借权势，当五六月大忙季节，役民万余人修筑城墙，使“民不得穑，哀号即工，声闻数里，旦暮不休”。方克勤为此忧愤不食，自问：“民病不救，焉用我为？”故上报中书省

丞相胡惟庸,"即日诏罢"。为避免滥用民力,方克勤下令根据丁男定徭役。又编订文册,将百姓丁产列为上、中、下三等,等析为三。每有征发,按差等而定,使官吏不得措其奸。结果,"民得一力耕桑,而襁(qiǎng)负来者相属"。

济宁府境内,泗水北引黄河和济水,地势高泻,方克勤率领府民修建水闸,根据季节加以蓄泄。原有的鲁桥闸和枣林闸年久失修,石填河中,他号召府民兴修水利。除兴修水利外,他还亲自到郊外劝督生产,约见各地长老,要他们教子弟"力田"。通过三四年的整顿和恢复,生产很快发展起来,户口由洪武四年的三万增加到洪武八年(公元1375年)的六万有奇。所属州县,"民有积粟,野无饿殍,鸡犬牛羊散被草野,富庶充实,俨如承平之世。"根据《明史》卷281《方克勤传》载,当时济宁府民歌颂方克勤曰:"孰罢我役?使君之力;孰活我黍?使君之雨;使君勿去,我民父母。"人民给了这位使君极高的评价。

生产恢复、发展了,方克勤又大力兴办学校,"以教化为先",将教化摆到极重要的地位。他认为:"蔑教化而求治平,非所敢知也",将教化视为统治的根本所在。他利用各地的一些佛寺,征召"浮屠(和尚)"修葺改建为学校。"凿庙前地为泮池,撤佛庐,增廊(láng)庑(wǔ);度庙后地为射圃(习武场)。"然后,聘请故元被弃闲散之文人为师,讲学育人。他自己则经常到学校察看,且亲自授课。通过大力提倡和督办,使"郡邑之内,学舍数百区,在弟子籍者二千人。"方克勤曾是一个很好的教师。他为邑庠师时,"四方后进,负笈求听者百余人"。他辞庠师回家,"弟子从归者踵相接”。为官知府,他仍然学而不厌,诲人不倦。每当公事完毕后,他便“诏诸吏授以诗书法律,盛暑严寒不废”。对府兵,他“以身为师,为之立章句。谨节文,讲内圣外王之道”。使他们“不逾时皆化”。教化政策推行后,一郡之内,“儒服者斑斑间出”,无疑促进了当地文化事业的发展。

方克勤任济宁知府三四年的时间内,为百姓办了不少好事,解决了许多实际问题。

首先,施政以便民为主。明初政府曾禁止百姓行舟,大批货物运输皆用牛车,遇天雨雪,牛僵死相枕。济宁府民请以舟运,州、县官畏令不敢答应,上报方克勤,方克勤说:“吾知从民便,抵法非所辞。”允许府民行舟。相邻各郡不敢更改,造致“雨露毁过半,民卖车牛以尝,且弗能足,破产者十八九”。独济宁一府以舟运而不伤民,府民感激地说:“活民者,方使君也。”当时,郡仓缺粮,山东省命济宁府到北边七百里以外靠近济南的青州(今山东益都)输粟,而漕运则从济宁南边的淮安(江苏淮安)运粮到济南,如此南粮北运,北粮南调,造成极大浪费,“民苦不便”。为尽快扭转这种局面,方克勤采取了先斩后奏的方法,将路过济宁运往济南的粮食拦下,入济宁仓,然后报告省府,请将青州粮运到济南。省府官反对,他便上告到户部,户部允可,使“省臣大愧”。

其次,体察民情,为民排忧。方克勤号召:“民有不幸,诣府自言,禁吏不得叱呵之。”他常常徒步民间询疾问苦,并“日引耆(qí)耋(dié)之士坐语,问以得失”。当地百姓以芦苇蓄粮,常遭火灾,他便教民烧制砖瓦,改建草房为瓦屋,避免火灾的发生。又“编民居为首,互相救恤(xù)”,使“火患为息”。济宁府城西门内有一水驿,“卑陋污湿,居者弗康”,他令民准备材料,于农隙之时将水驿迁到城南。冬寒河冻,驿船不能航行,他下令“伐木为炭,穿土穴藏冰”,敞开航道。方克勤“于去民害如饥渴”,或遇诉讼,他随事裁决,不留状牍,使“狱无滞囚”。

最为民所称颂的是“除暴敛”。每逢夏、秋税粮征收时,斛(hú)卒持概(度量器)称量,高下出其手,肆意克扣盘剥,以致百姓视官仓如陷阱。方克勤令百姓自己持概度量，避免了斛卒从中渔捞。朝廷有诏从江西、浙江输粮百万石到济宁，路途遥远，要百姓每斛多交四升腐耗粮，大大加重了人民负担。方克勤上奏朝廷，请求蠲(juān)免腐耗粮，获准。二省之民咸皆感泣，会方克勤到京师办事，“民之在京者数十辈拥拜马前，曰：‘此我输粮时老父也。’”方克勤还创立“信符制”，凡需要调用州、县吏卒，或征发民力，皆通过邮寄“信符”召集，避免差人征调，“往往求索无厌”的事发生。“信符制”推行于各州、县。公私俱利，“由是吏弊诞息”。

方克勤为官，务实不重名，认为“务名者，必树威。树威者，必害人”。从每一件小事办起，却为百姓解决了许多重大困难。当他离任之时，“民号呼填道。如失亲戚，随行百余里者数百人”。方克勤虽朝列大夫，却“不服纨绮，不帛襦裤，一如布衣时”。《明史·方克勤传》称他“自奉简素，一布袍十年不易，日不再食肉。”每月俸禄二十石，尽皆接济他人。家中房子坏了，属卒请为修缮，他坚决不从，坚持“毋以我故劳民”的原则，自己出钱买苇席障之，蔽风而已。或劝其为自家办事，他总是回答：“先国可也。”所属兖州守派人送二水皿给他尝鲜，他送还原物，并将来人杖笞数十，声明：“吾非市名，性不喜分外耳。”每到州县考察，他“以物自随，杯汤不肯受”。这在封建官场上，是何其难能可贵！

伏魔先伏自心　驭横先平此气

原文

降魔①者先降自心，心伏则群魔退听②；驭横③者先驭此气④，气平则外横不侵。

注解

①降魔：降，降服。魔的本意是鬼，此处当障碍修行解。其实魔是梵语“魔罗”的简称，意译是“夺命障碍，扰乱破坏”。

②退听：指听本心的命令，又当不起作用解。

③驭横：控制强横无理的外物。

④气：此处指情绪。

译文

要想制服邪恶必须先制服自己内心的邪恶，自己内心之恶制服之后，一切其他邪恶自然都不起作用。要想控制不合理的横逆事件，必须先控制自己容易躁动的情绪，心平气和则外来的横逆事物自然不会侵入。

事典

次非刺蛟

荆楚有个叫次非的武士，在吴越的于隧得到一柄心爱的宝剑，满怀喜悦。他乘船回家，船至江心，忽然两条蛟龙绕船只。次非冷静地问船工："您老行走江湖多年了，以前见到过两条蛟龙绕船只，船和人都幸免于难的吗？"

船公讲："从来没有见过。"

次非伸臂脱衣，搭起衣袖，拔出心爱的宝剑看看说："我下水除蛟最坏的后果就是死，成为江中的腐肉朽骨，假如与蛟龙格斗失掉宝剑，保全自己和众人的性命，我何必吝惜这柄宝剑呢？"

次非想到这里，毅然跃入江中格杀蛟龙。顷刻，蛟龙尸体浮上江面，次非回到船上，全舟的人免于罹难而得以保全。

次非刺蛟成为佳话被传到宫廷里，荆王很欣赏次非，封他爵位，拜为大夫。

后来孔子也赞扬道："真好啊，不愿为江中的腐肉朽骨丢失宝剑的，也唯有次非办得到。"

人和物都是阴阳二气化育而成。阴阳出自于自然。自然，原本有衰微、亏缺、毁坏，陷伏，也有兴盛、聚集、生息。那么，受自然的约束人和物也有困穷、匮乏以及充实盈余。这是万物的规律，是自然使之然的法则。古代的圣贤懂得这个道理，所以不因自私的念头伤神或烦恼，而泰然处世。

达士，通达之士，通达生死有定分、有区别之士。一个人到了通达的境界，万物万事就显得淡泊，任何外物都不能使他迷惑。

默仙禅师论用财之道

有位信徒向默仙禅师说道："我的妻子贪婪吝啬，您能否点化她，让她从此改正吗？"

默仙应允。当默仙到达信徒家时，信徒的妻子出来迎接，但一杯茶水也舍不得请默仙喝。于是，禅师握着一个拳头说道："夫人，你看我的手，如果我天天这样，你觉得怎么样？"

"如果手天天握着，那就是有毛病，畸形呀！"夫人答道。

默仙禅师听后，微微一笑，又把手摊开，问道："那么，假如天天这样呢？"

"天天摊开，也是畸形呀！"夫人答道。

"不错，这些都是畸形！"默仙禅师立刻答道，"如果对钱只知道贪取，不知施舍于人，是畸形；反之，只知道花钱，不知道节约，也是畸形。钱要能进能出，量入而出。"这位太太被禅师点化，终于明白了用财之道！

长者论长寿

有一天，约翰和一位爱开玩笑的长者聊天，这位长者是一名大学教授，很爱讲道理。约翰跟他谈到人的寿命时说："很多人都说我的生命线长，说我会长寿，能活100岁！你给看看，会吗？"

长者看了看约翰的手掌，没有说是，也没有说不是，而是反问约翰："你知道构成我们人体组织的最小单位是什么吗？""细胞。"约翰说。长者看了约翰一眼说："不对，细胞还可以再分，构成人体组织的最小单位是DNA，其组合可达两亿，你知道按此计算，人的寿命应该是多少吗？告诉你，1200岁！"

约翰不禁大吃一惊，不解地问：“那么，为什么我们大部分人却活不到100岁？”

“因为有折损。我们每天说话、工作、思维，每时每刻都在消耗着生命中的DNA，从而使我们达不到生命应有的长度，这也就是说，如果我们每天什么也不做，一点也不消耗DNA，就可以活到1200岁了！理论上是这样的，但现实中做不到。因为活着就要消耗，即使不工作、吃饭、睡觉也要消耗。这是维持生命最基本的成本。”

约翰听了，倒吸一口气，以前只想到维持生命需要好的衣食、住房以及新鲜空气，纯净的水和更多的钱，却从未想过生命中最基本的成本，就是消耗我们生命自身的DNA，也就是说维持我们现有的生命，是以牺牲我们未来生命为代价的！如果按我们活到100岁计算，那么，被我们牺牲掉的生命，就是1100岁，1比11，这成本也太昂贵了！

“所以，按照被消耗掉的DNA计算，像那些著名的科学家，他们所取得的成就，应该是很正常的。这就是说，并不是他们有多么伟大，而是我们自己太无能了。对于他们所取得的成就，其实我们这些常人也是能做到的，但事实是，我们没有做到。按常理，我们就应该比他们少消耗许多DNA，应该比他们长寿，按此推算，我们普通人，每一个人都应该活到200岁以上。”长者侃侃而谈，声音低沉而有力。

“可是，我们并没有活那么长，甚至，我们比他们活得更短，这是为什么？”约翰更加迷惑不解。

“答案只有一个，这就是我们和他们消耗了同样多的DNA，甚至更多，只不过我们没有将它们投放到有意义的事业中去，而是投放到了其他方面，比如说闲聊，争吵，猜疑，生气，愤怒，哭泣。这些没有丝毫意义，却消耗了我们同样多的，甚至是好几倍的DNA！所以我们的生命线，就这样被它们缩短了！”

忘功不忘过　忘怨不忘恩

原文

我有功①于人不可念，而过②则不可不念；人有恩于我不可忘，而怨则不可不忘。

注解

①功：对他人有恩或帮助的事。

②过：对他人的歉疚或冒犯言行。

译文

我们虽帮助过人，也不要常常挂在嘴上记在心头，但若做了对不起别人的事却不可不经常反省；反之如果别人曾经对我们有过恩惠却不可轻易忘怀，别人做了对不起我们的事就应立刻忘掉。

事典

齐桓公不计射钩　管夷吾相齐称霸

周平王东迁洛邑以后的东周，又分“春秋”和“战国”两个时期。春秋时期，周王室衰落，周天子名义上是各国共同的君主，实际上他的地位只相当一个中等国的诸侯。一些比较强大的诸侯国家用武力兼并小国，大国之间也互相争夺土地，经常打仗。战胜的大国诸侯，可以号令其他诸侯。这种人称做霸主。

春秋时期第一个称霸的是齐国（都城临淄，在今山东淄博）。齐国是周武王的大功臣太公望的封国，本来是个大国，再加上它利用沿海的资源，生产比较发达，国力就比较强。公元前686年，齐国发生了一次内乱。国君齐襄公被杀。襄公有两个儿子，一个叫公子纠，当时在鲁国（都城在今山东曲阜）；一个叫公子小白，当时在莒（jǔ）国（都城在今树东莒县）。两个人身边都有个师傅，公子纠的师傅叫管仲，公子小白的师傅叫鲍叔牙。两个公子听到齐襄公被杀的消息，都急着要回齐国争夺君位。

鲁国国君鲁庄公决定亲自护送公子纠回齐国。管仲对鲁庄公说："公子小白在莒国，离齐国很近。万一让他先进齐国，事情就麻烦了。让我先带一支人马去截住他。"

不出管仲所料，公子小白正在莒国的护送下赶回齐国，路上，遇到管仲的拦截。管仲拈弓搭箭，对准小白射去。只见小白大叫一声，倒在车里。

管仲以为小白已经死了，就不慌不忙护送公子纠回到齐国去。哪里知道，他射中的不过是公子小白衣带的钩子，公子小白大叫倒下，原来是他的计策。等到公子纠和管仲进入齐国国境，小白和鲍叔牙早已抄小道抢先到了国都临淄，小白当上了齐国国君，这就是齐桓公。

齐桓公即位以后，立即发兵打败鲁国，并且通知鲁庄公一定要鲁国杀了公子纠，把管仲送回齐国办罪。鲁庄公没有办法，只好照办。

管仲被关在囚车里送到齐国。鲍叔牙立即向齐桓公推荐管仲。

齐桓公气愤地说："管仲拿箭射我，要我的命，我还能用他吗？"

鲍叔牙说："那回他是公子纠的师傅，他用箭射您，正是他对公子纠的忠心。论本领，他比我强得多。主公如果要干一番大事业，管仲可是个用得着的人。"

齐桓公也是个豁达大度的人，听了鲍叔牙的话，不但不办管仲的罪，还立刻任命他为相，让他管理国政。

管仲帮着齐桓公整顿内政，开发富源，大开铁矿，多制农具，提高耕种技术，又大规模拿海水煮盐，鼓励老百姓入海捕鱼。离海比较远的诸侯国不得不依靠齐国供应食盐和海产。别的东西可以不买，盐是非吃不可的。齐国就越来越富强了。

齐桓公一心想当诸侯的霸主，做了霸主就能够发号施令，别的诸侯就得向他进贡，听他的指挥。他对管仲说："现在咱们兵精粮足，是不是可以会合诸侯，共同订立个盟约呢？"

管仲说："咱们凭什么去会合诸侯呢？大家都是周天子下面的诸侯，谁能服谁呢？天子虽说失了势，毕竟是天子，比谁都大。如果主公能够奉天子的命令，会合诸侯，订立盟约，共同尊重天子，抵抗别的部落，往后谁有难处，大伙儿帮他，谁不讲理，大伙儿管他。到了那时候，主公就是自己不要做霸主，别人也得推举您。”

齐桓公说：“你说得对，可是怎么着手呢？”

管仲说：“办法倒有一个。这回新天子（指周釐王，釐音 xī）才即位。主公可以派个使者向天子朝贺，顺便帮他出个主意，说宋国（都城在今商丘南）现在正发生内乱，新国君位子不稳，国内很不安定。请天子下命令，明确宣布宋国国君的地位。主公拿到天子的命令，就可以用天子的命令来召集诸侯了。这样做，谁也不能反对。”

齐桓公听了，连连点头，决定照着管仲的意见办。

这时候，周朝的天子早已没有实权了。列国诸侯只知道抢夺地盘，兼并土地，已经全忘记还有朝见天子这回事。周釐王刚刚即位，居然有齐国这样一个大国打发使臣来朝贺，打心眼里喜欢。他就请齐桓公去宣布宋君的君位。

公元前 681 年，齐桓公奉了周釐王的命令，通知各国诸侯到齐国西南边境上北杏（今山东东阿县北）开会。

这时候，齐桓公的威望还不高。发出通知以后，一共只来了宋、陈、蔡、邾四个国家。还有几个诸侯国，像鲁、卫、曹、郑（都城在今河南新郑）等国，想瞧瞧风头再说，没有来。

在北杏会议上，大家公推齐桓公当盟主，订立了盟约。盟约上主要的是三条：一是尊重天子，扶助王室；二是抵御别的部落，不让他们进入中原；第三是帮助弱小的和有困难的诸侯。

折箭释前嫌　闯王得良将

李自成（公元 1606—1645 年）是明末著名的农民起义领袖。在当时十三家、七十二营农民义军中，李自成之所以脱颖而出，与其胆略过人，胸怀宽阔，广收英雄人才是分不开的。

李自成除以广阔胸怀容纳任用兄弟义军首领外，对于明朝将领中曾与他为敌的对手也能够收用，他收降明朝总兵陈永福便是其中突出一例。

崇祯十六年（公元 1643 年）冬天，李自成于潼关大败明军，明督师孙传庭战死，义军攻克西安，明将白广恩、左光先等人先后降附，只有明将陈永福据险自守，不肯降附。其实陈永福也知道大势已去，并非不愿降，只是他的情况与诸将不同。

那还是崇祯十四年(公元1641年)岁末,李自成第二次围攻开封的时候,明朝巡按高名蘅、推官黄澍、总兵陈永福、游击左明国等率众固守。封藩开封的周王也以重金悬赏,招募死士。“自成攻围数日,亲帅诸将于承明门下耀武。时永福号称神箭,从城上射自成,中其左目,几死,遂收兵不出。”

陈永福后隶孙传庭麾下,又多次与李自成作战,直至柿园、潼关孙传庭败死。诸将降附自成后,陈永福恐李自成记那一箭之仇,独自率众固守“保山巅不敢下”。

此时白广恩已降,李自成亲自上前拉住他的手,与他共同进餐,十分友好。左光先听此情形也放心降附。李自成又让白广恩前去招降陈永福。陈永福怕白广恩出卖自己,叹道:“汴城之战,永福亲集其矢于王之目,今穷而归命,惧无以全腰领。”李自成得知此情后,说道:“此各尽其事,何害!”命人取箭,“折箭为誓,招之”,陈永福这才放心归降。

以后史实证明,陈永福降附后,忠心于李自成,义军山海关败后,西退出陕,陈永福被升任权将军。清军进攻太原时,陈永福力守,清军用“红衣大炮”攻破城垣,永福殉职战死。

对小人不恶　待君子有礼

原文

待小人[1]不难于严,而难于不恶[2];待君子不难于恭,而难于有礼。

注解

①小人:泛指一般无知的人,此处含品行不端的坏人的意思。

②恶:憎恨。《论语·里仁》篇:"惟仁者能好人能恶人。"

译文

对待品德不端的小人,对他们抱严厉的态度并不困难,困难的是不憎恨他们;对待品德高尚的君子,对他们抱恭谨的态度不难,难的是对待他们有礼有节。

事典

鸡鸣狗盗士　危难显神通

战国时齐国的孟尝君田文虽以善于养士著称,但他最初也并非来者不拒,对不太喜欢的士人,他也常逐之。后来,经过鲁仲连的劝说,他才真正懂得了用人不拘一格的道理。

一次，孟尝君要驱逐一位不喜欢的食客，正巧遇到好友鲁仲连，鲁仲连对他讲了一番十分耐人寻味的话，使他改变了主意。鲁仲连说："猿猴错木据水，则不若鱼鳖（biē）；历险乘危，则骐（qí）骥（jì）不如狐狸。曹沫之奋三尺之剑，一军不能当；使曹沫释三尺之剑，而操铫镰与农夫居垅亩之中，则不若农夫。故物舍其所长，取其所短，尧亦有所不及矣。今使人而不能，则谓之不肖；教人而不能，则谓之拙，拙则罢之，不肖则弃之，使人有弃逐，不相与处，而来害相报者，岂非世之立教首也哉！"他这段话的大意是，人都是各有所长，亦有所短，若弃长取短，人人都成了愚人；若用其所短，就更为不智。鲁仲连的一番话，说得孟尝君茅塞顿开，不再驱逐那位食客。从此，更加广泛地招揽士人，不拘一格，来者不拒，各种人才都奔走于他的门下，为他所用。

孟尝君应秦昭王之邀，入秦，秦昭王准备任命他为相国。有人劝秦昭王说："孟尝君贤，而又齐族也，今相秦，必先齐而后秦，秦其危矣。"秦昭王因此没有任命，并且把孟尝君囚了起来，企图将他杀死。孟尝君知道后，派人请求秦昭王的宠姬帮助，这个宠姬说："妾愿得君狐白裘。"孟尝君曾有一件狐白裘，价值千金，天下无双，但刚到秦国时，他便献给了秦昭王，再也没有了。在这个关键时刻，他的食客起了作用。孟尝君忧心忡忡，问门客怎么办，大家都无言以对，唯有一个在下座、能作狗盗的人说："臣能得狐白裘。"于是，他在半夜中学狗叫入秦宫，盗取了孟尝君所献的狐白裘，转手献给了秦王宠姬。孟尝君因而被秦昭王释放，他当即便打点行装，改变姓名逃奔齐国，半夜时分到达函谷关（今河南灵宝北）。秦昭王放走孟尝君后，又有些后悔，便派人骑快马传令各关口，勿放孟尝君出关。秦国有一条法令，到鸡鸣时才能开关放人过境，孟尝君唯恐追兵赶上，急于出关，问门客有何办法，有一门客当即回答说，他能学鸡鸣，愿效力。此人一鸣，众鸡齐鸣，守关者一听鸡鸣，立即开关放人，孟尝君一行人得以出关。走了没有一顿饭的工夫，秦使者便来到关前，听说孟尝君已出，只好回去复命。孟尝君得以返回齐国。

名高不自傲　功高不震主

唐朝名将郭子仪戎马一生，屡建奇功，但他从不居功自傲，而是忠勇爱国，宽厚待人，因此在朝中有极高的威望。

李光弼和郭子仪同为唐朝著名将领。他们曾经同在朔方镇当将军。可是两个人的关系并不太好，互不服气。安史之乱爆发后，唐玄宗提升郭子仪任朔方节度使，位居李光弼之上。李光弼怕郭子仪刁难他，曾想调到别的方镇去。这时朝廷要郭子仪挑选一位得力的大将，去平定河北。郭子仪出于公心，推荐了李光弼。李光弼却认为郭子仪是借刀杀人，让他去送死。可是朝廷成命又不能不服从。临行前对郭子仪说："我赴死心甘，只求你不要再加害我的妻子儿女好吗？"郭子仪听到他冤枉自己的话后，流着热泪对他说："现在国难当头，我器重将军，才点你的将，愿与你共赴疆场讨伐叛贼，哪里还记着什么私忿呢？"李光弼听了非常感动。两人手扶手相对跪拜，前嫌尽释。

唐代宗大历二年（公元767年）十二月，有人掘了郭子仪父亲的坟墓，可是盗贼却没有抓到。人们怀疑是朝中宦官鱼朝恩指使人干的，鱼朝恩一向嫉妒郭子仪，并向皇上屡进谗言，一再阻挠皇上任用郭子仪。郭子仪对于祖墓被毁的原因心里也是明白的。他入朝时，皇帝先提起此事，郭子仪哭奏道："臣长期主持军务，不能禁绝暴贼，军士摧毁别人坟墓的事，也是有的。这是臣的不忠不孝，招致上天的谴责，不是人患所造成的。"满朝的公卿大臣原来都很忧虑，怕郭子仪闹出事端，听了他的回奏后，都对他无限钦佩。郭子仪想到的是国家安危，在他心里，朝廷的安稳远比自己的私事重要。

郭子仪功德越高，人们越尊重他。吐蕃、回纥称他为神人。皇帝都不直接呼他的名字。甚至有些安史叛将也很尊重他，因为他曾施恩于很多人。安庆绪的骁将田承嗣占据魏州后，蛮横无理，飞扬跋扈。郭子仪派遣自己的一个部将去见他。田承嗣倒很规矩，还向郭子仪所在的方向遥望叩拜，指着自己的膝盖对使者说："我这双膝盖，不向别人下跪已有多年了，现在要为郭公下跪。"他麾下的老将军数十人，都是王侯显贵，郭子仪颐指他们进退，他们就像奴仆一样，听从他的安排和指挥。

郭子仪处处做士兵的榜样。他领兵打仗从不侵犯百姓的利益。当时，连年战争，农村经济衰败，农民生活困难，负担很重，筹集军粮确实不易。为了减轻人民的负担，他不顾自己年迈力衰，亲自耕种。在他的带动下，官兵在休战时，一边训练，一边参加农业劳动。动乱时期，他的驻地丰收的庄稼到处可见。

郭子仪不仅得军心民心，侍奉圣上也很忠心勤谨。无论是手握强兵，还是方临戎敌，诏命他何时入朝，他从未迟延过。在他被幸臣鱼朝恩谗毁，削去兵权后，仆固怀恩率10万大军进逼京师，正当用人破敌之急，朝廷恢复和加封他为太尉，分宁、泾原、河西及朔方招抚观察使，关内河东副元帅，中书令等一系列虚职和实职。郭子仪从不把打仗破敌当做升官发财的敲门砖，他坚决要求辞去太尉之职，只保留招抚观察使一职即可。他上奏说，自兵乱以来，纲纪破坏，时下与人比高低、争权势已成风尚流行，他希望朝中兴行礼让，就由自己开始实现。他还说，自己早已懂得知止知足的道理，心中惧怕盈满之患。等到秩序安定，仆固怀恩被擒，往昔的官爵决心一无所受。经过他再三恳让，才辞掉了太尉之职。但这位四朝柱石，卫国功臣，理应受到宠遇。他权倾天下而朝不忌，功盖一代而主不疑。德宗尊他为"尚父"。他既富贵而且长寿，后代繁衍安泰。他有八子七婿，都是朝廷重要官员。孙子有数十人之多，当孙子来问安，他都无法分辨谁是谁，只是颔首而已。有一出戏《打金枝》，反映了他家兴旺热闹的场面。戏的故事是，郭子仪七十大寿，全家的人全来拜寿，只有他的六儿媳升平公主没到。儿子郭暧气愤之下打了皇帝的金枝玉叶，还斥责道："你依仗皇父就不来拜寿，我父还不愿意当皇帝呢！"郭子仪知道儿子打了"金枝"以后，带着儿子就去向代宗皇帝请罪。代宗对郭子仪说："儿女闺房琐事，何必计较，老大人权作耳聋，当没听见这回事算了。"郭子仪谢过皇恩，回家后把儿子痛打一顿，小两口又和好如初了。

郭子仪的晚年退休家居，以忘情声色来排遣岁月。后来在唐史《奸臣传》上出现的宰相卢杞，在当时还未成名。

有一天，卢杞来拜访他，他正被一班家里所养的歌伎们包围，正在得意地欣赏玩乐。一听到卢杞来了，马上命令所有女眷，包括歌伎，一律退到大会客室的屏风后面去，一个也不准出来见客。

他单独和卢杞谈了很久，等到客人走了，家眷们问他："你平日接见客人，都不避讳我们在场，谈谈笑笑，为什么今天接见一个书生却要这样慎重。"

郭子仪说："你们不知道，卢杞这个人，很有才干，但他心胸狭窄，睚眦必报。长相又不好看，半边脸是青的，好像庙里的鬼怪。你们女人们最爱笑，没有事也笑一笑。如果看见卢杞的半边蓝脸，一定要笑，他就会记恨在心，一旦得志，你们和我的儿孙，就没有一个活得成了！"

不久卢杞果然作了宰相，凡是过去有人看不起他，得罪过他的，一律不能免掉杀身抄家的冤报。只有对郭子仪的全家，即使稍稍有些不合法的事情，他还是曲予保全，认为郭令公非常重视他，大有知遇感恩之意。

建元二年六月十四日（公元781年7月9日），郭子仪以八十五岁的高龄辞世。德宗沉痛悲悼,废朝五日,下诏书高度评价和追念他。按律令规定一品官坟墓高一丈八尺,特下诏给他加高十尺,以示尊崇。君臣依次到府第吊唁,皇帝还到安福门临哭送行。生前死后,哀荣始终。

欲路上勿染指　理路上勿退步

原文

欲路[①]上事,毋乐其便而姑为染指[②],一染指便深入万仞[③];理路[④]上事,毋惮[⑤]其难而稍为退步,一退步便远隔千山。

注解

①欲路:泛称有关欲念、情欲、欲望,也就是佛家所说的"五欲烦恼"的意思。

②染指:喻巧取不应得的利益。

③仞:古时以八尺为一仞。

④理路:泛称有关义理、真理、道理。

⑤惮:害怕。

译文

关于欲念上的事,绝不要贪图方便,而苟且占为已有,一旦贪图非分的享乐就会坠入万丈深渊;关于义理方面的事,绝不要由于畏惧困难,而产生退缩的念头,一旦退缩就要与真理正义相隔千山万水。

事典

淳于髡七谏齐宣王

齐宣王坐在殿堂上，淳于髡(kūn)在一面陪坐，齐宣王开腔对淳于髡说："你揣摩本大王有什么爱好。"

淳于髡说："古代的君主有四种爱好，大王占有其中之三。"

齐宣王说："古人爱好与本王爱好有不相同吗？"

淳于髡说："古代君主喜欢良马，大王也喜欢良马；古代君主喜欢山珍海味，大王也喜欢山珍海味；古代君主喜欢女色，大王也喜欢女色；古代君主喜欢贤士，而大王不喜欢贤士。"

齐宣王说："我不是不喜欢贤士，只是国内没有贤士，有贤士我也会喜欢他们的。"

淳于髡说："古代有骅(huá)骝(liú)、骐骥马，现在这些良马不多得，大王喜欢马，便从众多的马中物色寻取；古代有用豹子、大象胚胎烹调的美味，现在几乎没有了，大王因喜欢美味，而从众多的同类食品中选取；古代有毛嫱、西施美女，现已不复人间，大王因喜欢美色，便从众多的女子中挑选。古代尧舜、禹汤的贤士已经作古，大王以为非其时贤士不贤的话，那么尧舜、禹汤之士也不喜欢君主了。"齐宣王看着淳于髡，默不作声，也无言可对。

借口总是很容易找的，一个人的心智也是很容易迷失的，那是因为享受总是很容易得到。为了享受，他就认为事理很不易找到，这只不过是一种自我欺骗的行为，目的是为自己的享受主义做掩盖。但是，从养生学的角度讲，这种以借口掩盖享乐的行为，是一种害生的行为，特别是对心理的严重影响。

立身要高一步　处世须退一步

原文

立身[1]不高一步立，如尘里振衣[2]，泥中濯足[3]，如何超达[4]；处世不退一步处，如飞蛾投烛[5]，羝羊触藩[6]，如何安乐。

注解

①立身：在社会上立足，接人待物。

②尘里振衣：振衣是抖掉衣服上沾染的灰尘，故在灰尘中抖去尘土会越抖越多，喻做事没有成效，甚至相反。

③泥中灌足：在泥巴里洗脚，必然是越洗越脏，比喻做事白费力气，《孟子·离娄》篇："沧浪之水浊兮，可以濯吾足。"濯，洗。

④超达：超脱流俗，见解高明。

⑤飞蛾投烛：飞蛾是一种喜欢近火的昆虫。因此又名"灯蛾"，每当飞蛾接近灯火往往葬身火中，喻自取灭亡。

⑥羝羊触藩：羝，指公羊。藩是竹篱笆。公羊雄健鲁莽，喜欢用犄角顶撞，往往把犄角卡住不能自拔。据《易经·大壮》篇："羝羊触藩，不能退，不能遂。"所以世人就用羝羊触藩来比喻做事的进退两难。

译文

立身处世若不能保持超然的态度，就好像在泥土里打扫衣服，在泥水里清洗双脚，又如何能出人头地呢？处理人世事物若不抱留一些余地的态度，就好比飞蛾扑火，公羊用角去顶撞篱笆，哪会使身心感到愉快呢？

事典

田子方处世从容

魏文侯攻克中山后匆匆赶回魏都安邑,田子方随从殿后。中途,太子击遇见田子方急忙下车,快步走到田子方车前,田子方却不动身子地坐在车上对他说:"烦你转告君主在朝歌侍候我。"

太子击有点不高兴,他问田子方:"不知天下是穷人以骄色傲人,还是富人以骄色傲人?"

田子方答道:"当然是穷人以骄色傲人,富贵者哪个敢用傲然的态度待人的?国君傲然于人必亡其国,如今我尚未见到准备亡国而傲人的君主;士大夫傲然于人,必失封地采邑,如今我未见到准备失邑而傲人的士大夫。穷人没有这些顾忌,如不惬意拔下鞋跟走路,什么地方没有贫穷啊?所以,我讲穷人会以骄色傲人,富贵的人不敢。"

太子击不言,赶上魏文侯的车骑就将田子方的话讲给魏文侯听。魏文侯说:"若不是你的缘故,或许还听不到这些话。我用礼贤下士的态度同田子方交朋友,自信交后上下君臣的关系亲近了,许多的百姓远道来归。这些成功是我能知友识士。就讲征伐中山,我以武德待之大将军乐羊,三年后他取得了中山国,这是礼遇武将的结果。所以,我见到的只是进取,没有发现凭才智向我傲然骄色的。倘若真的让我得到恃才骄矜(jīn)的人,何愁魏的业绩赶不上古人?"

像田子方那样处世从容的人,是因为他的目光看得远,超越了自我,而不困于物质的得失。一个人的心已不在物质上,那么他看到的必然是生命的自由。所以,养生者应站得更高来观看世界,将自己的情感升华,以理性去思考怎样对待自己的生命。

修德须忘功名　读书定要深心

原文

学者要收拾精神①并归一路②。如修德而留意于事功③名誉，必无实诣④；读书而寄兴⑤于吟咏⑥风雅⑦，定不深心。

注解

①收拾精神：指收拾散漫不能集中的意志。

②并归一路：指合并在一个方面，也就是专心研究学问。

③事功：事业。

④实诣：实在造诣。

⑤兴：兴致。

⑥吟咏：吟咏也作咏诵，吟指作诗歌时的低声朗诵，据《诗经·关雎》序："吟咏性情。疏：'动声曰吟，长言曰咏。'"

⑦风雅：风流儒雅。因此，后世以此比喻诗文。

译文

求学问一定要除掉杂念集中精力，专心致志地从事研究；如果立志修行品德却又流于功名利禄，必然不会有什么真实造诣；如果读书只是在吟咏诗词方面感兴趣，那一定会显得浮浅而没有什么心得。

事典

凿壁偷光

汉朝时，少年时的匡衡，非常勤奋好学。

由于家里很穷，所以他白天必须干许多活来挣钱糊口。只有晚上，他才能坐下来安心读书。不过，他又买不起蜡烛，天一黑，就无法看书了。匡衡心痛这浪费的时间，内心非常痛苦。

他的邻居家里很富有，一到晚上好几间屋子都点起蜡烛，把屋子照得通亮。匡衡有一天鼓起勇气，对邻居说："我晚上想读书，可买不起蜡烛，能否借用你们家的一寸之地呢？"邻居一向瞧不起比他们家穷的人，就恶毒地挖苦说："既然穷得买不起蜡烛，还读什么书呢！"匡衡听后非常气愤，不过他更下定决心，一定要把书读好。

匡衡回到家中，悄悄地在墙上凿了个小洞，邻居家的烛光就从这洞中透过来了。他借着这微弱的光线，如饥似渴地读起书来，渐渐地把家中的书全都读完了。

匡衡读完这些书，深感自己所掌握的知识是远远不够的，他想继续看多一些书的愿望更加迫切了。

附近有个大户人家，有很多藏书。一天，匡衡卷着铺盖出现在大户人家门前。他对主人说："请您收留我，我给您家里白干活不求报酬。只是让我阅读您家的全部书籍就可以了。"主人被他的精神所感动，答应了他借书的要求。

匡衡就是这样勤奋学习的，后来他做了汉元帝的丞相，成为西汉时期有名的学者。

经学大师郑玄

郑玄是东汉末年的经学大师，他遍注儒家经典，以毕生精力整理古代文化遗产，使经学进入了一个"小统一时代"。他对儒家经典的注释，长期被封建统治者作为官方教材,收入九经、十三经注疏中,对于儒家文化乃至整个中国文化的流传作出了相当重要的贡献。

郑玄生于东汉顺帝永建二年(公元127年),卒于东汉献帝建安五年(公元200年)。郑玄的家世本来比较显赫。其远祖名叫郑国,字子徒,是孔子的弟子,其后世封为朐(qú)山侯。郑玄的八世祖郑崇,字子游。为高密大族,西汉哀帝时官至尚书仆射,《汉书》中有传。郑崇为人刚直不阿,很受哀帝的信任和重用,常与宦官幸臣董贤等作斗争,后来遭佞臣诬陷,惨死狱中。

到了郑玄出生时,郑氏家族已经败落了,他的祖父郑明、父亲郑谨,都没有出仕,只在乡间务农,家中生活也比较贫寒。郑玄自幼天资聪颖,又性喜读书,勤奋好学。他从小学习书数之学,到八九岁时就精通加减乘除的算术,不但一般的大人比不过他,即便是读书人,不专门学习书数者也赶不上他。到了十二三岁,他就能诵读和讲述《诗》《书》《易》《礼记》《春秋》这儒家"五经"了。同时,他还喜欢钻研天文学,并掌握了"占候""风角""隐术"等一些以气象、风向的变化而推测吉凶的方术。

郑玄自少年时就一心向学,确立了学习经学的志向,终日沉湎于书卷中,孜孜以求。他不尚虚荣,天性务实,有一件小事很能说明这个问题。十一二岁的时候,他曾随母亲到外祖父家做客,当时客人很多,在座的十多位客人都衣着华美,打扮得焕然一新,一个个言语清爽,夸夸其谈,显得很有地位和派头。唯独郑玄默默地坐在一旁,似乎身份和才学都赶不上人家。其母见状,感到面上无光,便暗地督促他出头露面,显露点才华,表现点阔绰和神气。郑玄却不以为然,说这些庸俗的场面"非我所志,不在所愿也"。

郑玄16岁的时候,不但精通儒家经典,详熟古代典制,而且通晓谶纬方术之学,又能写得一手好文章,在当地声名远播,被大家称为神童。当时朝廷的统治者相信灾异、符瑞之说,把各种自然灾害视为上天对人类的惩罚和警告;而把自然界罕见的一些现象,如禾生双穗、珍禽异兽出现等,看作上天对人们的奖励和对"政治清明"的赞赏。为了证明统治者的行为符合天意,朝廷便鼓励地方官府将"符瑞"逐级上报,借以神化和歌颂封建统治,麻痹人民。但当时的吏治已经坏透了,州、县官吏大都是白痴,写文章也难以像个样子。这一年民间有人献瑞,不同的两棵秧长到一起结了一个瓜,称为"嘉瓜";一枝禾稻结了两个稻穗,谓之"嘉禾"。县里要讨好上级,就将"符瑞"的情况写成公文并加上颂辞上报,无奈官吏鄙陋无文,写的东西实在拿不出手,只好请神童郑玄来改写。郑玄写好了公文,又写两篇颂辞,备受县吏的赏识。郡守认为郑玄是少有的奇才,不愧神童之名,后来亲自为他主持了冠礼(男子20岁时为表示成年而举行的加冠典礼)。

郑玄后来在马融门下求学，过了三年也没见着马融，只是由高才弟子为他讲授罢了。马融曾用浑天算法演算，结果不相符，弟子们也没有谁能理解。有人说郑玄能演算，马融便叫他来，要他演算，郑玄一算就解决了，大家都很惊奇，佩服。等到郑玄学业完成，辞别回家，马融随即慨叹礼和乐的中心都将要转移到东方去了，担心郑玄会独享盛名，心里很忌恨他。郑玄也猜测马融会来追赶，便走到桥底下，在水里垫着木板鞋坐着。马融果然占卜郑玄踪迹，然后告诉身边的人说："郑玄在土下、水上，靠着木头，这表明一定是死了。"便决定不去追赶。郑玄终于因此得免一死。

国家大局重　执法不私故

唐太宗不仅是善于纳谏、勇于责己的开明皇帝，在处理自己的故友旧部的问题上，也能从大局出发，秉公而论。

贞观三年，濮州刺史庞相寿，因为犯有重大贪污罪行而被查出。根据唐朝法律，庞相寿被摘去乌纱，削职为民。庞相寿对此事心怀不服，直接向唐皇李世民求情。原来，这庞相寿是李世民的老部下、老朋友，在李世民做秦王时，庞相寿就是李世民的右膀左臂，在李世民建功立业的过程中立下了汗马功劳。他自恃与世民故交深厚，又有功于国家，满以为李世民会赦令撤去原判，让他官复原职。

李世民听了庞相寿的求情后，确实动了怜悯之心。但是，他毕竟是个贤明君王，经过深思熟虑，又和魏征丞相商量多次，最后终于下定决心，以国家大局为重，秉公执法，毅然把庞相寿削职为民。事后，李世民拉着庞相寿的手说："我今天已经是大唐皇帝，四海之主，怎么能以情枉法，独私故人呢！"

不流于浓艳　不陷于枯寂

原文

念头浓①者，自待厚待人亦厚，处处皆浓；念头淡②者，自待薄待人亦薄，事事皆淡。故君子居常③嗜好，不可太浓艳④，亦不宜太枯寂⑤。

注解

①念头浓：心胸宽厚，念头当想法或动机解。
②淡：浅薄。
③居常：日常生活。
④浓艳：指丰盛豪华，此处作奢侈无度解。
⑤枯寂：寂寞到极点之意，此处当吝啬解。

译文

一个欲求丰裕的人，不但要求自己的生活丰足，对待别人也要讲究丰足，因此他凡事都讲究气派豪华。一个欲望淡泊的人，不但自己过着清苦的生活，就是对待别人也很淡薄，因此他凡事都表现得冷漠。因此一个真正有修养的人，日常的爱好，既不过分奢侈，也不过分刻薄吝啬。

事典

老子不计名实

从前有个叫士成绮的人一心想见见圣人老聃(dān)。一天,他如愿以偿地见到了老聃,他对老聃打量一番,对老聃讲:“我以前听说夫子是一位圣人,所以不远万里来拜见夫子。今日得以见面,先生并非是我想象中的圣人,鼠穴里扒出来的垃圾混杂着米粒粮食,先生居然如此浪费食物,是不仁之举,也可想先生吃和穿的应有尽有,而这些说不准是平时贪婪(lán)敛取而来。”

老聃看看来人,装作什么也没有听见似的,不做回答。第二天,士成绮又来拜见老聃,他说:“昨天我出言不逊,中伤夫子,今天不知是什么缘故有所省悟,改变了昨天的错误想法。”老聃说:“你是慕我巧智圣人之名而来,我自以为同巧智圣人没有关系,你是听到的名声,我是据实在所言。我还是我,人家以为我如何如何,我不计较。以前有人称我谓牛,我就被唤作牛,有人称我谓马,我就被唤作马。如果计较名实,人家给你相应称呼不接受,那就会给自己带来祸殃与不测。”老聃看士成绮走路的样子,说:“看你容貌岸然高傲,目光突视,额头矜相,口齿尖利;身形魁(kuí)梧(wú)巍峨,很像是拴住缰绳奔马,身受羁(jī)绊而心志不已。即使你屈于强制地修炼一时,但一旦有隙就像强矢脱弦的箭会一发而不可收。再加上你遇事善于细察、精审,持才自负、骄矜,这很类似边塞僻境的一种人,这种人人们把他们叫做窃贼。”心中过于留恋自我,对外又把自私自利的心思强加于事物或别人的身上,这种人,他的心理必定是没有爱惜生命的观念的,所以,他的行为都是在以欲为养的追求上,而这正是太过追求利欲的结果。

真伪之道　只在一念

原文

人人有个大慈悲[①]，维摩[②]屠刽[③]无二心也；处处有种真趣味，金屋[④]茅舍非两地也。只是欲闭情封，当面错过，便咫尺[⑤]千里矣。

注解

①大慈悲：能给他人以快乐叫慈，消除他人的痛苦叫悲，这是佛家语，《观无量寿经》有“佛心是大慈悲”，指佛菩萨广大之慈悲。全句意：人人都具有成佛的佛性。

②维摩：梵语维摩诘简称，是印度大德居士，汉译叫净名。与释迦同时人，辅佐佛来教化世人，被称为菩萨化身。

③屠刽：屠是宰杀家畜的屠夫，刽是以执行罪犯死刑为职业的刽子手，但同样具有佛性。

④金屋：指世豪之家的住宅，建筑金碧辉煌，汉武帝有“若得阿姣当以作金屋藏之”的典故，佛教认为世间事物皆虚幻，故金屋茅檐并无差别。

⑤咫尺：一咫是八寸。一尺十寸，咫尺指极短的距离。

译文

每个人都有一颗善良仁慈之心，就连慈悲为怀的维摩诘和屠夫刽子手的本性也都相同；世间到处都有一种合乎自然的真正的生活情趣，富丽堂皇的高楼大厦与简陋的茅草屋也没什么差别，可惜人心经常为情欲所封闭，就使真正的生活情趣当面错过，结果造成差之毫厘失之千里的局面。

事典

杞人忧天

杞国有个人，整天地担心天会崩塌、地会沦陷，怕自己会因此无处安身。于是他就连饭也不吃，觉也不睡了。另有个人为他的担忧而担心，就赶去开导他。这人对忧天者说："天不过是积聚起来的气而已，没有一处是不积聚气而成的，你的弯曲伸展与呼吸，整天都在天空中活动，为何还要担心天会崩塌呢？"

杞人说："天如果真是积气而成，那么日月星辰难道就不会掉下来吗？"那个开导他的人说："日月星辰只不过是那些积气中会发光的气，就是掉下来，也不会造成什么伤害的。"杞人又问道："那么地陷裂开来又如何呢？"开导者回答道："地只是堆积的土地而已，它充满四处，没有一处没有土块的。你行步踩踏，整天都在走动，为什么还要担心它会陷裂开来呢？"杞人听罢，解除了疑惧，十分高兴。那位开导他的人当然也十分快乐。

列子听说这些事后，笑道："说天地会坏者是荒谬的，说天地不会坏者也是荒谬的。"它们的坏与不坏，是无法知道的。既然无法知道天地坏与不坏是怎么回事，那么这同人的生活道理有甚两样。活着的人，不知死后之事；死掉的人，也不会知道活着人的事情；将来不会知道过去的事，过去同样也不会知道未来之事。那么天地会不会崩塌陷裂，又何必要放在心上呢？心事总是人自己招惹来的，佛家所说的魔由心生，就是这个意思。杞人忧天这个故事就说明了一个人若是无事而生虚幻，那他的生命将被自己伤害。前人曾说养生之难在于不易保护精气，其实最根本的还是养心为最难之事，一个人总是不停地进行意识活动，来识别外在环境的变化与自己生命深处的神的对话，但是他却很难把握自己内心流动状态的心绪。

道者应有木石心　名相须具云水趣

原文

进德修道[①]，要个木石[②]的念头，若一有欣羡，便趋欲境；济世经邦，要段云水[③]的趣味，若一有贪著[④]，便坠危机。

注解

①修道：佛家语中“谓见道之后，更修习真观”，泛指修炼佛道两派心法。

②木石：木柴和石块都是无欲望无感情的物体，喻无情欲。《孟子·尽心篇》：“与木石居，与鹿游。”

③云水：佛家称行脚僧为云水，这种和尚手持三宝云游天下，四海为家毫无牵挂，行迹飘忽有如行云流水。他们不受物欲束缚而具淡泊雅趣。

④贪著：对富贵等欲念的执着。

译文

凡是进德修业磨炼心性的人，必须有一种木石般坚定的意志，若对外界的荣华富贵有所羡慕，那就会被物欲所困惑；凡是治理国家服务民众的政治家，必须有一种宛如行云流水般的淡泊胸怀，假如一有贪图名利的念头，就会陷入危机四伏的险恶深渊。

事典

坚持自守之道

晋代时,有个叫夏统的人,意志非常坚定,富贵美色都不能打动他的心。

有一天,大富豪贾克在洛水边见到了夏统,想用他的富贵来打动夏统的心。于是就出动他的仪仗乐队和歌女,在夏统的船边绕了三圈。夏统见了不被富贵所打动,还是像原来一样坐着,对眼前的富贵视而不见,听而不闻。贾克一见只好作罢,临走时说:“这个人像木头一样,心肝也一定是用石头做的。”

坚持自守之道,关注自身的命运,拒绝外物的引诱,只要心中充满着浩然的正气,世上就没有什么东西能够伤害自己了。东晋诗人陶渊明生性清高,好酒,安于清贫。由于不习惯跟官场的官员周旋,所以不想做官。

有一年,陶渊明非常勉强地被请去做一个地方的县令。有一天,上级派督邮到县里来视察。这时,手下的小官吏告诉陶渊明,按规定他应该穿戴整齐去迎接督察。陶渊明知道,那个督邮是个粗俗小人。他本想做个小小的县令,安于一方,谁想却要向人低头哈腰。他叹息道:“再穷我也不能为了五斗米的官薪,而去向那个乡里小人低头弯腰啊!”于是,他立刻脱下官服,解下官印,离开县衙,回家了。

坚守自己的人格,自己生命的价值也得以实现。一个人拥有生命,不光是指形体的健全,即所谓的“四肢发达”,还应具备健全的人格,即他所在时代的文化精神在他身上的具体体现。如此,他的生命才获得了真正的健康。世界卫生组织所定的健康标准是:一个人的健康包括身体、心理、社会三个方面。而一个人拥有健全的人格精神,正是心理、社会两个方面因素在他身上的具体体现。

多心招祸　少事为福

原文

福莫福于少事[1]，祸莫祸于多心。唯苦事者，方知少事之为福；唯平心者，始知多心之为祸。

注解

①少事：指没有烦心的琐事。

译文

一个人的幸福莫过于无事牵挂的了，一个人的灾祸没有比疑神疑鬼更可怕的了。只有那些整天忙忙碌碌的人，才知道没有事是最大的幸福，只有那些经常心如止水的人，才知道多心是最大的灾祸。

事典

祸福的辩证关系

在宋国有一个乐施好善，广行仁义的人，从他的祖父开始三代都乐此不疲。有一天家里的黑牛产犊(dǔ)，不想却是纯白色的，宋人疑惑地问占卜者，占者告诉他："黑牛产白犊是吉祥的征兆。白色的牛可用做祭祖的牺牲，你还是及早宰了祭鬼神吧。”隔了一年，宋人父亲的眼睛无缘无故瞎了，与此同时，家里的黑牛又产了一头白犊。父亲要宋人继续向占者求吉凶，儿子说：“上一趟问占说是吉祥征兆，结果你的双目无故失明。现在还要去问，问了以后又将怎样呢？”父亲说：“占者讲的是圣人之言，转述神明的意旨，神明所示乍听闻往往有歧义，但末了还是会应验的。尚且事情还没有个究竟，还是去问问。”宋人无奈再去问占。占者说：“又是一个吉祥的征兆，继续用它祭鬼神。”宋人回家将占者的话告诉了他的父亲，其父讲：“按占者的话办。”次年，不知什么缘故宋人的眼睛也瞎了。这年正好是宋文公十六年，楚庄王率师进攻宋国。宋国坚守城池，楚庄王屡攻不破，只得紧紧将宋城围住。城内粮草竭尽，互换子女尸体充饥；青年壮汉战死后，老弱病残登城死战。举城上下同心协力对敌。坚守到第九个月，终因内无粮草，宋城沦陷。楚军进城横加报复，死者不计其数。唯宋人父子双目失明未被征召，幸免于死。祸与福的转化关系，并不具备什么玄之又玄的东西，这种变化的关系也是依照事物的矛盾变化规律而转化的。只要人们按照事理去做事，就能驱祸迎福，而保全性命。

善人和气一团　恶人杀气腾腾

原文

吉人[1]无论作用安详[2]，即梦寐神魂[3]无非和气；凶人无论行事狠戾，即声音笑语[4]浑是杀机[5]。

注解

①吉人：心地善良的人。

②作用安详：言行从容不迫。

③梦寐神魂：指睡梦中的神情。

④声音笑语：言谈说笑。

⑤浑是杀机：言谈间流露着害人的迹象，杀机是指令人感到有杀人的恐惧感。

译文

一个心地善良的人，不论言行举止都极镇定安详，甚至就连睡梦的神情也都洋溢着一团和气；反之一个性情凶暴的人，不论做什么事都手段残忍狠毒，甚至就连谈笑之间也充满了恐怖的杀气。

事典

孙思邈高寿之秘诀

在历代养生家中，最重视修身以养生，又身体力行取得实效的要数唐代孙思邈。孙氏在《千金要方》中，反复阐述养德与长寿的关系。认为只要“道德日全，不祈善而有福，不求寿而自延”；如果德行不好，“纵服玉液金丹，未能延寿”。孙思邈(miǎo)不但要求人们这样做，自己本身也是一个很好的榜样。他不为名利，甘居淡泊，隋文帝、唐太宗、唐高宗都先后召他进京，许以高官厚禄，他都一一谢绝，却专心致力于医学研究，立志解除人们的痛苦。他对病人待如至亲，无论富贵贫贱，怨亲善友，皆一视同仁；无论昼夜寒暑，路途远近，都亲自前往，一心赴救。他不贪财物，关心体贴病人。不炫耀自己，不攻击他医。他对技术精益求精，七十岁时写下医学巨著《备急千金要方》，百岁高龄时又写下医学巨著《千金翼方》。由于他品德高尚，又善于养生，所以寿至101岁。有人考证，说他实际活了141岁。

心境高远，不谋私利，不患得患失，心志安定，气血调和，便不容易发生疾病。

欲无祸于昭昭　勿得罪于冥冥

原文

肝受病则目不能视，肾受病则耳不能听；受病于人所不见，必发于人所共见；故君子欲无得罪于昭昭①，必先无得罪于冥冥②。

注解

①昭昭：显著，明显可见，公开场合。据《庄子·达生》篇："昭昭乎若揭，日月而行也。"

②冥冥：昏暗不明，隐蔽场所。《荀子·劝学篇》："无冥冥之志者，无昭昭之明。"

译文

肝脏感染上疾病，眼睛就看不清；肾脏染上疾病，耳朵就听不清。病虽生在人们所看不见的内脏，但症状必然发作于人们所能看见的地方。所以，君子要想表面上没有过错，必须从看不到的细微处下功夫。

事典

齐桓公讳疾忌医

有一天，神医扁鹊拜见齐桓公，谈了一会儿，扁鹊对齐桓公说："大王，据我观察，你身上有病，目前尚在皮肤表层，若不治疗，恐怕会加重。"齐桓公不以为然："寡人哪有什么病啊。"扁鹊走了之后，齐桓公对左右侍臣说："这些医生，为了显示自己的能耐，总喜欢把没有病的说成有病的。"过了十天，扁鹊又去拜见齐桓公，对他说："大王的病已经进入肌肤了，不治疗的话将会加深的。"

齐桓公对扁鹊的话仍不加理睬。等扁鹊离开后，齐桓公大为不快。又过了十天，扁鹊见了齐桓公又说："大王的病已侵入肠胃了，再不治疗病将严重了。"齐桓公还不以为然。扁鹊退出去后，齐桓公很不高兴。

又十天过后，扁鹊远远望见齐桓公，也不打招呼便匆匆回避。齐桓公觉得奇怪，派人去询问扁鹊。扁鹊便对来人说："病在皮肤表层，用汤药敷（fū）贴可以治愈；病在肌肤，可以用针灸、药石进行治疗；病在肠胃'火齐汤'也能治好；病一旦侵入骨髓这个命府所在，医生是没有办法治疗的。如今大王的病已侵入骨髓，我也无法治了，不便再向大王说什么了。"过了五天，齐桓公果然周身疼痛。派人去找扁鹊，扁鹊早已跑到秦国去了。

良医治病，都从病灶（zào）显露之时入眼，肌肤着手，这是争取于小，而防之于微。对于人事及物，任何事物，无论是祸患或是福利，皆由小发展至大，明智的人会在事物发展初露端倪时，尽早采取相应的措施。

处世方圆自在　待人宽严得宜

原文

处治世①宜方②，处乱世③宜圆④，处叔季之世⑤当方圆并用；待善人宜宽，待恶人宜严，待庸众之人当宽严互存。

注解

①治世：指太平盛世，政治清明，人民安居乐业。

②方：指品行端正。

③乱世：治世的对称。

④圆：没有棱角，圆通，圆滑，随机应变。《易经·系辞》说："是故蓍之德，圆而神，封之德，方以知。"

⑤叔季之世：古时少长顺序按伯、仲、叔、季排列，叔季是兄弟中排行最后，比喻末世将乱的时代，《左传》云："政衰为叔世"，"将亡为季世"。

译文

当政治清明天下太平时，待人接物应严正刚直。当政治黑暗天下纷乱时，待人接物应圆滑老练。在国家行将衰亡的末世时期，待人接物就应刚直与圆滑并用。对待善良的君子要宽厚，对待邪恶的小人要严厉，对待一般平民大众应宽严互用。

事典

听之于无声，视之于无形

齐桓公同相国大夫管仲策划攻打莒国，两人谋定秘而不宣，然而不出几天消息不胫(jìng)而走，已经在国内传开了。齐桓公奇怪地问管仲："我与仲父商量的攻莒计划，尚未付诸实施就已经传遍了，这是什么缘故？"

管仲说："我想这大概是国内的睿(ruì)智能人所为。"

桓公沉思一会儿，猛然想起一个人，他对管仲说："日前有个服役的民夫，手里拿着翻土锄地的工具，站在下面看着你我，会不会是他传扬出去的？"

于是桓公命令此人即刻来宫服役，并不准他找别人替代。隔不多久，那个叫做东郭牙的民夫来了。管仲打量一番后对桓公说："无疑，准是他。"

桓公派礼宾侍卫领上庭以礼相见。管仲问他："攻打莒国的消息是你传扬的吗？""是的。"东郭牙答道。管仲又问："我同主公从来没有攻打莒(jǔ)国的打算，你凭什么要说齐欲伐莒呢？"东郭牙答道："我听说有这样的一句话，君子善于谋略策划，小人善于揣摩度测。我是私下观察相国的脸色、举止而作的猜测。""我没有明言攻莒，你怎么猜测到攻莒呢？"东郭牙说，"君子遇事必显露三种神色：一是喜悦欢乐的神色，大都流露在欣赏某物之时；一是冷清静穆的神色，大都流露在居丧守节之时；一是气势愤然的神色，此大都显露在欲动干戈之时。那天，我在下面望见君主在台上怒气冲冲，张开嘴巴久久不合。口形恰似一个'莒'字；君主手臂所指也在莒国；加以我平时想到的诸侯中不服齐国的，也唯有莒国而已。根据以上的动作形象，我猜测要对它用兵。我的猜度也许就是圣人们所说的'听之于无声，视之于无形'吧！"

恶人读书　适以济恶

原文

心地干净[1]方可读书学古，不然见一善行窃以济私[2]，闻一善言假以覆短[3]，是又藉寇兵而赍盗粮[4]矣。

注解

①心地干净：心性洁白无瑕。心地是心田，在心中藏有善恶种子，随缘兹长。朱子有"有古圣贤皆以心地为本"的说法。

②窃以济私：偷偷用来满足自己的私欲。

③假以覆短：借佳句名言掩饰自己的过失。

④藉寇兵而赍盗粮：李斯《谏逐客书》中有"此所谓藉寇兵而资盗粮者也"。兵，武器。赍，付与。

译文

只有心地纯洁的人才可读圣贤书学古人的道德文章，否则看到一件古人所做的好事，就私下作为自己的见解，听到古人所说的一句好话，就私下拿来掩饰自己的缺点，这就等于送武器给敌人，送粮食给强盗。

事典

崇教造天书　祸殃害民众

宋徽宗、蔡京等崇尚道教，与其思想糜(mí)烂、喜方士之术有着直接关系。几位有过远大影响的方士都是走了蔡京的门子，如王老志、王仔昔等都曾馆于蔡京第。蔡京这样做，当然有其用。道家之事日兴，皇帝慕仙崇道之心日切，政事日荒，蔡京的权力便亦日固。

宋代“道教被崇”的时间并不很长，但由于是天子和宰相的倡导，所以很快便成为一个重大的社会问题。山村道术之士频频被授予仙号，如善言“休咎”的王老志被授“洞微先生”；自言“能道人未来事”的王仔昔被封“通妙先生”；故弄玄虚的于仙姑被授“清真冲妙先生”；善为“妖幼”的林灵素被授“通真达灵元妙先生”等等，一时左道方术之士大走红运。道士们被授予官职，吃上了国家的俸禄，“秩比中大夫至将仕郎，凡二十六级”；置道官二十六等，有诸殿侍宸、校籍、授经等，相当于朝廷命官之待制、修撰、直阁；道院宫观遍布京都和全国各地；还规定了“道场仪苑”颁行天下，令各路派道士十人到京城学习“科道声赞规仪”；甚至祭祀大典的仪仗队也换上了道士。如政和三年(公元1113年)十一月祀天子圜(yuán)丘，便以道士百人执仪仗前导，让蔡京的儿子蔡攸为执绥官。方术之士希皇帝之旨，投蔡京之所好，信口雌黄。皇帝信仙益笃，他们的胡言乱语也越来越不着边际。政和六年，宋徽宗召见林灵素，林胡诌了一通天有九霄，而神霄最高，神霄玉清王者是玉帝的长子，主南方，号称长生大帝君，现在下降于世，就是“陛下”。又说，天上有仙官八百余名降于人世，蔡京即左元仙伯，王黼即文华使，蔡攸即园苑宝华吏，郑居中、童贯等皆有名，而他自己即仙卿褚慧下降。还把皇帝的宠妃说成是九华玉真安妃降生等等。这件事，很可能是受蔡京指使。

而宋徽宗“独喜其说”。因此，下诏建筑上清宝箓宫，并在城上做“复道”通宝策宫，以便斋醮(jiào)之事；不久，又上玉帝尊号，诏天下洞天福地修建宫观，塑造圣像，改宫名为玉清神霄宫，铸神霄九鼎；甚至为了压服群下，竟集道士两千余人，让林灵素假造帝诰天书惑世欺众，胡诌一通青华帝君祀阶室和殿事。蔡京还建议集古今道教事为纪念，赐名“道史”。老聃、庄周、列御寇的“亡灵”也跟着走运，被分别追封尊号，老子竟成了太上混元上德皇帝。皇帝则自册为教主道君皇帝。乌烟瘴气，弥漫全国。道士有俦，费钱无算；宫观赐田，动辄数千；凡设大斋，缗费数万。朝士嗜进者，趋之若鹜(wù)；贫乏之人也不惜施钱三百，“得一饫餐”。左道方士之术加速了宋朝的腐败，陷举国上下于愚昧。糜费了国家大量的钱财。在国将不国之时，劳动人民逐步认识到左道蠹国害民之巨。宣和二年(公元1120年)，都城暴水，宋徽宗遣林灵素夺胜，林灵素“方步虚城上，役夫争举梃将击之”，林灵素落魄而逃，幸免一死。

崇俭养廉　守拙全真

原文

奢者富而不足，何如俭者贫而有余；能者劳而致怨①，何如拙者逸而全真②。

注解

①劳而致怨：劳苦而怨谤集身。

②逸而全真：安闲而能保全本性，本为道家语，因为道家把完美无缺的人称为真人。

译文

豪奢的人财富再多也感到不够用，这如何比得上贫穷节俭却感到富裕的人呢？有才干之人如果由于心力交瘁而招致大众怨恨，如何比得上愚笨的人由于安闲无事却保全了纯真本性呢？

事典

魏征官位高　却身居陋室

魏征是唐太宗李世民驾下的名臣。他不仅不断劝谏皇上节俭省费，爱惜民力，而且自己在日常生活中也更加严格要求。他官至卿相，却身居陋室，保持着勤俭朴素的作风。唐太宗曾几次要为他营建新房，都被他坚决拒绝了。

贞观十五年，魏征由于操劳过度，一病不起。太宗派人探视，派名医诊治。他得知魏征居处，连一个客厅都没有，下令限期为他临时建造了一个接待探视者和医生的客厅。又根据魏征一贯俭朴的习惯，赐给他素色的褥(rù)子、布被、几案、手杖等一套用品，以补家中之缺。魏征弥留之际，李世民亲自探视，问他有什么要求，魏征只说了一句话：寡妇不愁织布的纱线少，只担心国家的兴亡。太宗非常感动，为之流泪。

魏征去世后,太宗下令按一品官礼葬。魏征生前为二品官,他的夫人辞谢说:"魏征平生勤俭节约,今按一品官礼葬,花费自然要大,这就不符合魏征的遗愿。"太宗于是按照魏征的遗志,改用薄葬。素车,白幨幄,不涂颜色,刍灵,陪葬昭陵。

苦中有乐 乐中有苦

原文

苦心[1]中常得悦心之趣[2],得意时便生失意之悲[3]。

注解

①苦心:困苦的感受。
②悦心之趣:使心中喜悦而有乐趣。
③失意之悲:由于失望而感到悲哀。

译文

在困苦时能坚持原则把握方向,当问题解决时自然能得到出自内心的喜悦,只有这种喜悦才是人生真正的乐趣;反之,如果在得意时有过分狂妄的言行,往往会因此而跟他人结下冤仇,种下日后发生祸患的悲剧根苗。

事典

晏子治政

晏婴因袭其父之封为齐大夫在东阿治政。不想治阿三年，毁(huǐ)谤(bàng)之言流于上下。宫廷的齐庄公知道了很不愉快，将他召回要罢免他，晏婴见齐王，倒很干脆地说："臣已经知道错了。"并请齐庄公能让他在东阿继续理政。齐王也勉强同意了。又是三年，晏婴的"政绩"举国皆知，人人称好，话又传到齐庄公那里，齐庄公这回很高兴地要赏赐他，晏婴拒绝不受。齐庄公不解地问他："这是从何说起？"晏婴答道："三年前，臣在东阿治政，君主应当予以肯定的，但是却因此而获罪，变成罪咎；如今在东阿治政，按治国的要求，是应当处死斩首的，却变成了功劳而获赏。这种奖赏并非出自臣的情怀意愿，所以我不接受。"这件事传到子华那里，他对人说："晏子可以说是一个刚正不阿的人。他拒绝齐庄王的赏赐，足可以告诫于人，也说明齐国的荒怠政治势在必然。按照人的常情，称誉出自与己相同的见解；相助来自与己的共识；喜爱出自与己相同的性情，喜爱的反面是憎恶，有憎恶就有对立；相助的反面是排挤，有排挤就有拥护；称誉的反面是毁谤，有毁谤就会有倾向。治国的君主如不加以察觉，左右的大臣就会随心所欲，造成难以遏制的乱政。为此，世上的治政理乱不出乎爱憎、助挤、誉毁两端之间。齐王未及于此，而有乱政也是正常的。"治理国政要看国家的发展趋势，而不是凭借现有的条件或表面的东西来衡量政绩，有好多人由于只看成果而不注意事情的长远发展而给国家造成了损

失。养生之道也是如此，养生者应该用发展的眼光来看待自己身处的境况，而不是被当时的境况蒙蔽(bì)了心智。忽略了事情的矛盾转变，便使自己的健康受到了损伤。

推己及人　方便法门

原文

人之际遇①，有齐②有不齐，而能使己独齐乎？己之情理③，有顺有不顺，而能使人皆顺乎？以此相观对治④，亦是一方便法门⑤。

注解

①际遇：就是机会境遇。

②齐：相等、相平之意，例如《孟子·公孙丑》篇："地丑德齐。"

③情理：此处作情绪解，也就是精神状态。

④相观对治：相互对照修正，治是修正。

⑤方便法门：佛家语，方便有权宜之意，法门是指佛法，佛法就是人生法则，指领悟佛法的通路，因此称为法门。

译文

每个人的际遇有所不同，有的可成就一番事业，有的则一事无成，在各种不同的境遇中，自己又如何能要求特别待遇呢？每个人的情绪各有不同，有的稳定，有的浮躁，又如何要求别人事事都与你相同呢？假如自己能心平气和地来观察，也就是设身处地地反躬自问一下，这即是人生中最好的修养门径。

事典

有福与无福

司马子綦(qí)有八个儿子。有一天,他召齐儿子一平排地站在自己面前,然后请善相术的朋友九方堙(yīn)为他们算命。他对九方堙说:“你看看我这八个儿子,谁的福气最好?”九方堙一个个看下来说:“梱最有福分。”子綦惊喜地问:“他有什么福分?”九方堙说:“梱将来同君主一起饮食而了结终生。”子綦听说是这个福分,一下子哭了起来,并伤心地说:“我的儿子为什么会有如此的命运!”九方堙奇怪地问:“跟君主一起饮食恩泽三族,自是少不了你们父母,今夫子如此痛哭流涕,莫不是拒绝天赐福禄?”子綦说:“你以为拥有吃喝就有福分吗?置身酒肉当中,只知食物由口鼻穿肠而过,不知食物从何处来。等于我未曾牧羊,羊羔出现在我屋的西南面;我未曾打猎,鹌(ān)鹑(chún)却挂在我屋的东南方。对于不事而获的怪事为什么不以为怪呢?本来我同我的儿子快乐地生活在天下,并同他们取食于地上,我不求他建功立业,也不为他献谋策划,更不想出奇花样。但求和他们在一起顺应天地大道,不因外物悖理道情;同他们在一起顺从自然,不被外物潜移默化。现在是不是因我的想法而受到世俗的报复呢?有怪异的征兆,必生怪异的事情。完了,完了,这不是我和儿子的过错,是老天降罪于我们,为此我能不伤心哭泣?”后来没多久,子綦派遣梱到燕地去,被人贩子抓了去卖到齐国。人贩子想,假如直接将梱卖出去,他有两只脚会逃,没有顾主肯买,不如断了梱的脚再卖容易些。于是断了梱的双足带到齐国去卖。齐国渠公正需一个吏正,便买了梱。一个人的命运,受到他生存环境的影响,但是也与他自己的为人处世有很大关系。养生者要想保全性命,他必须在为人处世上下功夫,力求与他所在的社会保持和谐的关系。

读书希圣讲学躬行　居官爱民立业重德

原文

读书不见圣贤，如铅椠佣[1]；居官不爱子民，如衣冠盗[2]。讲学不尚躬行，为口头禅[3]；立业不思重德，为眼前花。

注解

①铅椠佣：意为抄书匠。铅椠是古人书写文字的工具。铅，铅粉笔。椠，木板片。语出《西京杂记》卷三："扬子云好事，常怀铅提椠，从诸计吏，访殊方绝域四方之语。"后引申为写作，校勘。也指文章，典籍。

②衣冠盗：穿着漂亮衣服的强盗。衣冠，有两层意思，第一指古代士以上戴冠，亦指士以上的服装。《史记·管晏列传》："晏子惧然摄衣冠谢。"第二指世族；士绅。《后汉书·羊陟传》："家世衣冠族。"

③口头禅：原指有的禅宗和尚只空谈禅理而不实行，也指借用禅宗常用语作为谈话的点缀。今指经常挂在口头的词句。此处为只空谈禅理而不实行。

译文

读书不去研究古圣先贤的思想精义，只能成为一个写字匠；做官如果不爱护人民，只知受禄，就如一个穿着官服的强盗。只知研究学问却不注重身体力行，那就像一个不懂佛理只会念经的和尚；事业成功后却不想为后人积一些阴德，那就像一朵艳丽却很快凋谢的昙花。

事典

超越失败 走向成功

成功并不神秘,成功者也不是神仙。当然在成功者们所有这些共同点中,最为突出的还是那"99%的汗水"。

成功之路是用汗水铺就的,超级成功更垂青那些勤奋者。成功的纤绳掌握在你自己的手中,只有你珍惜时间,不断付出汗水和辛劳最终才会开花结果,才会拥有成功而幸福的微笑。这给人们一个启示:叹息无用,梦想无用,自怜无用,唯有勤劳奋斗最现实。

美国作家海明威曾经蜚声文坛的《老人与海》等名著,在文学创作上取得了超级成功。他的成功靠的是自己一生的勤奋。海明威曾两次参加世界大战,在一次战斗中他身上不幸中了237块弹片。他当过渔夫、猎手、拳击手、斗牛士,用勤奋实现了自己的诺言:"不经过奋斗而捕到的大鱼,是软弱的人干的事,敢于回击的人绝非弱者。"

被誉为"音乐之父"的巴赫一生刻苦顽强,勤奋好学。小时候,他曾借着月光把哥哥放在柜子里的乐谱抄写下来。当人们赞扬他的成就时,这位"音乐之父"总是十分谦虚地说:"谁能像我一样用功,谁也会有像我一样的成就。"

另外,从性格上来说,杰出成功者一个共同的特征是不轻言失败。美国的华伦·本尼斯和伯特·纳努斯合作撰写《领导人物》一书时,访问了不少杰出的成功者,尤其是那些最高层领导人物,这些杰出成功者在性格方面和一般人具有明显的区别。两位作者说:杰出成功者,他们不会想到失败。他们甚至不用"失败"这个词,必要时就用毛病、差错、失误、错误、困境之类的字眼来代替,但从不说"失败"。从这些成功者的性格中就不难看出:失败过不等于失败者,杰出成功者也会遭受失败,也曾经失败过,可是他们从来不把自己看成是失败者。所以,失败并不可怕,从失败中汲取有用的教训,转化为成功的条件,那离成功也就不远了。

读心中之名文　听本真之妙曲

原文

人心有一部真文章，都被残篇断简[①]封锢了；有一部真鼓吹[②]，都被妖歌艳舞湮没了。学者须扫除外物，直觅本来，才有个真受用。

注解

①残篇断简：残缺不全的书籍。北周·庾信《谢滕王集序启》："某本乏财用，无多作述……至如残编落简，并入尘埃；赤轴青箱，多从灰烬。"

②鼓吹：汉魏六朝开始盛行的一种重要乐种，在重大场合演奏。

译文

每个人的心灵深处都有一篇好文章，可惜却被内容不健全的杂乱文章给封闭了；每个人的心灵深处都有一首美妙的乐曲，可惜却被一些妖邪的歌声和艳丽的舞蹈所迷惑了。所以，一个有学问的读书人，必须排除一切外来物欲的引诱，直接用自己的智慧寻求本性，如此才能求得一生受用不尽的真学问。

事典

读书与伐轮

齐桓公在书房里读书，遐想的时候手握着书卷站在厅堂上。制作车轮的轮人在堂下劳作，他看见齐桓公说："君主读的什么书？"齐桓公随口应道："圣人之书。""这个圣人至今还在吗？"轮人又问道。"已经故世了。""噢，如此说来这册圣人的书有点像酒滓、浮米，已经过时了吧！"齐桓公闻言勃然大怒，厉声斥责："寡人读书，伐轮的匠人凭什么妄加评论。你说出道理则罢，不然的话，决不轻易饶恕于你。"轮人却不惊惶，从容而言："不错，我讲这话自有道理。就以我制作车轮来说吧，制作车轮时不能操之过急；过急，轴、轮难以契入。同时也不能疲沓（tà）怠懈；怠懈，轴、轮松动易脱。唯有不快不慢，做在手上，应于心里，方才至精至妙。然而，至精至妙只能默然于心，并非言语可以表达。因为物本有性，性不是教，也不是学而能成。比如我心里所悟精妙，没有办法可以传授给我的儿子，我的儿子也没有办法从我这里学得精妙的心性。所以我干了几十年，如今七十多岁还得操业制轮。我想君主读圣人书的道理也同于此；古之事已经湮灭于古，即有所传，岂能以古事比较于今天？古已穷尽不返，今事多变，既不适用今天，不就成了糟粕吗？"齐桓公闻而不知回答，笑笑离开厅堂。读书也好，养生也好，处理事情也好，都不能流于追求形式，或是困于外在的形式和框框，而应该看到事理，看到事物变化的本质，从事物的内部组织上去着手，才会获得丰收。

人死留名　豹死留皮

原文

春至时和[①]，花尚铺一段好色[②]，鸟且啭[③]几句好音。士君子幸列头角[④]，复遇温饱，不思立好言行好事，虽是在世百年恰似未生一日。

注解

①时和：气候和暖。

②好色：美景。

③啭：鸟的叫声，发出宛转悠扬声。

④头角：指气象峥嵘，比喻才华出众。据韩愈《柳子厚墓志铭》说："虽年少，已自成人，能取进士第，崭然见头角。"一般说成"崭露头角"。

译文

在春天和煦的阳光照拂下，就连花草树木也争相为大地铺上一层美丽的景色，飞鸟也懂得唱出几句美妙的歌声。可见一个读书而又有才干的士大夫，若能侥幸出人头地身居高位，同时又能吃得酒足饭饱过上豪华的生活，却不肯为后世写下几部不朽名著，或留下一些有益世人的事迹，那他即使活到一百岁也如同一天都没活过。

事典

乱世有良吏　立碑颂功德

在东汉末期的战乱中，关中地区受到极大的破坏。董卓之乱后，长安及其周围地区无人管理，“强者四散，羸者相食，二三年间，关中无复人迹”。在曹操平定马超、韩遂的战争中，原已稍有恢复的经济再次遭到破坏，以后，朝廷委派的地方官员又只顾收敛百姓的赋税，不为百姓作长远规划，致使这一地区的经济长期不能恢复。

魏文帝黄初（公元220—226年）中，颜斐被任命为京兆（治长安，今陕西西安市西北）太守。“（颜）斐到官，乃令属县整阡（qiān）陌（mò），树桑果。是时民多无车牛，斐又课民以闲月取车材，使转相教匠作车。又课民无牛者，令蓄猪狗，卖以买牛。始者民以为烦，一二年间，家家有丁车、大牛。”

百姓生活稍安之后，颜斐又建立学校，教民读书。凡有志读书的吏民，均可免除部分徭役。他还命令百姓交纳租税时在车上顺便捎两捆柴，到冬季可用以烤化冻冰的笔砚，以利读书者写字。

颜斐本人清廉克己，只靠俸禄过活，从不接受非分之物。在郡府旁开垦一片菜园，让吏卒们无事时种植蔬菜。据史籍记载，京兆郡在颜斐的治理下，“风化大行，吏不烦民，民不求吏”。与京兆郡相邻的冯翊（yì）、扶风二郡，道路不通，田地荒芜，人民饥寒交迫。而京兆郡路通田整，百姓富庶，官府丰实，在雍州所属的十个郡中，常居于首位。

任官以己为重，则只考虑如何收敛租赋，以取悦于上司，必然是竭泽而渔，不顾将来，其结果则导致百姓日益穷困，终究无力负担租赋。颜斐的前任们及相邻地区的官员们，大致都属于此类。而颜斐以民生为重，为百姓详细制定长远规划。虽然他的规划说来并没有什么奇谋伟略，只是些连百姓都认为琐碎的小事，但持之以恒，却取得显著的效果。百姓见颜斐一心利民，从而安心农桑，自然会日益富足。另外，颜斐本人廉洁奉公，并约束吏卒，不得烦扰百姓，做到吏民相安，也使百姓受益匪浅。

魏明帝青龙（公元233—237年）中，司马懿（yì）统率大军驻扎关中，在长安设立军市，与百姓交换所需物品。军中将士经常侵扰百姓，百姓与官吏们都敢怒而不敢言。颜斐知道后,如实向司马懿禀报,司马懿大怒,召来管理与百姓交易的军市侯,当着颜斐的面,重责军市侯一百杖。从此,司马懿严格约束军中将士,使他们与百姓公平交易,军民各得其所。

约束属下官吏不扰民,是地方官职权范围以内的事情,实行尚易,如何应付军人对百姓的侵侮,则是历代地方官员的一大难题。颜斐不因司马懿权重位高而听任百姓受欺,敢于直言,无怪乎能得到百姓的一致爱戴。

几年后,颜斐调任平原(今属山东)太守。“吏民啼泣遮道,车不得前,步步稽留。十余日乃出界”。颜斐心中也十分留恋京兆,东行至崤山,病势转重,“其家人从者见(颜)斐病甚,劝之,言:‘平原当自勉励作健。’斐曰:‘我心不愿平原,汝曹等呼我,何不言京兆邪?’”竟至病死途中。京兆郡百姓得知噩耗,都为之流泪,并立碑称颂他的政绩。其实,立碑只是一个形式,像颜斐这样,活着为百姓所挽留,死去受万民之哀悼,应该说是对地方官的最高评价了。

第二卷

谦虚受益　满盈招损

原文

欹器[①]以满覆，扑满[②]以空全；故君子宁居无不居有，宁处缺不处完。

注解

①欹器：欹，不正的意思。欹器是古代用来汲水的陶罐，因提绳位于罐体中部，所以，一旦装满了水就会翻倒，当水满一半时能端正直立，当水空时就会倾斜。古时帝王把它放在座位左侧。作为规劝警惕的器具。据《荀子·有坐》篇："孔子曰：'我闻有坐之器者，虚则，中则正，满则覆。'孔子故谓弟子曰：'注水焉！'弟子把水而注之，中而正，满而覆，虚而。孔子唱然叹曰：'吁，恶有满而不覆者哉！'"

②扑满：用来存零钱用的陶罐，有入口无出口，满则扑破取出。

译文

欹器因为装满了水才倾覆，扑满因空无一物才得以保全。所以一个品德高尚的君子，宁愿处于无争无为的地位，也不要站在有争有夺的场所，日常生活宁可感到欠缺一些，也不要过分美满。

事典

谦而有所得　满而有所失

齐国的管仲出生在贫寒家庭，小时候家里很穷，经常是吃了上顿没下顿。管仲长大以后，家里仍然一贫如洗，连奉养老母亲都有困难。可他有位朋友，名叫鲍(bào)叔牙，家境还算不错，所以经常接济管仲。

有一回，管仲决定随鲍叔牙一块做买卖，鲍叔牙出本钱，当他们盈利的时候，管仲分得多一些。

伙计们替鲍叔牙感到不平："管仲又没出本钱，为啥分得多？"鲍叔牙解释说："管仲并不是贪财，实在是因为他家里太穷了，他需要多拿一点钱奉养母亲。"

管仲和鲍叔牙曾经一同去当兵打仗。在战场上，管仲总是畏缩不前，当战鼓敲响开始进攻的时候，管仲常常躲在后头，甚至还偷偷逃跑过。同伴们都骂管仲是"胆小鬼""懦夫"，鲍叔牙却替他辩解说："他家里有位年迈的母亲，需要他来照顾，所以得格外爱惜性命。"

鲍叔牙与管仲情投意合，经常在一起读书，商讨治国之道。他发现管仲才智非凡，料想他日后必然是齐国的栋梁之材，所以更加处处帮助他，关心他。管仲深知鲍叔牙对自己的一片真心，十分感慨地说："生我的人是父母，可了解我的人却是叔牙啊！"

不久，管仲和鲍叔牙任公子纠和公子小白的老师。公子纠和公子小白都是齐襄公的兄弟，因为齐襄公凶暴无理，鲍叔牙就带着公子小白逃到莒国，管仲也带着公子纠躲到鲁国去了。后来，齐国内乱，齐襄公被杀，公子小白和公子纠便争相回国去继承王位。

管仲为了阻挡公子小白回国继位,便带兵在途中拦截。交锋中,管仲一箭把公子小白射倒,以为他死了,哪知公子小白并未丧命,仍然顺利返回齐国国都临淄,登上了齐王的宝座,成为齐桓公。随后,齐国发兵,把公子纠和管仲一行人马打退。为此,鲁国国君气恼异常,派兵和齐国开战。结果,鲁国大败。齐国要求鲁国杀死公子纠,交出管仲,送还齐国惩处。鲁国无奈,只好同意。管仲心想,这一定是鲍叔牙的主意。

然而,管仲一回到齐国,鲍叔牙却来迎接,还把他推荐给齐桓公,建议由他做相国。齐桓公大为惊诧地对鲍叔牙说:“我曾想让你做相国,可你推辞了。如今却推荐管仲,难道你忘了他曾想一箭射死我?我怎么能用他做相国呢?!”

鲍叔牙耐心解释说:“管仲也是为了辅佐自己的主人,这本没什么错。再说,您要想使齐国称雄,就非得任用管仲,只有他能胜任。”

齐桓公终于被说服了,任命管仲为相国。而鲍叔牙自己反倒去做管仲的帮手。几年之后,齐国果然成为强国。

谨言慎行　君子之道

原文

十语九中未必称奇,一语不中则愆尤[①]骈集[②];十谋九成未必归功,一谋不成则訾议[③]从兴。君子所以宁默毋躁,守拙无巧。

注解

①愆尤:过失叫愆。尤,责怪,愆尤是指责归咎的意思。

②骈集:骈,同“并”,骈集就是接连而至。

③訾议:诋毁叫訾。訾议,有非议、责难的意思。

译文

即使十句话说对九句也未必有人称赞你，可你若说错一句话就会立刻受到指责；即使十次设计九次成功也未必有人会奖赏你，可只要有一次计划失败，埋怨责难之声就会纷纷而至。所以一个有修养的君子，宁可保持沉默寡言，没有经过深思熟虑的话都不随便说；尤其在做事方面，宁可显得笨拙一些，也绝对不能自作聪明。

事典

太史贞父卜卦

有位叫宏达的贤者，生性宽宏大量，为人忠信恭敬，淳朴淡泊，随和从容，不计好恶。但他始终有个疑团：天地万物都为一体，为什么世间之事有着千差万别呢？对真理掩埋，诡诈横行，百思而不得其解。为此某天他就去造访太史贞父。见面后，他对太史贞父说："我有不少疑惑，请先生为我卜上一卦。"

贞父就取出春草端正地坐着，又拂去几案上的微尘，摆上龟甲说："你有什么要我效力呢？"

宏达先生说道："在朝廷我是发愤力争、开诚布公地直言不讳呢？还是委曲求全地亦步亦趋？是平易近人，磊落宽广，还是追名逐利，随波逐流？是隐名埋姓做好事，待人以诚，还是文过饰非？是正直不阿，是非分明，还是玩世不恭，或为虎谋皮？是像深水中的潜龙，还是像大雁任意舒展羽翅，翘首扬声？是麻木不仁地曲膀而生，还是慷慨激越地独树一帜？是聚敛家资，

吞食山珍海味，衣着华美绮丽，成天沉溺于女色美姬，还是尽心居于深山之谷，饮于河畔，倚石而歇？是像老子那样清静无为，心存玄妙，还是如庄子那般洞悉

变化之理，而放浪形骸(hái)？是像管仲那样不以小厚为耻，辅助建立霸业，还是像鲁仲连那样蔑视功名利禄……请问先生上述这一切，何是得，何是失，孰是吉，孰是凶？"

太史贞父说："我听说真人不看相，贤者不占卜。像先生这样的人，道德好恶自在心中，今古之理了然于心。是以既可游弋于吕梁，沐浴在汤谷，又可遨游于南溟(míng)，何苦为人间的是非烦忧呢！"

宏达先生闻言还是想说些什么，顿了一会儿后却又不言了。

事理了然于胸，就能超然于物外。若是留恋于世俗生活，又怎能保全性命呢？

虚心明义理　实心却物欲

原文

心不可不虚，虚则义理[1]来居；心不可不实，实则物欲不入。

注解

①义理：普遍皆宜的道理或讲求经义、探求名理的学问。《礼记·礼器》："义理，礼之文也。"汉指经义名理。《汉书·刘歆传》："及歆治《左氏》……由是章句，义理备焉。"宋后，称讲求儒家经义，探究名理的学问为"义理之学"。

译文

一个人一定要有虚怀若谷的胸襟，只有谦虚才能容纳真正的学问和真理；同时人也要有择善固执的态度，只有坚强的意志才能抵抗外来物欲的诱惑。

事典

阻止人诽谤　不如己修身

三国曹魏文帝时，官至征南大将军、司空的王昶(chǎng)，经常以儒家之教和道家之言去勉励和教育子侄，希望他们不忘先贤圣哲的修身之道。他在给子侄们的一封书信里，谈到如何加强自身修养，制止别人毁谤的问题，颇为发人深思。

王昶谈道：当有些人毁谤自己的时候，应该认真回过头来检查自己的言行。如果自己确实在言行上有不当之处，那么别人的毁谤是应该的；如果自己的言行没有过失，那么，别人的毁谤就是无中生有。别人批评的不正确，就不应当对之存有怨恨。因为别人的毁谤是无中生有，就不能够加害于自身，所以也不必去施行报复。有的人听到别人对自己的毁谤，满怀怨恨施加报复，反过来招致别人更加激烈的报复。

这样，就不如冷静下来加强自身的修养了。有谚语说："救寒莫如重裘，止谤莫如自修。"这话说得很正确。

宽严得宜　勿偏一方

原文

学者有段兢业的心思，又要有段潇洒①的趣味，若一味敛束清苦，是有秋杀②无春生，何以发育万物。

注解

①潇洒：形容行动举止自然大方，不呆板，不拘束。杜甫《饮中八仙歌》："宗之潇洒美少年。"

②秋杀：与春生相对，气象凛冽，毫无生机。

译文

一个做学问的人，思考要细密，行为要谨慎，同时又要有潇洒脱俗的高尚胸怀，凡事都不拘泥于细节，如此才能保持生活中的情趣。反之，假若一味地克制自己，过极端清苦的生活，就如同大自然中只有落叶的秋天，而没有和煦的春天。这又怎能培育万物的成长而开花结果呢？

事典

明察行赏罚　齐国有大治

齐威王为了治理好国家，让大臣们忠实地为自己服务，就赏罚了两位臣子。

齐威王先召见了即墨大夫，对他说："自从你到即墨任官，每天都有指责你的话传来。然而我派人去即墨察看，却是田地开辟整齐，百姓安居乐业，官府平安无事，东方十分安定。我知道这是你不巴结我的左右内臣以谋求内援的缘故。"于是便封赐即墨大夫享用一万户的俸禄。齐威王又召见阿地大夫，对他说："自从你到阿地镇守，每天都有称赞你的好话传来。但我派人前去察看，只见田地荒芜，百姓贫困饥饿。当初赵国攻打鄄地，你坐视不救；卫国夺取薛陵，你不闻不问。所以我知道你是专门用重金来买通我的左右近臣替你说好话！"当天，齐威王就下令烹死阿地大夫及替他说好话的左右近臣。

大智若愚　大巧似拙

原文

真廉无廉名,立名者正所以为贪;大巧①无巧术,用术者乃所以为拙。

注解

①大巧:聪明绝顶。

译文

一个真正廉洁的人不与人争名,反而在无形中建立起廉洁之名,那些到处树立廉名的人,正是为了贪图才这样做。一个真正聪明的人不炫耀自己的才华,所以看上去反而很笨拙。那些卖弄自己聪明智慧的人,正是为了掩饰自己的愚蠢才这样做。

事典

马屁拍得好　君王错也对

西汉元帝即位不久,对许多奏章的用语不甚明晰。石显就钻了这一空子,隐而不言,既"敬重"了皇帝的错误,又达到了自己的目的。

西汉元帝时的太监石显，善于博取元帝欢心。元帝也认为他在朝中无亲无故，非党非派，不会结帮拉伙，危害朝廷，所以对他十分放心，许多事情都交给他办。其实石显是个报复心极强的人，凡是得罪过他的人，他都不放过，而且能寻出所谓的法律依据，让人有苦说不出。结果弄得朝廷上下都视石显若虎豹，不敢与之争锋。

反对宦官专权的正直大臣萧望之是石显想方设法对付的重要目标。

萧望之是汉元帝当太子时的老师，其正直与学问才干在当时都是名冠一时的，况且他还是宣帝指定的辅佐汉元帝的辅政大臣，他在朝廷的地位和元帝对他的倚重是可想而知的。

汉元帝即位后，萧望之深以为自己的这位学生要大展宏图了，可没想到宦官专权起来。于是他愤然上书说："管理朝廷的机要是个十分重要的职务，本该由贤明的人来担任，可如今元帝在宫廷里享乐，把这一职务交给了太监。这不是我们汉朝的制度。况且古人讲'受过刑的人是不宜在君主身边的'，现在应当改变这一情况了。"

石显看到了这奏章，当然把萧望之视为仇人，从此挖空心思地陷害萧望之。

萧望之的正直还引起了外戚的反感。有个叫郑朋的儒生，为了从萧望之这里弄个官做，就投其所好，上表攻击许、史两家外戚专权，萧望之召见了郑朋，给了他一个待诏的小官，后来却发现郑朋不是个正人君子，很讨厌他，也就不再理他。

等考评升降官员的时候，与郑朋同是待诏的李官被提升为黄门侍郎，郑朋却原地未动。一怒之下，郑朋反去投靠了与萧望之不和的史、许两家外戚。他编造谎言说："我是关东人，怎知你们两家外戚的事呢？

以前我上书劾奏你们,全是萧望之一伙人策划的。”

郑朋心怀机诈,到处扬言说:“车骑将军史高、侍中许章接见了我,我当众向他们揭发了萧望之的过失,其中有五处小过,一处大罪。如果不信,就去问中书令石显。当时他也在场。”

其实这是郑朋的圈套,他想借此交结石显。

果然,萧望之去向石显打听。石显正想鸡蛋里挑骨头,此次萧望之上门,那是正中下怀。

石显首先找来郑朋,又找了一个与萧望之素有嫌隙的待诏,叫他们俩向皇上劾奏萧望之“搞阴谋,离间皇帝与外戚的关系,要撤车骑将军史高的职”。然后,又趁萧望之休假之机,叫郑朋等上奏章。奏章交到元帝手上,元帝就叫太监弘恭去处理。弘恭正是石显的同伙,本来就参与了陷害萧望之的阴谋,这么一来,正好逞计。

弘恭立刻把萧望之找来询问,萧望之十分老实地据实回答,他说:“外戚当权多有横行不法之处,扰乱朝廷。影响了国家的威望,我弹(tán)劾(hé)外戚,无非是想整顿朝廷,决非搞阴谋,更不是离间皇上和外戚。”他承认了想整治外戚的事实。

对这事实怎么理解,却是宦官们的事了。弘恭、石显在向元帝报告时说:“萧望之、周堪、刘更生三人结党营私,相互标榜吹捧,串通起来多次进讦朝廷掌权的大臣,其目的是想打倒别人,树立自己,独揽大权,这样做,作为臣子是不忠的,污辱轻视皇上更是大逆不道,请皇上允许我们派人把他送到廷尉那里去(‘谒者招致廷尉’)。”当时,元帝即位不久,看到奏章上“谒者招致廷尉”几个字,也不甚明白,就批准了这道奏章。

其实,“谒者招致廷尉”就是逮捕入狱。等过了很久,元帝见不到萧望之、刘更生、周堪等人,就问大臣们他们到哪里去了。听说这些人已被逮捕,元帝大吃一惊,急召弘恭、石显追问,二人叩头请罪。元帝十分生气,但此事毕竟是由自己批准,也不好责备处置,只是让他们快放了这三人,恢复萧望之等人的职务。石显一听计划要吹,急忙去找车骑将军史高。史高也很着慌,他知道,如果整不倒萧望之这个人,自己的日子会越来越难过,就急忙晋见元帝,告诉他说:“您刚即位,老师和几个大臣就入了狱,大家以为肯定有充分的理由,现在您若把他们无故释放且恢复官职,那就等于承认了自己的错误。这会极大地影响您的威信。”汉元帝年轻识浅,被史高这么一说,也觉得有道理,于是只下诏释放萧望之等三人,但革职为民,不予任何官职。

厚德载物　雅量容人

原文

地之秽者多生物，水之清者常无鱼[①]；故君子当存含垢纳污[②]之量，不可持好洁独行之操[③]。

注解

①水之清者常无鱼：《孔子家语》中有“水至清则无鱼，人至察则无徒”。

②含垢纳污：本意是一切脏的东西都能容纳，此处是比喻气度宽宏而有容忍雅量。

③好洁独行之操：生活中喜欢保持独善其身的态度，操是操守或志向，例如《新书·道术篇》中有“厚志隐行谓之洁”。

译文

一块肮脏污秽的土地，才是长植物的好地方；一条清澈见底的河流，往往没有鱼虾生活。所以一个有高深修养的君子，应具有接纳庸俗的气度和宽恕他人的雅量，绝不可自命清高，不跟任何人来往而陷入孤独的状态。

事典

刘邦擒蒯彻 惜才又赦纵

高祖十一年(公元前196年),汉高祖刘邦出征讨伐叛军得胜回朝后,听说吕后已将淮阴侯韩信处死,感到非常高兴和惊喜。刘邦认为,一个女人能够把一个能征善战、智略过人的韩信杀掉,实在是具有超出常人的胆略。同时,也为吕后擅自专权诛杀大臣而感到后怕。然而,他更为吕后不费吹灰之力就轻而易举地除掉一个心腹之患而欣喜。所以,刘邦并没有因此而责备吕后,只是问道:"韩信临死之前,没留下什么话吗?"吕后回答说:"韩信说他后悔当初没有听蒯(kuǎi)彻的话,才有今日的杀身之祸。"刘邦听后,深知蒯彻既素有辩才,又智谋过人,是一个很有才能的人,如果不及早除掉,必为后患,于是接着下令到处捉拿蒯彻。

过了不长时间,就把蒯彻捉到,并将其押到洛阳,交汉高祖刘邦亲自审理。

刘邦问道:"淮阴侯造反,可是你挑唆的吗?"蒯彻从容地回答道:"是的。"刘邦听后勃然大怒说:"看来不把你火烧油炸解不了我的心头之恨。来人,给我拉出去杀掉。"面对此情此景,蒯彻毫无惧色,昂首挺胸大叫:"冤枉!"刘邦立即喝令武士:"慢!"接着又问蒯彻说:"你挑唆韩信造反,罪比韩信还重,今日杀你是罪有应得,你还有什么冤枉可言?"蒯彻回答说:"秦皇无道,乃失天下,各地英雄群起而逐。秦朝灭亡,众豪杰你争我斗,相互残杀,以谋帝位。在这种情况下,胜者为王,败者为贼,谁有才能和力量,谁先下手，谁就可以先得到帝位。古人说得好'跖(zhí)之狗吠尧'。这是说，狗咬帝尧，并非狗尊跖轻尧，只是因为狗不认识尧罢了。我认为，这个道理就是各为其主。因为当时，我只认识韩信，不认识陛下，所以我为韩信着想这又有什么不对呢？"汉高祖刘邦听后认为很有道理，因此默不作声。蒯彻接着说："今日你已得到天下，当了皇帝，四海之内看起来是稍有平静。但是你应当想到，暗中也并不是没有反对你的人。现在，你是把我给捉住了，命人烹杀。试问陛下，你能把暗中反对你的人一个个都杀掉吗？同样是反对你，你却单单杀我，不杀他们，我岂不是冤枉吗？"

汉高祖刘邦听了蒯彻一席之话，认为讲的不仅句句在理，而且确实是一个非常善于辞令，具有远见卓识的人才，不能将其无辜杀掉。所以高祖微笑着对蒯彻说："往日他人都说你能言善辩，我不相信，今日看来，的确长于辞令，是个人才。也罢，朕今天便赦你无罪。"尔后，便命令卫士将其松绑，仍将其放回齐地去了。

忧劳兴国　逸豫亡身

原文

泛驾之马[①]可就驰驱。跃冶之金[②]终归型范[③]。只一优游不振，便终身无个进步。白沙[④]云："为人多病未足羞，一生无病是吾忧。"真确论也。

注解

①泛驾之马：性情凶悍不易驯服控御的马，借以比喻不守常规的豪杰。

②跃冶之金：当铸造器具熔化金属往模型里灌注时，金属有时会突然暴出模型外面，这就是所谓跃冶之金。比喻不守本分而自命不凡的人。

③型范：铸造时用的模具。

④白沙：明朝学者陈献章，广东新会人，字公甫，由于隐居白沙里，因此世人就称他为“白沙先生”，于明正统十二年进士及第，然而并未因此踏入仕途，被誉为“活孟子”。著有《白沙集》十二卷传世。

译文

一匹性情凶悍的马，只要训练有术，驾驭得法，仍可骑它奔驰万里；在熔化时爆出炉的金属，最后还是被人注入模型变为器具。一个人只要一贪图吃喝玩乐，就会使精神陷于萎靡不振的状态，如此一辈子也没有出息。所以陈献章才说：“做人有过失没有什么可耻的，只有一生不知悔悟的人才最值得忧心。”这的确是一句至理名言。

事典

师旷为平公答疑

晋平公问双目失明的臣子师旷说：“我的年纪已经七十多了，想学习一点知识，只是感到为时晚了，奈何！”师旷说：“既然知道晚为什么不点烛掌灯呢？”晋平公不高兴地说：“作为人臣为什么要嘲弄君主呢？”

师旷说：“瞎眼臣子怎敢嘲弄自己的君主？臣听说：少年学习，其时朝气蓬勃，如同早上的太阳；青壮年学习，也正当时，像是正午的阳光；老年犹好学习，像是燃烧的光明。你不能小看这点光明。试想，它相比在黑暗中摸索前进不是强多了吗？”晋平公听到此才悟出师旷话中的寓意，并笑着说：“你讲得很有道理。”

养天地正气　法古今完人

原文

气象[1]要高旷，而不可疏狂[2]；心思要缜密[3]，而不可琐屑[4]；趣味要冲淡，而不可偏枯；操守要严明，而不可激烈。

注解

①气象：气质、气度。

②疏狂：狂放不羁的风貌。例如白居易诗中有"疏狂属年少"。

③缜密：细致周全。

④琐屑：烦杂琐细。

译文

一个人的气质要宏伟广阔，但绝对不可以流于粗野的狂放；思想观念要缜密周详，但绝不可繁杂纷乱；生活情趣要清静恬淡，但绝不可过于枯燥单调；言行志节要光明磊落，但绝不可流于偏激刚烈。

事典

子来笑对生死

子祀、子舆、子犁、子来四个人志同道合，常在一起论道说玄。彼此约定：必须把"无"当作头，把"生"当作脊梁，把"死"当作尾椎，懂得生、死、存、亡是一个整体的道理，才能够称得上是我们的朋友。约定以后，各自神会，相视而笑。

不久，子来病了，且病得气息奄奄，他的妻子急得在旁边哭泣。子犁得到消息赶忙去探望，到了子来家。子来的妻子仍不停地哭泣，他安慰一天后，劝她回避，不要惊动将要变化的丈夫。俟后，子犁对子来说："你遇上造化真是有幸。唯不知你将变向何处、何等模样。变成老鼠的肝脏呢？还是变成昆虫的肢爪？"

躺在病榻上的子来说："作为一个儿子，不论在东西南北什么地方，他对父母必须孝顺和服从。人于阴阳造化，无异于儿子对待父母。它要人死，人不听从等于忤逆不孝。阴阳造化乃自然大道。大道不会有差错，有差错的是人不悟大道。天地造我形体，原本以生为劳役，以老为清闲，以死为安息。生是高兴的事，死也是高兴的事。譬如铁匠铸铁冶炼，如果被铸冶的铁从炉中跳出来，一定要铁匠将它炼成莫邪剑，铁匠必定当它是不祥之物。人同此理，天地偶然赋予他的形体，他却违拗生死或执着地要做出类拔萃的人，就像炉中跃出的铁，也属不祥之物。所以人在天地的大熔炉里，造化当由大道主宰，不拘不泥，到哪儿都可以。况且，方外之人，视生视死就如做梦一般，一会儿觉醒，一会儿觉迷。"

目光穿过世俗迷境，看到生命的真谛；胸中包括山川河流，把天地变化已纳入心中；他于是超越了死亡。

不著色相　不留声影

原文

风来疏竹，风过而竹不留声；雁度寒潭①，雁去而潭不留影。故君子事来而心始现，事去而心随空。

注解

①寒潭：大雁都是在秋天飞过，河水此时显得寒冷清澈，因此才称寒潭。

译文

当轻风吹过稀疏的竹子固然会发出沙沙的声响，可是当风吹过去之后竹林并不会留下声音而仍旧归于寂静；当大雁飞过寒冷的深潭固然会倒映出雁影，但是雁飞过去之后清澈的水面依旧是一片晶莹并不会留下雁影。由此可见，一个具备高深品德的君子，当事情来临时，他的本然之性才会显现出来，事情过去之后，他的本性也就恢复原来的空虚平静。

事典

藏丈人无为而治

周文王巡视藏地，在渭水河畔发现一个渔夫模样的人在垂钓，但是这个钓者不用钓饵，钓竿上也不设钓钩。文王心里即明白这是不留意得失、向往自由逍遥的异人。文王就将藏丈人拜为卿辅，授权治理朝政。

藏丈人辅政，前出典章宪法，按既定的实施，一概不废，同时对偏僻尚未颁布法规的地区不再追加。三年以后，文王巡察四境看见谏诤之士的馆舍全都解散，地方主政官不显功自居，别处的度量也不入境；上下太平，远近同轨协调。文王问藏丈人为什么会这样，藏丈人告诉他："现在天下大同，不再需要谏士游说策划，他们无事可做，自然人走馆散；主政官不逞才露能，洁然自成而同心协力，有功不显，则无功可居；度量统一，百姓生活安定，民心凝聚，规趋合一，各地诸侯不敢徒生贰心。所以举国上下，五等守分，四方宁静。"

文王钦佩藏丈人理政有方，嘉奖他为太师，并执弟子礼向藏丈人请教："像今天的政治可不可以推及天下？"

藏丈人听了文王的话，显得茫然不知的样子，未予回答。

第二天早上，藏丈人照样处理公务。到了晚上，他毫无眷恋地挂印而去，就此隐遁。

藏丈人是本着无为而治的，无为之治的成功不在于人为，在于由物而化，无为不求名声，事成身退。

一念私贪　万劫不复

原文

人只一念[①]私贪，便销刚为柔、塞智为昏、变恩为惨[②]、染洁为污，坏了一生人品。故古人以不贪为宝，所以度越[③]一世。

注解

①一念:一刹那所引起的观念。《二程遗书》说:"一念之欲不能制,而祸流于滔天。"

②变恩为惨:恩,惠爱。惨,狠毒。

③度越:超越。据《汉书·扬雄传》:"若使遭遇时君,更阅贤知,为所称善,则心度越诸子矣。颜师古曰:'度,过也。'"

译文

一个人只要心中出现一点贪婪或偏私的念头,那他原本刚直的性格就会变得懦弱,原本聪明的性格就会被蒙蔽得很昏庸,原本慈悲的心肠会变得很残酷,原本纯洁的人格会变得很污浊,结果就等于毁了他一辈子的品德。所以,古圣先贤一致认为,做人要以"不贪"为修身之宝,这样才能超脱物欲度过一生。

事典

商容论刚柔之道

商容生病,而且病得很重。他的弟子老子看到他的病情就说:"先生有没有最后遗言教诲弟子?"

"有啊,听我告诉你,回到故乡去,要下车步行,你知道了吗?"

"是,老师,离开故乡时是步行,回故乡时也应步行,这不是老师常说的不忘故旧嘛!”“回到故乡遇到高龄的老人,要躬身让路,你知道吗?”商容再说道。

“是,老师,尊者为亲,长者为贵,这不是老师常说的敬重老人嘛!”

商容接着张开嘴巴,问老子:“你看看我口中的舌头还在吗?”

“是,老师,老师的舌头还在呢。”

“你再看看,我的牙齿还在吗?”商容继续问。

“是,老师,老师的牙齿没有了。”

商容随即问老子:“个中之道你理解吗?”

“是,老师。这就是老师常说的:刚强,容易折失;柔弱,不易招损。”老子回答。

商容点头,满意说道:“嘻,天下之事,其道尽在这刚柔之中。”

心公不昧　六贼无踪

原文

耳目见闻为外贼[①],情欲意识[②]为内贼。只是主人翁惺惺不昧[③],独坐中堂[④],贼便化为家人矣!

注解

①外贼:来自外部的侵害。佛家认为色、声、手、唯、触、法六尘,都是以眼等六根为媒介劫夺一切善法,所以佛家才用“贼”这个字代表六尘。

②情欲意识:欲是七情之一,所以叫情欲。即内心的情感欲望。

③惺惺不昧:惺惺是警觉清醒,不昧是不昏聩不糊涂。

④中堂:中厅。

译文

每个人眼睛所看，耳朵所闻的声色都是外来的敌人；每个人都有容易冲动的感情，无法满足的欲望，这些心理上的邪念都是内在的敌人。不管是内敌还是外贼，只要身为主人翁的你自己保持灵魂的清醒，每天都循规蹈矩不违背情理法则，所有心理上的敌人都会成为你修养品德的助手。

事典

胡质和胡威　父清子也廉

胡威，又名貔（pí），字伯武，西晋大臣，淮南寿春（今安徽寿县）人。其父胡质，年少时因才学品德闻名于江淮之间，曹魏之时，官至征东将军、荆州刺史。

有一次，胡威从魏都洛阳的家中赴荆州去探望自己的父亲，因为家贫，没有车马僮仆，就千里迢迢，自己一个人骑驴前往。因路费很少，只得随身带着口粮，沿途之中，每到一个客店，就先出去放驴，回来之后再借客店的炉火炊具自己煮饭吃。到了荆州之后，与父亲相见。胡质虽贵为荆州刺史，但因清廉，从不贪贿，薪俸又分出一部分资助家贫之亲族，无钱为子租住客房，府衙之内又无处安置，胡威在荆州的十余日里，晚上只能睡于马厩（jiù）之中。

胡威辞父回家之前，胡质取出一匹绢送给儿子，胡威问："我知道父亲大人为官清正，但不知道这匹绢是从哪里得来的？"胡质回答道："这是我从俸禄中节省而来的，你放心拿去，带回家中，以补家用。"胡威听了父亲的这一席话，方才坦然接受。

胡质帐下有一都督，在胡威返家之前请假回到百余里之外的家中，暗地里为胡威准备了返家之资，并为胡威购置了一套衣装。之后，又返回荆州，邀约胡威同行，一路上殷勤佐助。这样走了数百里后，胡威产生了怀疑，便向都督发问。都督取出事先准备好的东西要送给胡威，为胡威所拒绝。胡威拿出父亲送给他的那匹绢，送给都督，之后，又自己一个人踏上了返乡之路。回到洛阳之后，胡威因为有其他事给父亲写了封信。信中顺便提到了都督之事，胡质十分生气，给了这位都督杖一百，除吏名的处分。

后来，胡威仕晋，拜侍御史，又升任历乡侯、安丰太守，不久又升任徐州刺史。胡威在安丰、徐州的任上时，勤于政务，廉洁奉公，深受百姓的爱戴，政绩颇佳。一次，胡威被召入朝，晋武帝与胡威谈及其父，对胡质的清廉非常感叹，又问道："你与你父均为清廉之臣，但不知道你父子二人谁更为清廉？"胡威答道："臣不如臣父。"武帝问："你的父亲在哪方面胜过你呢？"胡威说："臣父清恐人知，臣清恐人不知，因此，臣远不及臣父。"

胡质后来又被提升为右将军、豫州刺史，不久，奉召入朝，为尚书，加奉车都尉。

君子德行　其道中庸

原文

清能有容，仁能善断，明不伤察[1]，直不过矫，是谓蜜饯不甜[2]，海味不咸，才是懿德[3]。

注解

①伤察：失之于苛求。

②蜜饯不甜：蜜饯不过分甜。

③懿德：美德，例如《诗经》中有"民之秉彝，好施懿德"。

译文

清廉纯洁而又能具有容忍不廉的雅量，心地仁慈而又能具有当机立断的魄力，聪明睿智而又有不失于苛求的态度。性情刚直而又有不矫枉过正的胸襟，这种道理就像蜜饯，虽然浸在糖里却不过分的甜，海产的鱼虾虽然淹在盐里却不过分的咸，一个人要能把持这种不偏不倚的尺度才算是做事的美德。

事典

卢照邻问养生

初唐范阳诗人卢照邻，不幸染上重症，请过很多名医诊治皆不能医好他的病，生命只在旦夕之间。卢极为伤感。他闻知孙思邈之名，便登门求诊于孙思邈，说："有名的医生诊治疾病有何特别医道。"孙思邈回答说："我听说经常议论天者必受天之资质。议论人者受禀于天。天有春夏秋冬四季，冷热交替轮番运转，冷暖融和则为雨；冷暖相冲则生风；冷暖相凝则为霜雪，此乃天地之不可逆转常数。人有四肢五脏，一醒一寐、一呼一吸，日日操作运动，日日正常循环，则气色好，发音响亮，此乃人之常数也。人之男女阴阳调和，此乃是天地所容也。若阴阳失调，过则生热，否生寒结，而寒结乃是人之病疣(yóu)，疣生则痛疽，此时稍有劳动即喘息，形体焦枯。为此，人在自然中有病若昼夜失时，星辰失调，日月错行，彗星乱飞，乃是天地疾疹也。若寒暑失时，该冷的时候不冷，该暖的时候不暖，则天地之蒸疾也。若石崩土裂则天地之痛疾也，若狂风暴雨则天地之喘疾也，若洪水泛滥或河流干涸则天地之焦枯也。一个好的医生治病可用药石救人，以药剂治人，然还需有好的医德配合。天地的灾难难以消除，人的疾病可以防治、消除。"

卢照邻听后，又问："人的心胸要如何才好？"

思邈说："人应有君子之心，遇到困难要具有一定的胆识，更需要有当机立断的决心。如果这样，那么跌入深渊，或践履薄冰，危机四伏都无所畏惧了。"

卢照邻又问："何谓养生之要？"

孙思邈答道："天有盈虚，人也有自危时刻，平时不修炼自己的德与行，则不能养生。所以要养生修心，要时刻检点自己的德与行。"

君子穷当益工　勿失风雅气度

原文

贫家净扫地，贫女净梳头，景色虽不艳丽，气度自是风雅。士君子一当穷愁寥落①，奈何辄自废弛②哉！

注解

①寥落：寂寞不得志。吕温诗中有"独卧郡斋寥落意，隔帘微雨湿梨花"。

②废弛：应做而不做。王冕《剑歌行》中有"学书学剑俱废弛"。

译文

一个贫穷的家庭要经常把地打扫得干干净净，一个贫穷家的女儿要经常把头梳得干干净净，摆设和穿着虽算不上豪华艳丽，但是却能保持一种脱俗高雅的风范。因此，一个有才德的君子，一旦际遇不佳而处于穷愁潦倒的境况，绝对不应该萎靡不振自暴自弃。

事典

贫病置天外　喝稀粥著书

曹雪芹居住在北京西郊，从事《红楼梦》的写作。当时，他一家住的是"蓬牖(yǒu)茅椽，绳床瓦灶"，喝的是稀粥，有时甚至三餐不继，不得不出卖字画或靠朋友的接济和借债度日。但他依然保持“步兵白眼向人斜”的骨气,不向恶劣的环境屈服,埋头从事创作。不幸的事件又接踵而来,先是中年丧妻,后又晚年丧子,使曹雪芹悲痛欲绝,伤心不已。可是,他仍没有被击倒,继续奋笔疾书。就这样,曹雪芹“披阅十载,增删五次”,直到在贫病交加之中病逝而止,终于写出了《红楼梦》前八十回,取名为《石头记》。

《红楼梦》是一部现实主义的杰作。它以贾宝玉、林黛玉的爱情悲剧为中心,通过贾府的兴衰变化,揭露了封建统治阶级的种种罪恶及其必然灭亡的历史命运,为封建社会唱出了一曲悲凉的挽歌。小说结构严谨,语言精炼,描写细腻,人物形象栩(xǔ)栩如生,人情世态跃然纸上,对读者具有极大的吸引力。尽管曹雪芹只写了八十回就被贫病夺走了性命,但这部未完成的手稿很快就以手抄本的形式迅速流传开来,“好事者每传抄一部,置庙市中,昂其值得数十金,可谓不胫而走者矣”。近三十年后,高鹗又续写了四十回,使之成为“完璧”。乾隆五十六年(公元1791年),以活字排印出版。书名由《石头记》正式改为《红楼梦》。此后,《红楼梦》广泛传流。成为各个阶层普遍喜好的一部作品。从清朝末年起,它又先后被译成英、日、法、俄等多种文字,受到各国读者的高度评价。曹雪芹也因这部不朽之作,成为世界公认的伟大作家之一。

舍己毋处疑　施恩勿望报

原文

舍己[1]毋处其疑[2],处其疑即所舍之志多愧矣;施人毋责其报,责其报并所施之心俱非矣。

注解

①舍己:舍己就是牺牲自己。

②毋处其疑:不要存犹疑不决之心。

译文

假如一个人要想作自我牺牲,就不应该存有计较利害得失的观念,假如存这种观念就会使你对这种牺牲感到犹豫不决。既然对你的牺牲心存计较犹疑,那就会使你的牺牲志节蒙羞。假如一个人要想施恩惠给他人,就绝对不要希望得到人家的回报,假如你一定要求对方感恩图报,那就连你原来帮助人的一番好心也变质了。

事典

精心护人才　报国为中坚

名扬古今的诸葛亮,不仅广揽人才、重用人才,还千方百计地保护人才。蒋琬,就是在诸葛亮的精心保护、培养下,才逐渐成为蜀汉政权中出类拔萃的人才。

蒋琬,三国时零陵湘乡人,字公琰(yǎn)。在刘备入蜀前,他只是一个州衙门里的小吏,做些缮写文书之类的事。刘备入蜀后,让他做了广都县令。他办事公正,勤勤恳恳。又颇为妥善,受到了同僚们的赞赏和百姓的拥戴,也引起了诸葛亮的分外关注。可是,有一次刘备因事到了广都县,见蒋琬因醉酒而未出面欢迎,不禁大怒,当即革职,并判其死罪。诸葛亮闻知,火速赶来,奉劝刘备说:"蒋琬平时办事严谨,勤奋公正,且博学多才,有治理国家的本领。这一次只不过是他偶然的过失而已。再说,蒋琬一贯以安定百姓为本,不善于官场上的迎来送往,不宜因为眼前这件事而判其死罪。"刘备一向对诸葛亮言听计从,而今见他如此表示,也便收回成命,赦免了蒋琬的死罪,但仍然罢免了他的官职。

不久,诸葛亮又把蒋琬扶持起来,并大力培养。蒋琬也发奋努力,精忠报国。后来,蒋琬做了尚书郎,还曾代理丞相职务。诸葛亮率师出征时,总是让蒋琬全权负责军需保障。而蒋琬也总能做到“足兵足食以相供给”，帮诸葛亮解除了后顾之忧。数年后，当诸葛亮六出祁山病危时，还特地给后主刘禅写信，称赞蒋琬的人品与才干，并提议在他死后，让蒋琬来接替自己的职位。刘禅遵照诸葛亮遗嘱，先是命蒋琬为尚书令，总统国事，次年又令蒋琬为大将军，录尚书事。蒋琬终于成为继诸葛亮之后的蜀汉政权的中坚人物。

天福无欲之贞士　而祸避祸之憸人

原文

贞士①无心徼福②，天即就无心处牖③其衷；憸人④着意避祸，天即就着意中夺其魄。可见天之机权⑤最神，人之智巧何益？

注解

①贞士：指志节坚定的人。

②徼福：徼，同“邀”，作祈求解。《左传·僖公四年》：“君惠徼福于敝邑之社稷，辱收寡君。”

③牖：诱导、启发。

④憸人：憸（xiān 先），邪妄。人，行为不正的小人。

⑤机权：机，灵巧。权，变通。机权，灵活变化。

译文

一个志节坚贞不二的君子，虽然不想追求自己的福祉，可是上天却在无意之间来引诱他内心想要得到的福分；一个行为邪僻不正的小人，虽然用尽心机妄想逃离灾祸，可是上天却在他巧用心机时来剥夺他的精神气力使他蒙受灾祸。由此观之，上天对于权力的运用可以说是神奇无比、变化莫测，极具玄机，人类平凡无奇的智慧在上天面前实在无计可施。

事典

愚公移山

传说在远古的时候，北山这地方住着一个叫愚公的老人，年纪将近90岁。愚公家门前有两座山：一座叫太行山，一座叫王屋山。这两座大山使愚公一家人来往出入都要绕道而行，于是他下定决心要带领全家人挖掉这两座大山。在愚公的带领下，全家人满怀信心，开石挖土，并不怕劳苦，把土石运到渤海的边上。

有个叫智叟（sǒu）的老人，认为愚公太愚蠢了，就讥笑说："就凭你这将要死的老头，连小土包都动不了，还能搬得走这万丈大山？恐怕山还没受损，你已经先完了！"愚公自信地说："我虽然老了，可是我死后还有儿子，儿子死了还有孙子，孙子又生儿子，子子孙孙无穷无尽。我们一代接一代地挖下去，而山却不会再长高。一点一点地挖，总有一天，山就会被挖平的。"智叟听了无话可说。就这样愚公凭着信心,继续挖山不止。

这件事最后感动了天帝,于是就派两个神仙把山背走。看来愚公并不愚蠢,智叟也不见得聪明。

树立坚固的信念,一往直前,毫不放松地去做,总会成功。

临崖勒马　起死回生

原文

临崖勒马[1]:念头起处,才觉向欲路上去,便挽从理路上来。一起便觉,一觉便挽,此是转祸为福,起死回生的关头,切莫轻易放过。

注解

①临崖勒马:也作悬崖勒马,比喻人在刚学坏时要能及时回头。

译文

当你心中刚一浮起邪念时,假如你能发觉这种邪念有走向物欲或情欲方向的可能,你就应该立刻用理智把这种欲念拉回正路上去。只要坏的念头一产生你就立刻有所警觉,当你有所警觉就立刻设法来挽救,这才是扭转灾祸为幸福、改变死亡为生机的重要关头。所以,你绝对不可以轻易放过这邪念产生的一刹那。

事典

陈遵醉迷一生

陈遵每日必饮,每饮必醉,常日出醉归,不理政事,因而经常受到处罚。有时侍从和他开玩笑说:“你今天又会受到什么样的处罚呢?”陈遵说:“得到处罚满一百后再告诉你。”大司徒马宫与陈遵是好友,他对专管处罚官吏的人说:“陈遵这人是个大度士,不要常用小事来处罚他。”后他又推荐陈遵当了郁夷县的县令,可陈遵没当几天,又不干了。

陈遵豪饮如常,饮酒时,常关起大门,并用客人酒友的车在门后抵住,见谁也不开。有一次,刺史前来奏事,正值陈遵酒醉。怎么也叫不醒,也出不去。刺史非常着急。因为他已与尚书相约有事,于是他就跑到陈遵的母亲面前说明了缘由,要求放他出去。陈遵的母亲就从后门放他出去。陈遵经常醉入云里,然公事处理得非常好。

王莽称帝失败后,陈遵来到了长安,被人推荐当上了大司马护军。后来,他在朔方与敌交战时被打败,醉中被杀。

放纵欲望,身体即使不受到外界别的因素的干扰,也定会衰弱的,因为放纵欲望是危害健康的死敌。

宁静淡泊　观心之道

原文

静中念虑澄澈①，见心之真体；闲中气象从容，识心之真机②；淡中意趣冲夷③，得心之真味。观心证道，无如此三者。

注解

①澄澈：河水清澈见底。

②真机：人性的真正本源。

③冲夷：冲是谦虚、淡泊，夷是夷通、和顺、和乐。

译文

一个人只有在宁静中心绪才会像秋水般清澈，这时才能发现人性的真正本源；一个人只有在闲暇中气概才能像万里晴空一般舒畅悠闲，这时才能发现人性的真正灵魂；一个人只有在淡泊明志中内心才会像平静无波的湖水一般谦冲和蔼，这时才能获得人生的真正乐趣。大凡要想观察人生的真正道理，再也没有比这种观人之术更好的了。

事典

方内方外

子桑户、孟子反、子琴张三个是意气相投的朋友。他们有个共识:朋友间应当灵犀(xī)相通。

几年以后,子桑户染病逝世,还未入殓。孔子闻耗,叫子贡去帮助处理丧事。子贡踏进子桑户的家门,看见孟子反和子琴张一个在弹琴,一个对着子桑户的遗体唱道:“你已安然地归本返真,我们还在做人啊!”子贡上前问:“请问两位先生,面对遗体弹唱、言笑,合乎礼仪吗?”他们看子贡一眼,反问子贡道:“你懂得礼的意义吗?”子贡纳闷不语,回来问孔子。

孔子说:“他们是遨游方外的人,你我是方内之辈,方内同方外是不尽相通的。我按常理唤你去吊唁,本身就显得鄙俗。他们不同于凡夫俗子的见识,讲究同造物者做伴,与天地共游,合阴阳为一体。他们飘飘然于尘世之外,逍遥于无所作为之中,试想他们又怎会恪守方内世俗的礼仪法度呢?”

子贡进而问:“那么,老师所依的是方内之道,还是方外之道?”

孔子仰天而叹:“我是天的戮民,虽然受世俗桎梏,但很希望同你一块共之于内,求之方外。”“这话如何解释?”子贡问。

孔子说:“鱼,生活于池中的水,人,适从于方外的自然。生活于水的,在水里游弋而安适了,适从于方外自然的,无事相安就算是天性怡然。俗语说,鱼游在江湖之中,忘记一切便是悠乐;人游于大道之中,忘记一切便是自由和快乐。”

只畏伪君子　不怕真小人

原文

君子而诈善①，无异小人之肆恶②；君子而改节③，不及小人之自新。

注解

①诈善：虚伪的善行。据《汉书·张汤传》说："臣固遇忠，若张汤乃诈忠。"此诈忠也就是诈善。

②肆恶：肆是放纵，即恣意作恶。

③改节：改变志向。

译文

一个伪装心地善良的正人君子，和无恶不作的邪僻小人并没有什么区别；一个正人君子如果改变自己所操守的名节，他的品格还不如一个毅然痛改前非而重新做人的小人。

事典

李斯心嫉恨　韩非入狱亡

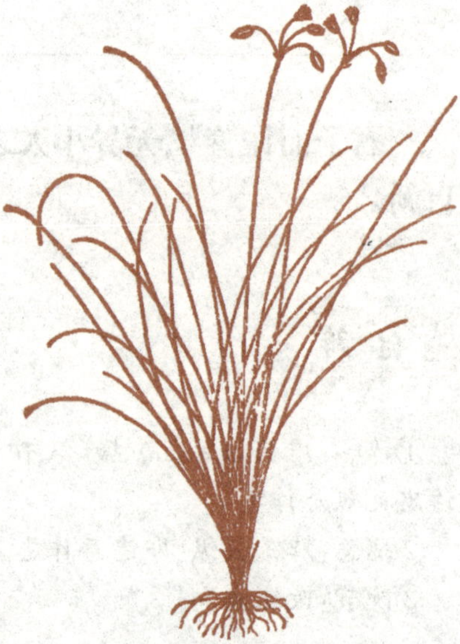

韩非是战国时期韩国的贵族。他是诸子百家中法家的代表人物,他主张用严厉的法律来治理国家。他的学说思想至今仍是我国优秀的传统文化遗产。但这样一位杰出的人物,却因为遭嫉妒而死于非命。

韩非见韩国国势一天天衰落下去,几次向国王陈述自己的强国之策。韩国国王都不加以采纳。因此韩非对国王不修明法制,而是以势压人;不求人任贤,而任用一些吹牛拍马之人的做法十分不满。韩非认为,文人往往用文章来搞混法律,武将常常自挟武功而违犯禁令。和平时期,任用那些徒有虚名的人,战争到来又重用那些武夫。国家供养的人都是些无用之人,真正有才能的人得不到任用。眼看着那些刚直廉洁的大臣遭到那些谗媚之人的排挤和陷害,韩非感到十分痛心。他总结历史经验,写出了《孤愤》《五蠹》《说难》等文章来述说自己的思想和主张。

有人将韩非所著的书传到秦国。秦王读了这些书,感慨地说:“唉!我如果能见到这个人并与他交往,就是死了也没什么遗憾的了!”李斯说:“这些文章是韩国的韩非写的。”秦王为了得到韩非就立即攻打韩国。韩国国王一向不重用韩非,到了这时情况紧急了,才派韩非出使秦国。秦王见了韩非非常高兴,谈了几次话以后,秦王更加钦佩他。秦王还没有完全信任他就任以要职。丞相李斯和韩非是同学,他们都是著名的唯物论思想家荀子的学生。李斯深知自己的才能远不如韩非,生怕秦王信任韩非,对自己的地位构成威胁。于是就联合另一个权臣姚贾陷害他。他们二人在秦王面前诽谤韩非说:“韩非是韩国的公子,现在大王要兼并天下诸侯、统一六国,将来一定会同韩国作战的,到那时韩非终究会帮助韩国，而不会帮助秦国。现在大王既然不用他，但久留在秦国然后再放他回去，这是自留后患。不如现在找个罪名，按法律杀了他。”

秦王觉得李斯、姚贾说得很有道理，便下令司法官员治韩非的罪。诬陷韩非是韩国的奸细。李斯派人给韩非送来毒药，让韩非自杀。韩非要求亲自见到秦王当面陈述自己的意见。但是，看管刑狱的人都是李斯的亲信部下，他们硬逼韩非喝下毒药。后来秦王后悔了，派人去赦免韩非。然而韩非已经死了。

韩非虽然死了，但他的思想却流传了下来。后来秦始皇统一了六国，应用韩非的法制思想来巩固中央集权，结束了长期的分裂混战局面。这有利于社会的发展和人民生活的稳定。

动中静是真静　苦中乐是真乐

原　文

静中静非真静，动处静得来，才是性天[1]之真境；乐处乐非真乐，苦中乐得来，才是心体之真机。

注解

①性天：天性。《中庸》有“天命之谓性”，说明人性是由天所赋予的。

译文

在万籁俱寂的环境中所得到的宁静并非真宁静，只有在喧嚣的环境中还能保持平静的心情，才算是合乎人类自然之性的真正宁静；在狂歌热舞的环境中得到的快乐并非真快乐，只有在艰苦的环境中仍能保持乐观的情趣，才算是合乎人类自然灵性的真正乐趣。

事典

庖丁解牛

庖(páo)丁为梁惠王服务，他有一手杀牛的绝技，你看他用手抓，用肩倚，用脚踏，用股抵，腾挪起伏，姿态就像是在跳舞。手中的尖刀在牛身上运行，那剥皮削肉的声音，犹如吹奏管箫。

梁惠王说：“你的技艺怎么会达到如此出神入化的地步？”

庖丁说：“我凡事都喜欢钻研其规律，掌握了事物之道，再来指导技艺，便能得心应手。我刚开始学杀牛时，一眼看去整头牛站在面前，不知如何下手。三年之后，我便熟知牛的身上何处是骨，何处是肉，何处是筋，何处是脏腑，在我眼里已不再是一头整牛了。而今，我已经能做到不用眼睛和感觉来判断。即使闭上眼睛，也可操刀自如，顺着牛身上器官间的缝隙和经络，按其天然的纹理切割，连软骨、筋位都不会碜(gè)着,何况那些大骨头呢!"

"好的厨师一年换一把刀,因为他们在用刀割牛。普通的厨师一个月换一把刀,因为他们在使劲砍牛。而我手中的这把刀已用一十九年,肢解过一千头牛了。你看这刀刃仍然像刚磨过的那样锋利。在我看来,牛的骨肉虽然长在一起,但其间是有缝隙的。薄薄的刀刃插入缝隙,切割回旋有余,怎会损刀锋呢?所以用了一十九年毫发无损。虽然如此,每当我遇到牛身上筋骨交错,盘结牵连的地方,便全神贯注,屏气低息,缓缓用力,找准要害,轻轻一割。牛的骨肉立刻分离。如泥土般地崩落于地。我这才如释重负,持刀而立,大功告成,心里满怀喜悦。"

梁惠玉说:"妙极了!我听完庖丁所谈,领悟到不少为人养生的道理。"

在劳动中,以道的精神指导技艺,就会领略到无穷乐趣。

多种功德　勿贪权位

原文

平民肯种德[1]施惠,便是无位的公相[2];士夫[3]徒贪权市宠[4],竟成有爵的乞人。

注解

①种德:行善积德。苏轼有"种德如农之种植"的句子。

②公相:公卿将相。

③士夫:士大夫的简称,因为作者要在文字上和上一句的"平民"对称,才把士大夫写成"士夫"。

④贪权市宠:贪婪权势祈求获得宠信。市,买卖。

译文

一个普通老百姓只要肯多积功德广施恩惠帮助他人,就等于一位没有实际爵禄的公卿宰相受到万人的景仰;反之,一个达官贵人假如一味地贪婪权势而把官职当成一种生意买卖欺下瞒上,这种人行径的卑鄙就如同一个有爵禄的乞丐那样可怜。

事典

蔡确施淫威　残害天下人

常言说“人如其名”,但《宋史·奸臣传》名列首位的蔡确虽然字“持正”,却是残贼天下的小人。在他的仕宦生涯中,“自知制诰为御史中丞、参知政事,皆以起狱夺人位而居之,士大夫交口咄骂,而确自以为得计也”,可称得上“持正”的对立面。

蔡确(公元1037—1093年),字持正,泉州晋江(今福建晋江)人。“有智数,尚气,不谨细行”,人长得“仪观秀伟”,再加以早年矫情励志,所以考中进士后,左右逢源,屡得朝中要臣延誉称荐。宋神宗时,在邓绾的举荐下,担任监察御史里行,因“善观人主意,与时上下”,极善嗅揣政治气候的变化,又很快被提拔为御史知杂事,后改知谏院。

在韩琦判相州(今河南安阳)时,有三人抢劫时,被邻里驱逐。事后,其中的魁首对党徒说:“从今天起,如有人敢来救援那些被抢之人,就先杀掉他。”他的手下都点头称是。有一天,他们又到一家强抢,抓到其家的姥姥,严刑拷打,逼索财物。邻居一个人不忍听那惨厉的号呼声,就过来对劫贼们说:“此姥没有什

么东西,即使将她打死了也没用。”但劫匪的手下当即将此人杀死。三位强盗被缉拿归案后。州司将他们都判处了死刑。数年以后,刑房堂后宫周清对此案的判决提着质疑,他认为“新法:凡杀人虽已死,其为从者被执,虽经拷掠若能先引服者,皆从按问欲举律减一等。今盗魁既令其徒云有救者先杀之,则魁当为首;其徒用魁言杀救者,则为从。又至狱先引服当减等。而相州杀之,刑部不驳。皆为失人死罪。”此事被交付大理寺评判是非。大理寺认为,“魁言有救者先杀之”指的是那些手执兵杖前来械斗的人。今邻人以好言劝之,并不是前来援救的,其徒自出己意手杀之,不应该判定他是从犯,相州的判决是正确的。大理详断官窦莘(xīn)、周孝恭在作出上述结论时,曾征求检正中书、刑部公事刘奉世的意见,刘奉世不解地问道:“君为法官,自当图谋此事,何必让我看呢?”窦莘、周孝恭解释道:“是为了避免被认为犯有‘失人’,即轻罪重判的过失。”刘奉世不以为然地对他们说:“君自当依法,此岂必欲君为失人邪!”州法司审断是正确的意见汇报上来。但周清不服,坚持已议,再次提出驳议,而刑部也认为周清的意见是正确的;为此,大理与刑部争辩不休。恰恰在这个时候,皇城司奉报相州法司潘开携带钱帛“诣大理行贿枉法”。原来相州狱是现任殿中丞陈安民签书相州判官之时裁断的,他听说周清纠驳此狱,害怕受到牵连,就到京师历抵亲识求救。他的外甥文及甫是文彦博的儿子、宰相吴充的女婿,陈安民也求到了他的头上,并给潘开写信,要他自来照管。潘开竭尽家财入京,准备向有关的大理胥吏探问消息。但这笔钱却被相州人、司农吏高在等耗用殆尽,而潘开也根本没见到大理胥吏。因此,皇城司听奏言赍三千余缗赂大理事,也就纯属子虚乌有,“开封按鞫(jū)无行赂状,惟得安民与开书。”蔡明知道陈安民与吴充有亲后,秘密向神宗进言,“事连大臣,非开封可了,遂移其狱御史台”。

但御史台审讯了十余天,结果与开封府完全一样。王珪趁机建议遣蔡确参与此狱审治。本来宰相吴充十分厌恶像蔡确这样靠击搏他人进取功名之人,但此时吴充恰巧告假,因而神宗批准了王珪的奏请。蔡确受命后,立即“收在大理寺详断官窦莘、周孝恭等,枷缚日中凡五十七日。求其受贿事,皆无状”。在审

讯中，蔡确“持法刻深，言不及仁，穷治诘问。不考情实，以必得奸弊为事”。并且引用了“狷险吏数十人，穷治莘等残酷，无敢鸣其冤”。尤其是蔡明辟召的勘官刘仲熊“天性险薄，凭恃确势，凌铄（shuò）推直，不容讯问”。真是一群如狼似虎的狠恶之徒聚到了一起。特史中丞邓润甫夜中听到蔡确拷打其他囚犯时痛苦的叫声，以为是正在酷法拷掠窦莘、周孝恭等，心中十分不满。但又无力制止他。蔡确引陈安民到审讯室，将一特大号枷放在他面前。陈安民素知蔡确残酷之名，十分恐惧，当即说出“曾请求文及甫。及甫云已白丞相，甚垂意。丞相指吴充也”。蔡确拿到这份口供后，想立即奏报皇帝吴充受贿枉法，但遭到邓润甫的制止。第二天，邓润甫在经筵单独向皇帝陈奏，“相州狱事甚微，大理实未曾纳贿，而蔡确深探其狱，支蔓不已。窦莘等皆朝士，榜掠身无完肤，皆衔冤自诬，乞早结正。”神宗听到如此察告，十分震惊，立即指令知谏院黄履、勾当御药李舜举“据见禁人款状，引向验证有无不同，结罪保明以闻”。

黄履、李舜举与邓润甫一起在御史台复核被押诸囚的口供。将囚犯一一引到面前，宣读他们的口供，告诉他们如果属实就在口供上写上属实；如果是屈打成招的，许可他们当场陈述冤情。方法固然很好，但实在有失天真，原来蔡确早料到朝廷会复审诸囚，为防止他们翻供，在此之前蔡确就屡次遣人假扮朝廷特使问囚，如有变改口供的，就施以鞭笞拷打。众囚徒简直是被打怕了，“及是囚不知其为诏使、也畏吏狱之酷，不敢不承”。只有窦莘翻供，但诏使们检查他身体时，却没有拷掠的伤痕。因此黄履、李舜举等回奏神宗时，都认为邓润甫所言有诈。

极善窥测时机的蔡确得知此情，知道神宗已对邓润甫有所不满，趁机落井下石，大肆诬陷取润、上官均“附下罔上”，朋比为奸。神宗罢免了邓润甫的御史中丞之职，而提拔蔡确担任此职。

太学生虞蕃控告学官。蔡确又抓住这个机会深探其狱，只要狱词牵涉到的朝士，自翰林学士以下都被逮捕，戴着枷锁关押在狱中，强迫他们和狱卒们“同室而处，同席而寝、饮食旋溷（hùn）、共在一室。置大盆于前，凡馈食者羹（gēng）饭饼饵悉投其中，以杓匀搅，分饲之如犬豕。”并且长时间不进行审问。如此恶劣的境遇常常使得自命清高的士大夫棱角全无,“幸其问,无所不承”。只要能离开御史台狱,什么都不计较。蔡确利用他们这种心理,诱使他们供称参知政事元绛曾经有所嘱请。元绛因此被撤职,外贬为亳州知府,而参知政事之位理所当然地落到了蔡确的名下。元丰五年(公元1082年),蔡确被提拔为尚书右仆射兼中书侍郎。蔡确“既相,屡起罗织之狱,缙绅士大夫重足而立矣”。

宋哲宗即位后,蔡确升任左仆射。御史刘挚、王岩叟连续上奏章弹劾他的罪失。元祐(公元1086—1094年)初年,蔡确被贬为陈州知州。后夺职徙安州(今湖北安陆)。在他被贬谪安州期间,其所居地西北隅有一旧亭,名车盖亭。蔡确常休息其上。因而写有十首小诗,这十首诗被和蔡确个人有嫌隙的吴处厚得悉,吴将诗一一笺释后向朝廷告发,论定他讥谤宣仁太后,心怀怨望。虽属深文巧诋,横加诬罔,但蔡确仍被贬为英州别驾。安置新州,死于贬所。

当念积累之难　常思倾覆之易

原文

问祖宗之德泽[①],吾身所享者是,当念其积累之难;问子孙之福祉[②],吾身所贻者是,要思其倾覆之易。

注解

①德泽:恩惠。《韩非子·解老》:“有道之君,外无怨仇于邻敌,而内有德泽于人民。”

②福祉:幸福,利益,福利。《诗经·小雅·六月》:“吉甫燕喜,既多受祉。”

译文

假如要问我们的祖先是否给我们留下恩德，就要看看我们现在生活所享受的程度是否高，假如确实高，那就算祖先所累积下的恩德，我们就要感谢祖先当年留下这些德泽的不易；假如我们要问我们的子孙将来是否能生活幸福，就必须先看看自己给子孙留下的德泽究竟有多少，假如我们给子孙留下的恩惠很少，就要想到子孙势力将无法守成而容易使家业衰败。

事典

急功又近利　燕军遭惨败

周赧(nǎn)王三十一年(公元前284年)，燕国大举伐齐。燕军大将乐毅率军所向披靡，连克七十余城。齐国只剩下莒(今山东莒县)、即墨两城，面临破国之灾。乐毅用右、前军围莒，以左、后军围即墨。此时齐湣王被杀。子法章继位于莒，齐国据莒、即墨两城固守，燕军久攻不克。乐毅遂撤军至两城外九里处筑垒，准备与齐军作长期对峙。

即墨被围不久，守将贸然出击，被燕军击杀。任过临淄市掾的田单正在即墨，他有一定的军事指挥才能，且威望很高，即墨军民共推田单为将。即墨地处富饶的胶东，“三里之城，五里之廓”，为齐国的大城邑。为了挽救危局，田单集结士卒七千余人加以整顿扩充，并整修城堡，动员一切力量做好防御准备，他“坐则强蒉(纺织草器)，立则仗锸(chā)(锹)”，深得人心。就这样，即墨与莒两城硬是在燕军的包围圈中熬过了三个年头。

公元前279年，十分信任乐毅的燕昭王去世，其子立，即燕惠王。惠王当年还是太子的时候，就对乐毅有成见，田单掌握了这一情况，便派出间谍进入燕国散布谣言，说“齐王已死，燕军还不能攻占齐国的最后两座城堡，是什么原因呢？就是因为乐毅与燕国的新王有矛盾，他怕自己遭诛而不敢归燕国，以攻齐为名，控制住军队想当齐王，现在齐国的百姓还没有都归顺他。所以乐毅故意慢慢地攻打即墨，以待时机称王。齐国人现在已经不害怕乐毅了，最害怕的是燕国又换其他将领来。”燕王本来就与乐毅有隙，又见乐毅三年没有攻下即墨和莒，早就怀疑乐毅另有图谋，一听到齐人传来的这些流言，便信以为真，立即派将军骑劫取代了乐毅，并召乐毅回国。乐毅明白燕王的用心，自知返国后难免遭杀身之祸，便投奔了赵国。骑劫一来，乐毅一逃。“燕将士由是愤惋不和”。

骑劫上任，不管三七二十一就指挥燕军强攻莒和即墨，仍然不能得手。田单知道骑劫有勇无谋，不足为敌，但即墨被围年久，城内军民人心未定，还不具备反攻的条件，于是采取一系列的措施，假手燕军来激发齐国军民的斗志。他派人扬言：“吾唯惧燕军之劓（割鼻子）所得齐卒，置之前行，与我战。即墨败矣！”骑劫强攻即墨与莒不下，正想采用恐吓的手段来打击齐军的士气，苦于没有什么好的办法，他一听到齐人散布的这个消息，十分高兴，立即命令部下将投降过来的齐军士卒的鼻子全部割掉。又将这些降卒排列在阵前让即墨守军观看。即墨城中的军民看到燕军如此残酷地对待俘虏，人人愤怒不已，坚定了固守城池的决心。田单没有就此罢休，又派间谍四出散布流言，说：“吾惧燕人掘吾城外冢（zhǒng）墓，僇（侮辱）先人，可为寒心！”骑劫闻讯，觉得这办法妙不可言，更可以震撼齐人，打击他们的信心，便又令部下“尽掘冢墓，烧死人”。城中齐人从城头上远远望见燕军这种丧尽天良的暴行，无不痛心疾首，号啕大哭，全体军民怒增十倍，人人义愤填膺，一致要求主将立即出城与燕军拼个鱼死网破。田单见状，心中暗喜。知道自己的军队可以杀敌报仇了。田单进而又采取了一系列麻痹燕军的措施：命令精壮士卒伏于城内，而由老弱、妇女登城守备。使燕军以为城中齐军已损失得差不多了。不得不用老弱、妇女来守城；遣使面见骑劫，表示齐军愿意投降；又派人从民间收集了黄金千镒，令即墨富豪悄悄地赠送给燕军将领，请求他们待齐军投降后，“愿无掳掠吾族家”。燕军见即墨即将投降，兴高采烈，个个大喜过望。

就在燕军翘首等待齐军出降之际，齐军正在加紧进行战斗准备。田单令部队尽收城中千余头牛，披上一件件画有五彩龙纹的外衣，在牛角上绑上了锋利的尖刀，尾巴上扎着浸透油脂的芦苇。又在城墙根部挖好几十个洞穴。做好一切准备后，田单选择了一个夜间，下令点燃牛尾巴上的芦苇，牛疼痛不已，从洞穴中狂奔而出，直扑燕军营垒，齐军五千多名精壮勇士紧随牛后冲杀。全城的军民都敲打着各种铜器，声音震天动地。尚在睡梦中的燕军将士突然被震耳欲聋的声响惊醒，又看到一团团火球在急速滚来，夹杂着五颜六色。又带着钢刀，搞不清这是何物，不禁惊慌失措，纷纷夺路逃命。慌乱中燕军互相践踏，齐军的精兵猛卒又掩杀过来，燕军彻底溃败，骑劫也在混乱中被杀。田单奇袭得手，便纵军乘胜追击，燕军兵败如山倒，一发而不可收，所占七十余城，悉数被齐军收复。

顺境不足喜　逆境不足忧

原文

居逆境中，周身皆针砭药石①，砥节砺行②而不觉；处顺境中，眼前尽兵刃戈矛，销膏靡骨③而不知。

注解

①针砭药石:针,古时用以治病的金针;砭,古时用来治病的石针;今天流行的针灸是针砭的一种。药石,泛称治病用的药物。针砭药石泛指治病用的器械药物,此物比喻砥砺人品德气节的良方。

②砥砺:磨刀石。粗者为砥,细者为砺。此为磨练。

③销膏靡骨:融化脂肪、腐蚀骨。

译文

一个人如果生活在艰苦贫困的环境中,那周围所接触到的全是有如医疗器材般的事物,在不知不觉中会使你敦品励行把一切毛病都治好;反之,一个人如果生活在丰衣足食无忧无虑的良好环境中,就等于在你的面前摆满了刀枪等杀人的利器,在不知不觉中使你的身心受到腐蚀而走向失败的路途。

事典

临变心不惊　从容除强盗

明朝张居崃为滑县县令时,有两名大盗任敬、高章来到县城,冒充锦衣卫的使者,递了名片拜见张公,并且凑近张公耳边说:"朝廷有令,要公开处理有关耿随朝的事情。"

原来当时有位滑县人耿随朝,担任户政的科员,主管草场,因为发生火灾,朝廷下令羁押在刑部的监牢里。张公听到此事,更加相信两人的身份。任敬于是拉着张公的左手,高章拥着张公的背,一起进入室内坐在炕上。

任敬摸着鬓角胡须,笑着说:"张公不认识我吧!我是霸上来的朋友,要向张公借用公库里面的金子。"

于是与高章取出小刀来,交叉架在张公的脖子上,说:"如果我们顺利取得金子,你就可以活命,否则小刀马上取了你的性命。"

张公丝毫不惊吓,很从容地说:"你们所要的,并不是报仇。我就是再笨,也不会因为财物而轻易地牺牲性命啊!况且你们已经自称是锦衣卫的使者,为什么还要这样暴露自己的真实身份，别人若是在外面偷看，发现此事，这对你们相当不利。”

两个强盗觉得有道理。

张公又说：“公库的金子都各有人收藏看管，拿来换取别种东西，容易被发觉，对你们也不利。有一个办法是，县里有许多有钱人，不如我向他们借贷给你们。这样你们可以安然无事，同时公库的财物没有损失，也不会连累到我的官职，岂不是一举两得。”

两个强盗听了更加赞同张公的办法。

张公于是叫高章传令，要属下刘相前来。刘相是一位工于心计的人。

刘相到后，张公随意编了一套话，说：“我不幸发生意外，如果被抓去，会很快被处死。现在锦衣卫的两位先生，关系很多，不想抓我。我非常感激他们，想拿五千黄金当他们的寿礼，以表示我的心意。”

刘相听了吓得吐出舌来，说：“到哪里去拿这么多钱？”

张公说：“我常看到你们县里的人，很有钱而且急公好义。我请你替我向他们借。”

于是拿出笔来，写某人最有钱，可以借多少；某人中等，可以借多少；一共写了九个人，正好数量符合。所写的这九个人，实际上都是大力士。

刘相看了之后，恍然大悟。出了屋子，正巧冷风迎面吹来，张公就借口说避一下风寒，又和强盗回到屋里，拿出酒菜与他们应酬，而且自己先吃先喝，好让两位强盗放心。

酒才喝完，刚写的那九个人，都穿着鲜丽的衣服，像富人家的子弟。手里捧着用纸包着的铁器，先后来到门口，假装说：“张公要借的金子都拿来了，但是因为太穷，没有办法凑足所要的数目。”并装出哀求的样子。

两位强盗听说金子到了，又看到这些人果然都像有钱人的样子。就很高兴地说：“张公真的不骗我们。”

张公装着要给他们金子的样子，叫人拿来天秤、小桌子。这时任敬侍在客位，张公坐主位，中间隔着长桌子，如此一来，张公和任敬隔着一些距离，可是高章一直拥着张公的背，彼此贴得很近。

张公站起来拿天秤的砝码。对高章说：“你的长官正和我饮酒行主客之礼。哪有空看砝码。所以看砝码秤轻重，就麻烦你了。”

高章于是稍微靠近桌子，去看砝码。

此时另九个人则捧着包里的铁器，一起拥向前去，故意作出打开包裹取出金子的样子，张公趁此脱身，离开高章几步，就大喊九人抓贼。张公向前堂奔跑，任敬起身扑向张公，却赶不及，于是举刀自杀。高章也准备自杀，但被捕快抓了，拷问之后处死，在刑场中被分尸。

富贵而恣肆弄权　乃自取灭亡之道

原文

生长富贵家中，嗜欲[1]如猛火，权势似烈炎，若不带些清冷气味，其火炎不至焚人，心将自烁矣。

注解

①嗜欲：多指放纵自己对酒色财气的嗜好。

译文

一个生长在豪富权贵之家的人，物质享受方面可说应有尽有。因此就会养成各种不良嗜好和喜欢作威作福的个性。但是不良嗜好对人体的危害就有如烈火，作威作福专权弄势的脾气对心性的腐蚀就有如凶焰，假如不及时给他一点清凉冷淡的观念缓和一下他强烈的欲望，那猛烈的欲火即使不使他粉身碎骨，早晚有一天也必然会像引火自焚般把他毁灭。

事典

施威镇君主　专权戮无辜

清朝顺治皇帝死后，年仅八岁的康熙帝即位，国家政务由四个辅政大臣掌管。在四大辅臣中，索尼年老，遏必隆软弱，苏克萨哈势力较小，只有鳌（áo）拜最为跋扈。他由一位战功卓著的将军,蜕变为多戮无辜的罪人,乃“相好者荐拔之,不相好者陷害之”,大肆网罗党羽,排斥异己,“意气凌轹,人多惮之”。尤其当索尼死后,鳌拜自命为辅臣之首,依权仗势,恣意横行,甚至在年轻的皇上面前“施威震众”。多次背着康熙皇帝出诣旨,杀戮无辜,制造了一起起冤狱。

早在鳌拜刚刚“受顾命辅政”时,他就开始了报复私怨、杀戮无辜的活动。内大臣费扬古原来与鳌拜有矛盾。费扬古的儿子侍卫倭赫以及侍卫西往、折可图、觉罗塞尔弼等四人同在御前值勤,遇见鳌拜等辅臣时没有表示格外的尊重。于是鳌拜怀恨在心,立即制造罪名,“遂论倭(wō)赫等擅乘御马及取御用弓矢射鹿,并弃市。又因费扬古怨望,亦论死,并杀其子尼侃、萨哈连,籍其家”。露出了一副杀人不眨眼的狰狞面目。

在以往的政治斗争中,鳌拜所在的两黄旗曾经受到过多尔衮所在的两白旗的欺压,鳌拜本人也曾深受其害。因为鳌拜对此一直耿耿于怀。为了进一步打击两白旗势力,巩固自己的既得利益,鳌拜于康熙五年(公元1666年)提出了更换旗地的要求。

清初的圈地本来就不得人心,因此早在顺治四年(公元1647年),清政府就曾下令:“自今以后,民间田屋不得复行圈拨,著永行禁止。”鳌拜企图借换地之机再次掀起圈地高潮。这首先就违背了皇帝的诏令。另外,当时旗地圈占已二十余年,早已形成了“旗民相安”的局面。鳌拜提出换地立即遭到各阶层的普遍反对。辅政大臣苏克萨哈、户部尚书苏纳海出身于正白旗,他们自然不同意鳌拜的主张,苏纳海上奏说:“旗人安业已久,民地曾奉谕不许再圈。”但鳌拜却一意孤行,强令苏纳海会同直隶总督朱昌祚,巡抚王登联具体办理圈换旗地事务。此令一出,相关地区的满汉人民十分恐慌,“所在惊惶奔诉”,“哭诉失业者殆无虚日”。朱昌祚、王登联如实反映了这一情况,他们在奏疏中说:“旗地待换,民地待圈,皆抛荒不耕,荒凉极目。”造成了“旗民交困”的局面,建议朝廷立即停止圈换土地。鳌拜闻报大怒,诬蔑他们“藐视上命”,要予以重处。交给刑部议罪,刑部提出,“律无正条,请鞭责籍没”。康熙皇帝“召辅臣议,鳌拜请置重典。索尼、遏必隆不能争,独苏克萨哈不对”,因此康熙没有批准。鳌拜根本不顾皇上的意见，"卒矫命，悉弃市"。一位朝廷大臣、两位地方大吏就这样被处死了，这是鳌拜一手制造的一大冤狱。

然而鳌拜并不就此罢休，而是进一步去铲除自己的主要政敌苏克萨哈，康熙六年（公元1667年），"皇上躬亲大政"。苏克萨哈主动提出辞去辅政大臣的职务，把权力归还皇帝。这一举动无异于将了鳌拜的军，因此苏克萨哈辞职，鳌拜、遏必隆势必也应同样辞职。鳌拜不甘心退出政治舞台，有意诬蔑苏克萨哈辞职是背负先帝，藐视幼主，心怀异心。居然给苏克萨哈罗列了二十四大罪状，必欲处以极刑，抄没家产。康熙皇帝不同意鳌拜的这种无理要求，鳌拜竟"攘臂上前，强奏累日，卒坐苏克萨哈处绞"。其六子、一孙、兄弟二人也被处斩刑，并籍没家产，其妻孥一并入宫。甚至其族人、亲属、侍卫兵丁也不放过。这是鳌拜制造的又一大冤狱。

鳌拜利用手中的权力滥杀无辜、残害忠良，自然会引起朝廷内外臣民的普遍不满，同时也侵犯了至高无上的皇权。康熙八年（公元1669年），年轻有为的康熙皇帝忍无可忍，终于下决心除掉了鳌拜，并宣布为苏克萨哈、苏纳海等平反昭雪，鼓励百官上书言事，从而揭开了清朝政史上崭新的一页。

精诚所至　金石为开

原文

人心一真，便霜可飞[①]，城可陨[②]，金石可镂[③]；若伪妄[④]之人，形骸徒具，真宰[⑤]已亡，对人则面目可憎，独居则形影自愧。

注解

①霜可飞：本意是说天下霜，实际是比喻人的真诚可以感动上天，变不可能为可能而在夏天降霜。据《淮南子》说："万事燕王尽忠，左右谮之，王之狱，衍仰

天哭泣，天五月为之下霜。”衍，指邹衍。

②城可陨：本来是说城墙可以折毁崩溃，此处是比喻至诚可感动上天而使城墙崩毁，据《古今注》中卷：“杞植战死，妻叹曰：‘上则无父，中则无夫，下则无子，是人生之至苦。’乃亢声长哭，杞之都城感之而颓。”陨，崩塌。

③镂：雕刻。

④伪妄：虚伪，心怀鬼胎。

⑤真宰：宰是主宰，真宰，此指人的灵魂。

译文

一个人的精神修养如果能达到至诚的地步，就可感动上天，变不可能为可能，就如邹衍受了委屈，上天竟在盛夏之日下霜为他打抱不平。而杞植的妻子由于悲痛丈夫的战死竟然哭倒了城墙。甚至连最坚固的金石也由于真诚的精神力量而把它完全雕琢贯穿。反之，一个人如果心术不正也会令人觉得讨厌；更由于坏事做得太多，每当夜深人静一个人躺在床上时，就会突然良心发现，这时不由得面对自己的影子看看，顿觉万分羞愧。

事典

只要决心大　以少能胜多

公元前6世纪后半期，在今伊朗高原上兴起的波斯帝国，凭借强大的经济和军事实力，在平定了北部和印度河沿岸边境后，开始了向西方的扩张。为了实现这一目的，首先要征服居住在帝国西部的爱琴海两岸的希腊人。

公元前500年，小亚细亚西岸以米利都为首的希腊诸城邦人民不堪忍受波斯帝国的残酷统治起而反抗，雅典等希腊城邦派出25艘战舰援助他们，波斯皇帝大流士十分恼怒，令诗人在他每顿饭前大呼：“皇帝，记住雅典人！”公元前492年春天，大流士以雅典和爱勒特里亚曾出兵援助反抗波斯起义的米利都为借口，大举西侵。公元前490年，波斯大将达提斯率领舰队横渡爱琴海，攻占了优卑亚岛上的爱勒特里亚，接着便挥师南进，直抵雅典城东部的马拉松平原，世界古代史上著名的希波战争正式揭幕。面对强敌，雅典遣使向军力强大的斯巴达求援，而后者却按兵不动，雅典人只得孤军备战。

9月12日,雅典军队由坚决主战的米太亚提率领,奔赴马拉松与波斯军决战。希波战争,是以雅典为核心的希腊城邦反抗波斯侵略的战争,而标志希波战争开端的马拉松战役,是一场关系到雅典能否保持独立和自由的重要战斗。雅典人民对于这样一场反侵略的战争给予了全力的支持,并时刻关注着这次战斗的结局,当雅典军队同波斯侵略者激战于马拉松平原时,雅典城中央广场上聚满了群众,战斗的胜负关系着国家的存亡,也牵动着每个人的心,他们都在默默地为自己的军队祈祷。

战场上一万一千名雅典军同急驰而来增援的邻邦普拉提亚的一千多名步兵与十多万波斯军展开了生死大拼杀。雅典军首先占领了山坡上的一个有利阵地,富有战斗经验的米太亚提采取了两翼埋伏,正面佯攻的战术。他命令正面希腊军飞奔下坡,冲击敌军,波斯军立刻实行反攻,人少势单的雅典军只得且战且退。就在波斯军洋洋得意,步步逼近之际,埋伏在南北两坡的希腊重装军,突然挥戈舞盾,疾风潮水般地猛冲下来,他们同仇敌忾,斗志昂扬,以一当十,奋勇冲杀,一阵阵投枪、利箭雨点般地倾向敌阵,接着是寒光闪闪的利剑向波斯军砍去。波斯军三面受敌,首尾不能相顾,顿时阵脚大乱。进退失据,自相践踏,纷纷向海边溃退逃命,希腊军乘胜追击。在海边又与波斯军展开了争夺舰船的激战。结果,希腊军以少胜多,以弱胜强,俘获了七艘敌舰,消灭了四千六百多名敌人。

希腊军胜利了,为了尽快把这一喜讯告知等待在雅典中央广场的群众,米太亚提派快跑能手斐力庇(bì)第斯回去报捷。斐力庇第斯带着满身的血迹从马拉松平原向几十公里以外的雅典中央广场飞速奔去,当焦虑的人群听到这位

英雄战士"大家欢乐吧,我们胜利了"的呼声时,立刻爆发出了一阵阵热烈的欢呼,可这位长跑勇士却因创伤和疲劳而倒地牺牲了。为了纪念马拉松战役和斐力庇第斯,1896年在雅典举行的现代第一届奥林匹克运动会上,设立了马拉松长跑赛的新项目,运动员从马拉松平原起跑,大体沿着斐力庇第斯当年跑过的路线到达雅典,后来对这段距离进行了精确的测量,长度为42千米又195米。即马拉松赛的标准距离,这就是今天的马拉松长跑的由来。

能彻见心性 则天下平稳

原文

此心常看得圆满,天下自无缺陷之世界;此心常放得宽平,天下自然无险侧[①]之人情。

注解

①险侧:邪恶不正。

译文

一个天性善良、心地纯洁的乐观主义者，把人间的万事万物都看得很美好而毫无缺陷；一个天性忠厚心胸开朗的达观主义者，待人接物都抱着宽大为怀的态度，因此他把万事万物都看得很正常而毫无邪恶。

事典

伯乐相马

秦穆公与伯乐商谈："先生年岁已高，先生的公子可否代替先生相马？"伯乐答道："判断一匹现代的马其优劣可以从马的外形、筋骨予以观察。要观察、物色天下的良马不是轻而易举的事。天下的良马，或是见到它的外形而见不到它的精神，或者见到它的精神而见不到它的形象。马之形体和马的精神两者必不可少，如失其一，此马绝不是善于疾驰的良马。要准确地把握这些我儿子是不行的，他在相马的才能上仅是一块下等的料子。假如大王要找一个物色天下良马的人，臣推荐曾同我在一起打过柴的九方皋。"穆公同意，召九方皋相见，俟后要九方皋寻求天下的良马。

三个月之后，九方皋寻马回厩，向秦穆公禀报说："臣已经为大王求得一匹良马。现在拴在沙丘的马厩里。"

秦穆公问："是一匹什么样的马？"

九方皋说："是一匹黄色的公马。"

秦穆公遣吏役牵回来一看竟是一匹纯黑色的母马。为此他不高兴地召伯乐进宫，埋怨地问道："事情办糟了，你为我推荐的九方皋，连毛色、公的母的都分辨不清，还有什么本领去识别、寻求良马呢？"

伯乐说："真是这样吗？九方皋的相马本领实高出微臣千万倍，他独具慧眼，所见的是常人见不到的天机。天机所在，在于精微而不在于粗表；辨察其事其物所内在，而不计较其外表，它的着眼点是在必须要着眼的地方，可看可不看的地方无须讲究。对马该相的地方，他作出了判断，所遗漏的只是可相可不相的。"

秦穆公差人将马牵到窗外，仔细地观察以后，再令善骑的骑士试马，结果证实，确实是一匹不可多得的良马。

如果去留意事物的缺陷部分，天下就没有什么事物是可以利用的了。

操履不可少变　锋芒不可太露

原文

澹泊[1]之士，必为浓艳者[2]所疑；检饰[3]之人，多为放肆者所忌。君子处此，固不可少变其操履[4]，亦不可露其锋芒[5]！

注解

①澹泊：恬静无为。

②浓艳者：指身处富贵荣华权势名利之中的人。

③检饰：自我约束谨言慎行。

④操履：操是操行、操守，履是笃行实践，操履是执着地追求自己的理想。

⑤锋芒：比喻人的才华和锐气。例如孟郊诗中有"慷慨丈夫志，可以耀锋芒"。

译文

一个具有高深才德而又能淡泊明志的人，一定会遭受那些热衷名利的人的怀疑。一个言行谨慎处处检点的真君子，往往会遭受那些邪恶放纵无所忌惮的小人的嫉妒。所以一个有才学而又有修养的君子，万一不幸处在这种既被怀疑又遭忌恨的恶劣环境中，固然不可以略为改变自己的操守和志向，但也绝对不可以过分表现自己的才华和节操。

事典

完璧归赵　廉颇负荆请罪

战国时期，赵国的青年人蔺（lìn）相如有勇有谋，机智过人。赵惠文王得到楚国的和氏璧（楚人卞和所得到的宝玉）之后，秦昭王请求用十五座城邑与赵国换。赵惠文王怕受欺骗，又怕得罪强大的秦国，他拿不定主意。他就问太监头领缪（miào）贤的门客蔺相如。蔺相如回答说："秦国用城邑请求换玉而您不答应，我们就理亏了。我们给他玉璧而秦国不给我们城邑，秦国就理亏了。权衡利害，宁可答应秦国，让他担负责任。我愿意捧玉璧前往秦国。假使秦国十五座城邑不交给我国，我会把玉璧完整地带回来。"赵惠文王就派蔺相如持璧前往秦国。蔺相如到秦国献上了玉璧，但是秦昭王得了和氏璧之后，并没有交付城邑的意思。于是蔺相如用计骗秦昭王取回玉璧。暗派随从把玉璧藏在身上，走小道回到了赵国，他自己则留在秦国等待发落。秦昭王自知理亏，不但没有杀蔺相如，反而以礼相待，让他回国。蔺相如完璧归赵后，赵惠文王觉得他有才干，就拜他为上大夫。

秦昭王没有得到和氏璧，但他并不甘心，就派使者通知赵惠文王要在黄河南边的渑池相会,借此侮辱赵惠文王,赵惠文王慑于秦国的强大,便带领蔺相如去渑池会秦昭王。秦昭王设宴请赵惠文王一起喝酒,喝到高兴处,秦昭王逼赵惠文王弹琴,赵惠文王无奈,只好弹了。蔺相如见秦昭王如此侮辱自己的国君,他就闯到秦昭王面前请求秦王敲瓦盆子。但秦昭王不肯敲。蔺相如激愤地说:"我们近在五步之内,小臣我能用脖子的血溅大王啦!"秦昭王怕蔺相如杀了他,只好敲了一下瓦盆子,为赵惠文王挽回了面子。赵惠文王回国后,崇尚蔺相如的才干,封他为上卿,爵位在老将军廉颇之上。

廉颇不服,说:"我当赵国将军,有攻城野战的功劳,蔺相如本是个出身卑贱的人,只凭口舌而爵位在我之上,我感到羞耻,我不能容忍排在他的下面。"并扬言:"我见到了蔺相如,一定要侮辱他!"蔺相如听说后,设法不和廉颇会面。每临上朝见君,常自称病,不想和廉颇争朝列位次的上下。每次出门,廉颇都派人阻

拦侮辱他。而蔺相如每次出门,路上老远见到廉颇来了就退车藏避,乐得廉颇哈哈大笑。说:"上卿蔺相如还是怕我。"蔺相如的门客侍从都气愤不过,感到羞辱,而蔺相如却说:"你们看廉将军比秦昭王怎样?"侍从们说:"当然他不如秦昭王。"蔺相如又开导说:"凭秦昭王那样的威严,而我却敢在他的朝廷上斥责他、羞辱他。我即使不才,难道就单怕廉将军吗?不过我想强大的秦国之所以不敢对赵国用兵的缘故,就是因为有我们两人在呀!现在两虎相斗,势不能共存。我这样做的目的,就是把国家的利益放在前头,把私人间的怨恨放在后头啊!"廉颇听说后,非常惭愧,立即光着上身,背着荆条,亲自到蔺相如门上谢罪,请求治罪。从此,两人结成了生死之交,共辅国政。

文章极处无奇巧　人品极处只本然

原文

文章做到极处[1],无有他奇,只是恰好;人品做到极处,无有他奇,只是本然[2]。

注解

①极处:登峰造极的最高成就。

②本然:本性本来如此。

译文

一个人写文章写到登峰造极的境界时,说来并没有什么其他特别奇妙的地方,只是把自己内心的感情和思想表达得恰到好处而已;一个人的品德修养如果达到炉火纯青的最高境界时,其实和普通凡人并没有什么特别的地方,只是使自己的精神回到纯真朴实的本然之性而已。

事典

虽贵为国戚　却简为平民

曹彬(公元931—999年),字国华,真定灵寿(今河北灵寿)人,后周太祖周威张贵妃甥,北宋初年的名将,先仕于后周,入宋后屡立大功,官至校检太师、同平章事、枢密使。

后周时,曹彬即以清廉奉公而著称于朝野。曹彬曾出使于吴越。当时吴越割据江浙两省,国力远较中原大国后周为弱,因此对后周之使往往大加馈赠。曹彬出使吴越时,吴越照例又赠与曹彬大量财物,曹彬坚辞不受。回朝途中,吴越用快船满载礼物追赶他,坚持要将礼物送给他。曹彬断然拒绝。但他每走一程,礼品船即赶上一程,他于途中拒绝了四次,仍然推辞不掉。曹彬说:“如果我再拒绝,就有沽名钓誉之嫌了。”迫不得已接受了礼物。回朝之后,将其全部上交。周世宗命令他全部收回。他不敢违王命,便将这些财物全部分送给故友亲朋,自己一点也没有留下。

曹彬曾与周世宗柴荣镇澶渊(今河南濮阳),任潼关监军。不久,又出任曹州兵马都监。一次,他与众将士杂坐于野外,邻军主将的信使持信来报与曹彬。信使不识曹彬,便向周围军士问:“哪位是曹监军?”军士指了指曹彬。信使以为军士是在欺骗自己,笑着反问道:“曹监军贵为国戚近臣,怎么能身着如此简陋呢?”

归京之后,曹彬先后参加了征蜀、伐太原的战争,并任灭南唐、灭北汉诸战役的主帅。建隆二年(公元964年),宋军伐蜀,曹彬任归州行营前军都监。进军途中，他对自己的部下约束极严，有的将领想在城破之日屠城以自肥，遭到曹彬的严令禁止。蜀地平定后，王全斌等将领昼夜宴饮，其部下也四处劫掠，蜀人深受其苦，曹彬屡次劝王全斌将军队撤出四川，却遭到了王全斌等人的拒绝，最终引起蜀乱，曹彬率所部平定了叛乱，宋军才班师回朝。在征蜀的过程中，诸将大多掠夺子女玉帛，班师时满载而归，而曹彬回朝时，随身带着的仍只是入川时的图书和随身衣物而已。回朝后，王全斌等遭到了严厉的处分，曹彬却因其军功和清廉升任宣徽南院使、义成军节度使。

开宝七年，宋军进攻南唐，曹彬为宋军统帅。他严格约束全军，不得滥杀滥抢，违令者严惩。使征南唐的诸路宋军军纪严明，很少出现劫掠的事件，曹彬也因此受到江南百姓的拥戴。第二年，金陵被攻克，南唐国亡。曹彬仍像征蜀之时一样，从江南返朝时，随身行囊中仍不过是自己的随身图书和衣物而已。

灭南唐后，曹彬又于太平兴国三年(978)统兵攻灭北汉，之后又与潘美用兵于契丹，最后病卒于枢密使的任上。

明世相之本体　负天下之重任

原文

以幻境[①]言，无论功名富贵，即肢体亦属委形[②]；以真境[③]言，无论父母兄弟，即万物皆吾一体，人能看得破认得真，才可以任天下之重担，亦可脱世间之缰锁[④]。

注解

①幻境：空虚境界。

②委形：委，赋予。委形，上天赋予我们的形体。例如《列子·天瑞》篇："吾身非吾有，孰有之哉？曰：是天地之委形也。"

③真境：是超物质的形而上境界，也就是超越一切物相的境界，这种境界是物我合一永恒不变的。《庄子·齐物论》中说：“天地与我并生，而万物与我为一。”

④缰琐：套在马脖子上控制马行动的绳索，比喻人世间的互相牵制。

译文

就现象界的物质生活来说，不论官位、财富、权势，都变幻无常，甚至就连自己的四肢躯体也属于上天暂时给你的形象；假如从形而上境界的超物质生活来说，无论是父母兄弟等骨肉至亲，甚至于天地间的万物也都和我属于一体。一个人假如能洞察出物质界的虚伪变幻，同时又能认得清精神界的永恒价值，才可以担负起救世济民的重大使命，而且也只有这样才能摆脱人间一切困扰你的枷锁。

事典

吾本非长才　办事必亲躬

“吾本非长才，不过殚（dān）精竭虑，极吾耳目所能，而出之以至诚，将之以小心，事无不治。”这是清朝乾隆年间甘肃秦安县知县牛运震对自己工作的一段总结。牛运震以勤政著称，而他突出的特点就是无论做什么事情都是亲临现场，事必躬亲，如《清史稿》所云：“运震居官，不假手幕下，事辄自治。”正因为如此，这个“本非长才”的知县却能真正了解当地的风俗人情、百姓疾苦，做了一件件实实在在、让百姓满意的事。

牛运震（公元1701—1758年），字阶平，号空山，山东滋阳（今山东兖州）人。雍正十一年（公元1733年）进士，乾隆初任秦安县知县。

到任之初，牛运震为了掌握第一手资料，经常是“缘山步行”，“行视郊野”。当他发现本县水源紧张后，立即组织民夫开凿水渠，先后在境内开渠九条，得

“溉田万亩”。当他得知县北的玉钟峡“山崩塞河，水溢坏民居”，就亲率丁夫及家属数百人前往开通，并且在工地连续奋战四昼夜，直到水退方回，终使“流民获安堵”。当他了解到某乡受灾，也要亲自将钱粮送到灾民手中。至于办书院、讲学，教民耕耨(nòu)、铸农具，他都要亲临现场，亲自过问。

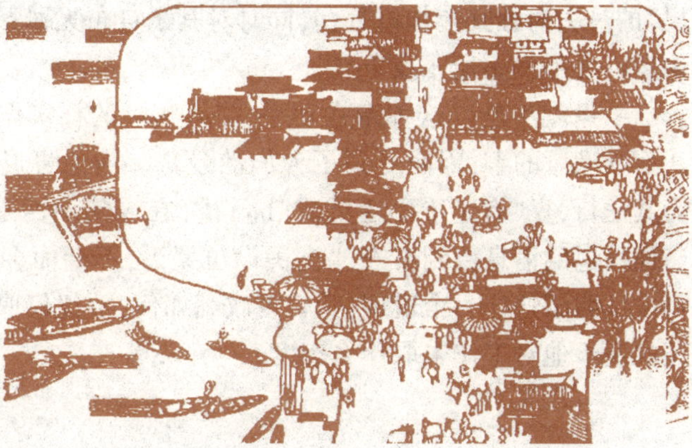

距县治二百余里有个叫西固的地方，以往这里的村民交纳税粮，苦于运费太多，常年逃避交纳，一直被视为“梗顽”。每逢“胥役迫之，则持杖抗拒”，为了处理这个长年未解决的问题，牛运震“单骑往谕，问所苦”，以掌握第一手情况。当他了解到百姓的苦衷之后，又征询他们的意见。百姓提出以银代粮，可免于运粮的费用，牛运震答应了他们的要求。这个本来非常简单而又数十年未解决的问题，终于在牛运震手中解决了。

由于牛运震“事辄自治”，他还为百姓平反了一些冤案，受到了人们的称颂。本县有马得才五兄弟被当地巡检诬为盗贼，而前任知县不做任何调查，就轻信巡检的一面之词，欲治马氏五兄弟罪。马得才含冤自刎而死，其兄马都上控，知县恼羞成怒，将其毙于狱中，并将其他三兄弟押解府城。此案拖了很久。牛运震上任后，听说此案有冤，乃微服私访，多方调查，终于了解了真情，掌握了确凿的证据，使马氏五兄弟得以平反昭雪。一次，与秦安临近的清水县发生了一起命案。清水县知县指控本县武生员、杜其陶父子有意谋杀。案子上报后，上官令牛运震复查。牛运震接案后深入调查。又开棺验尸，发现死者乃自刎死。后又经实地勘察，得知杜其陶在发现死尸后曾经移动过尸体，但并不是凶犯，更谈不上有意谋杀。于是，以“移

尸”的过失对杜其陶加以处罚，同时对其子宣布无罪释放。类似这种冤案，凡经牛运震之手，“多所平反”。

牛运震正是以这种亲自动手、深入实际的朴实作风，做出了许多实实在在让百姓满意的事，因而受到了人们的爱戴。当他告退归乡时，县民依依不舍地为其送行，竟“有走千里送至灞（bà）桥（在今陕西西安市东灞河上）者”。甚至当他病逝的消息传到秦安，“士民设位哭诉，不期而会者千人”。牛运震的事迹再次证明了这样一个道理：为官者政绩如何，不仅仅取决于他的才能，更重要的还取决于他对工作采取什么态度。

凡事当留余地　五分便无殃悔

原文

爽口[1]之味皆烂肠腐骨之药[2]，五分便无殃；快心之事悉败身丧德之媒，五分便无悔。

注解

①爽口：可口、快口。

②皆烂肠腐骨之药：强调山珍海味足以伤害肠胃。

译文

美味可口的山珍海味，其实都等于是伤害肠胃的毒药，所以我们一旦遇到这种大快朵颐的机会绝对不可多吃，只要控制住吃个半饱就不会伤害身体；世间所有称心如意令你眉飞色舞的好事，其实都是一些引诱你走向身败名裂的媒介，所以凡事不可要求一切能心满意足，只是保持在差强人意的限度上就不至于造成事后悔恨的恶果。

事典

贪求物欲必丧德

列国时期，宋国的曹商作为僵王的使臣出使秦国联盟。临行，僵王考虑使节关系国家的体面，就送了他几辆车乘。到了秦国，曹商善言巧辩，应对有方，博得了秦王的喜悦，于是赐给他百辆车乘。

回到宋国，他洋洋得意，处处炫耀。这天，他去见庄子，踌躇满志地说：“我这个人，穷得住在僻里陋巷，织履编席，而且潦倒得面呈饥色，容貌憔悴，枯首细颈是不堪忍受的，这也许是我的短处。要我逞才露智，游说万乘的国君，像这次使秦，深得秦王厚爱乃至赐车百乘，这或许是我的长处。”

庄子说：“是吗？不过我曾听说秦王生病求医是不惜代价的，赏赐十分丰厚。凡为秦王消肿解毒的赏车一乘，舔痔疮、吸脓毒的每次赏货车五乘，医得病愈卑下得车愈多。你若不是常常为秦王吮脓舔痔怎么会瞬间得那么多的车子呢？请便吧，我是不与卑贱小人为伍的。”

贪求物欲必丧德，丧德必失本性。

人生无常　不可虚度

原文

天地有万古[1]，此身不再得；人生只百年，此日最易过。幸生其间者，不可不知有生之乐，亦不可不怀虚生[2]之忧。

注解

①万古：永恒不变的时间，喻其长。

②虚生：虚度一生，无所作为。

译文

天地的运行是永恒不变的，可是人的生命只有一次，死了之后就不再复活；例如一个人最多也不会活过一百岁，可是百年的时间跟天地来比只不过是一刹那。我们人类既能侥幸诞生在这永恒不变的天地之间，就不可不了解我们生活中所应享的乐趣，但是也不可不随时提醒自己不要蹉跎岁月虚度一生。

事典

管革看淡变化

管革是赵国一带人，少年时就爱好道术，不喜欢从事耕作，经常游历于赵、魏之间。他生性不喜欢谦虚恭让，却又善于辞辩。

一次，因出游偶尔遇到张果先生。张果对他招招手说："来，管革。"

管革看了看张果，说："张果，你为何要叫我？"张果听到管革直呼他的姓名，很不高兴。因而又对管革说："你不是不知道人间的礼节。人间的帝王都要敬重我，你怎敢对我大不敬？"管革说："我又不是人间的帝王，又怎能敬重你呢？"张果叫管革与他一同去游恒山，管革同意了。于是张果吩咐管革闭上眼睛，管革说："闭上眼睛就可以去游恒山，难道不闭眼睛就不可去游了吗？"张果说："你是凡体肉身呀。"管革说："你也是凡体可以来去，我岂不能啊？"张果将手中柱的拐杖向空中一掷，立即变成一条青牛，遂吩咐管革乘上去。管革骑着青牛，与张果一同进入恒山。张果带引管革爬到恒山最高峰，坐下来问管革："人间的嚣(xiāo)杂、凡尘中的苦恼、春秋岁月的荣谢、年少年老的促迫你都已经观察到了，何必在赵、魏之间呢？作为一个道人不可随地方而变化，我

游赵、魏之间，与游玉清并没有不同。如果你认为帝王是尊贵的，而我平民是低贱的，因而直呼我的名氏，而谈对帝王要尊敬等于早上在玉清、蓬莱，晚上到赵、

魏，也是凡俗之惰所生。我又何必远游。你倒是要远游，以便蝉蜕俗事，如果不远游必定死于人间，必不能与我相同。”

管革说：“你叫我游恒山的目的仅仅是为了对我显示一下拐杖变青牛吗？你岂不知世上没有一样东西不可变化，事物的变化并不奇怪，连从人而化为神仙世世皆有。”管革说完站起来，不辞而别。

物化而为人，人化而为物，这是自然变化的规律。

德怨两忘　恩仇俱泯

原文

怨因德彰[1]，故使人德我[2]，不若德怨之两忘；仇因恩立，故使人知恩，不若恩仇之俱泯[3]。

注解

①彰：明显。

②德我：对我感恩怀德。此处的“德”当动词用。

③泯：消灭，泯灭。

译文

一切怨恨都会由于行善而更加明显，可见行善不能使事情面面俱到，了解的人固然会发出赞誉，不了解的人不免要有所责难，所以行善与其要人赞美，还不如把赞美和埋怨两件事都忘掉；仇恨都是由于恩惠才产生。恩惠既然不能普遍施给他人，得到恩惠的人固然心生感激之情，得不到恩惠的人就会发出牢骚之声，可见与其施恩而希望人家感恩图报，还不如把恩惠与仇恨两者都彻底消除。

事典

功过行赏罚　封臣安天下

刘邦登基以后，首先把功劳最高、与他最亲近的二十多人封了侯，其余的人暂时未封。这些人日夜争功，不免牢骚满腹。

一天，刘邦望见诸将聚在一起议论纷纷，便问张良："他们在说什么？"张良说："陛下还不知道吗？这是在谋反呢。"刘邦说："现在天下太平，他们为什么要谋反？"张良说："陛下由平民起兵，依靠这些人打天下。现在您当了皇帝，所封赏的都是像萧何、曹参这样一些平日亲近的人，而所诛杀的都是您所痛恨的人。如今军吏计算战功，有功劳的人还很多，恐怕拿出整个天下也不够封赏。他们怕不但得不到封赏，而且还会因陛下追究从前的过失而遭到不测。所以在商量造反。"

刘邦一听，十分忧虑，忙问："这该怎么办呢？"张良想了想，问道："陛下平时最为憎恨，而又为大家所共知的人是谁呢？"刘邦说："我最憎恨的是雍齿。当初我起兵时，打下丰乡，派他驻守，他却投靠了项羽，多次与我为难。后来他又前来投奔我，因为当时正需要人才把他收下。我早想杀掉他，可是他立了不少战功，也不便杀他。我对他的憎恨是众所周知的事。"张良说："那就请陛下封他为侯，群臣看到连雍齿都得到封典，自然都会安心。"刘邦点了点头。

不久，刘邦下诏，封雍齿为什方侯，并摆下酒席宴请文臣武将。同时，又催促丞相、御史赶快给将领们评定功劳，进行封赏。那些有牢骚的将领们看到这种情况，都十分高兴。他们说："连陛下最不满意的雍齿都封了侯，我们还有什么可担心的呢？"人心从此安定了下来。

勿犯公论　勿谄权门

原文

公平正论不可犯手[①]，一犯则贻羞万世；权门私窦[②]不可著脚[③]，一著则玷污[④]终身。

注解

①犯手：触犯、违犯。

②私窦：窦是储藏粮食的窖，壁间的小门也叫窦。私窦就是私门，暗行切请托之门，即走后门。

③著脚：著脚就是踏进去。

④玷污：指美誉受污损。

译文

凡是社会大众所公认的规范和法律绝对不可以触犯，一不小心或故意触犯了，那你就会遗臭万年；凡是权贵人家营私舞弊的地方千万不可踏进一步，万一不小心或故意走进去，那你清白的人格就一辈子也洗刷不清。

事典

奴颜讨帝欢　婢膝谋高官

明朝历史上第一大奸臣、中国历史上可以与秦桧并称的大奸臣严嵩(sōng)1480年生于江西分宜。他本以为凭才学见地竞争便可出人头地,结果却败得一塌糊涂。年轻的严嵩再也无法忍下去了,于是递上报告,病休10年。

10年中,严嵩表面上苦读于书房(后来他的书房成了"钤山堂"),暗中却关注着政治形势。经过研究,他知道取得高位必须有进身之阶,除本身的资格外,还要有靠山。没有别人的肩膀,就没有自己的高位。于是,他一面写文章结交文人墨客,一面利用一切机会巴结在他前后进士及第、已经掌握权柄的人,随时准备投身于政治漩涡里去拼杀一番。

机会终于来了,刘瑾垮了台,一夜之间从天堂跌入地狱,但钱宁和江彬还在继续刘瑾的把戏,政局日益混乱。几年间接连出现了几件大事:其一,皇帝为应州大捷封赏5万余人,而应州大捷不过是皇帝亲自指挥、死了几千士兵、只割了十六个鞑靼骑士脑袋的一场大败仗;其二,新科状元舒芬等107人劝谏皇帝不要再贪玩废政,竟被罚跪露天5日,再加梃杖,死掉12人;其三,宁王朱宸濠在南昌兴兵反叛了朝廷,朝中上下一片恐慌,几经兴师动众才得以剿灭。严嵩非常激动,所谓乱世出英豪,"安知治天下者不是我"。于是,这位苦苦修行的不安分者在正德十四年(公元1519年)离开了"钤山堂"伴他苦思冥索的红木椅,正式宣告回朝。严嵩,这个明代最大的奸臣从此迈出了登上阴谋家政治舞台的第一步。此时,他已40岁。

严嵩回朝以后,施展了他多年钻研的进官之术。对内对外一团和气,极大的野心包藏在柔媚的外衣中。回朝一年,由七品编修升任六品侍讲。经过不懈努力,又过几年,熬上了南京翰林院掌院学士,属正五品。嘉靖六年,48岁的严嵩被召为国子监祭酒(国立大学校长),属正四品。升迁虽然不慢,但严嵩仍不满足。因为二十多年过去,原同榜进士翟銮(luán)、甚至比自己晚16年中进士的张璁都已入阁,自己却连给皇帝提供"参考"的机会也没有。想想自己的年龄,强烈的"紧迫感"促使严嵩决定加快入阁的进程。

嘉靖帝有一个特殊的爱好:迷方术,崇道教。他少年即位,政事、女色使他的健康大受影响。"只缘多病,故求长生",嘉靖帝一边服长生药,一边斋醮(jiào)祈祷鬼神赐寿,于是方士道士常出入帝王宫殿,宫内也设牌立位,到处充满道气仙风。嘉靖三年,龙虎山上清官道士邵元节被征入京城,尊为"致一真人",建真人府,赐彩蟒衣,以备斋醮祈祷之时随请随到。

斋醮活动,需要焚化一篇青丝红字的骈俪体表章,奏报"玉皇大帝",叫做"青词"。"青词"既要表现对玉皇大帝的奉承景仰,又要表明祈求愿望,多出自大学士之手,不少人因此取得了皇帝的恩宠。张璁从翰林到入阁不过六年;桂萼竟打破"故事",全不按提拔规矩,以"礼部尚书兼翰林学士"入内阁,固然有主张尊崇朱鞸杭的原因,也和"青词"的写作大有关联;顾鼎臣只因七章"步虚词"就特受恩惠,连升连提。

皇帝的"胃口"被严嵩看准了。他千方百计地把自己写的"青词"奉给嘉靖帝,一次不中再来下一次。终于,嘉靖帝感动了,召见了严嵩。看着这位干巴巴、眉毛都已经发稀的老头儿,嘉靖帝觉得找到了一匹温顺恭谨的老马,肯干,诚朴。于是嘉靖帝给了他一个礼部右侍郎的名衔,并"开恩"地委派他代表自己去祭告父亲的显陵。

严嵩知道不能丢掉这次机会。他大张旗鼓地"隆重"了一番,还觉不够,居然撒起弥天大谎,回朝真真切切地向嘉靖汇报:"祭祀那天,开始细雨,天都替陛下洒泪。待到臣恭上宝册奉安神床时,忽然云开日朗。臣在枣阳采来的碑石,多少年来一直群鹤绕飞护持,可见定是块灵宝。果真,载碑石的船进入汉江,水势突然骤涨,真真百神护佑。此皆陛下考思、显陵圣德所致。请令辅臣撰文刻石,记载上天的恩眷。"

嘉靖帝听完，真是肝舒脾泰。觉得自己果然认准了人。高兴之后，自然是提升封赏，即传口谕提严嵩为吏部左侍郎，再进南京礼部尚书。不久，又改南京吏部尚书。严嵩的一次大谎，竟在仕途上迈了三大步。那时，吏、户、礼、兵、刑、工六部加上都御史号为七卿，而内阁实际上是最高行政机构，阁臣一般由吏、礼两部尚书中选任。严嵩已经离阁臣没有多大距离，如果能到京师，那就只等谁卸任、贬谪了。

为了到京师去，严嵩进一步施展了奴颜婢膝、俯首帖耳的"功夫"。当时的官场风气论资排辈十分讲究，而内阁阁老中一般人的资格都不如严嵩。1536年，严嵩以祝贺皇帝寿辰的名义到了京城，夏言为报跪请之谊，以首辅的身份向嘉靖皇帝说了严嵩的一大堆好话，为他谋得了一个更高的职位，使其进入了和内阁基本持平的权力机构。

直躬不畏人忌　无恶不惧人毁

原文

曲意[1]而使人喜，不若直躬[2]而使人忌；无善而致人誉，不若无恶而致人毁。

注解

①曲意：委屈自己的意志。

②直躬：刚正不阿的行为。

译文

一个人与其委屈自己的意愿而千方百计地博取他人的欢心，实在不如以刚正不阿、光明磊落的言行而遭受小人的忌恨；一个人与其根本没有善行而又无缘接受他人的赞美，实在不如由于没有恶行劣迹而遭受小人的毁谤。

事典

无私心方正　办案自公道

钱若水任同州推官的时候，这个州的知州性情急躁，常常以个人主观来判断案件，有不对时，若水一再与他争辩，如他的意见不被知州采纳，就对知州说："只好陪你受罚赔出俸钱，以铜赎罪了。"不久，案件果真被朝廷及上司驳回，州官全部被以赎铜论处。知州为此感到惭愧，并对大家道歉，但不久他又是这样。前后像这样的情况已有好多次。

有一富有人家的小女仆，逃亡出去不知去向。小女仆的父母告到州府。知州命令录事参军审理这起案件。录事参军曾经向这位富人借过钱，但富人没有借给他，他就断处富家父子几人一起杀害了小女仆，把她尸体扔弃河里，以致找不到尸体。他们有的被指为首犯，有的被指为帮凶，都应处死。富家父子受不了拷打，都屈打成招。结案上报，州府有关官员复审，没有异议，大家都认为是事实。

唯独钱若水对此案表示怀疑，把这案件搁置了好几天，不立即判决。录事参军亲自到钱若水推事厅堂辱骂他，说："你收受这富家的钱财，想要从死罪中开脱他们吗？"钱若水笑着解释说："现在他们几个人已判定死罪，难道不可稍缓几天，让我仔细阅看这一案卷的供词吗？"搁置了将近十天，知州屡次催促他，但他仍旧搁置着不交出来。上下官员都为此感到奇怪。

一天，钱若水来到州府，支开左右的人后对知州说："若水之所以搁置这个案件,是在暗中派人去查访这个小女仆的下落,现在已经找到了。”知州惊奇地说:“现在她在哪里?”钱若水便秘密地派人把这小女仆送到知州住所。知州就把门帘放下,叫人把小女仆的父母带来,问他们说:“现在你们见到你们的女儿,还能认得她吗?”他们答道:“怎么不认识!”于是知州叫人从门帘内推出小女仆给他们辨认。她父母见了,哭泣着道:“是我们的女儿啊!”知州又叫人把富家父子带来。并叫人打开他们身上的枷锁,释放了他们。富家父子大声痛哭,不肯离去,说道:“如果没有使君大人的恩赐,我们一家人都被灭族啦!”知州说:“这都是推官对你们的恩赐。并不是我。”他们父子就到钱若水的办事官厅,但若水闭门拒不接见他们,叫人对他们说:“这是知州大人自己找寻到这小女仆的,与我没有什么关系。”他们进不了大门,就绕着墙激动大哭。他们回家后把全部的钱财拿出来施舍给和尚,叫和尚给钱若水祈祷赐福。

知州因为钱若水替这几个人平反昭雪冤情,打算替他奏明皇上论功行赏。钱若水坚决推辞,说道:“我钱若水办案只求公正,好人不被冤死罢了。论功赏赐不是我的本心。倘若朝廷为这给我赏赐,那将把录事参军置于什么境地啊!”知州听了十分叹服,说:“像你这样,更使人钦佩,谁也比不上你啊!”录事参军非常惭愧,亲自登门,向钱若水磕头道歉。钱若水说:“案情复杂,一时难于查清楚,偶然有过错总是难免的,有什么值得道歉的呢?”从此远近的人知道这件事后,都称赞钱若水。

不久,宋太宗听到这件事,立即越级提升了钱若水。从推事幕职半年中升为知制诰,两年之内又被提升为枢密副使。

忠恕待人　养德远害

原文

不责人小过，不发人阴私①，不念人旧恶。三者可以养德，亦可以远害。

注解

①阴私：暗中干的或隐秘不可告人的事。

译文

一个人的做人基本原则，就是不要责难他人犯下的轻微小过，也不要随便揭发他人私生活中的秘密，更不可以对他人过去的坏处耿耿于怀，久久不肯忘掉。这三大做人的基本原则，不但可以培养自己的品德，也可以彻底避免遭受意外灾祸。

事典

楚庄王义不凌陈

陈灵公当政，荒淫无道，践人伦，用肖小，疏怠（dài）朝政，引起满朝上下的愤意。他的侄子夏征舒发动兵变，杀死陈灵公立其子为成公。因夏征舒亲晋，

楚庄王发兵攻打征舒。不满征舒的旧臣起而内应，征舒兵变失败致死。而庄王借口讨伐有罪，欲占陈为楚有，便遣长子率部驻陈并且强令楚、陈官吏庆贺。

楚国的大夫申叔时出使齐国，伐陈、庆贺尚不在楚，回楚闻知楚王之举，避不朝见。

楚庄王不悦，召来问之："陈邦无道，臣下作乱，我率领六军远途征讨，平息暴乱，处死祸首，陈、楚满朝文武都来庆贺，唯你不向本王祝贺，这是什么原因？"

申叔时讲："有个人牵了一头牛在田埂上走，牛不当心踩到了田里的庄稼，牛的主人固然有错，但夺其牛作为处罚，是罚不当罪，过重了。大王因陈邦无道，民怨深重而举师伐罪。但伐罪之后，驻军于陈，派公子婴齐职掌陈政，此事传到各个诸侯那儿，他们都会说大王不是平息暴乱、诛伐罪人，而是图谋陈国的领土。君子不应该抛弃仁义而去攫(jué)取利益，遣人伐陈，岂不是取利而弃义吗？"

楚庄王连连说对，即刻收回成命，调回驻军，立陈灵公的儿子为陈成公管理朝政。诸侯见楚庄王义不凌陈，都向楚国朝拜。

处理事情太过，已违恕道，这将给自身带来危害。

持身不可轻　用心不可重

原文

士君子持身①不可轻②，轻则物能扰③我，而无悠闲镇定之趣；用意不可重，重则我为物泥④，而无潇洒活泼之机。

注解

①持身：做人态度、原则。
②轻：轻浮，急躁。
③扰：困扰、屈服。
④泥：拘泥。

译文

一个才德兼备的士大夫型君子平日待人接物绝对不可有轻浮的举动，尤其不可有急躁的个性，因为一旦轻浮急躁就会把事情弄糟而使自己受到困扰，这样自然就会丧失悠闲宁静的生活雅趣；同理，一个才德兼备的士大夫型君子，在处理任何事情时，都不可思前虑后想得太多，因为凡事如果想得太多，就会陷入外物约束的艰苦局面，这样自然会丧失潇洒超然物外无拘无束的气度和蓬勃朝气的生机。

事典

唐高祖用人　既往而不咎

名将李靖与唐皇李渊间的一段恩怨从来都是文、史家瞩目的题材，因为它蕴含着丰富的寓意。

李靖少有文武才略，是隋朝开国名将韩擒虎的外甥。韩擒虎每与李靖论兵都非常赏识他的谋略，以为“可与论孙、吴之术者惟斯人矣”。隋朝末年，仅在马

邑郡(治在今山西朔县)为一郡丞。此时,唐皇李渊尚未称帝,也在山西,为太原留守,统镇北疆。李靖以其军事家的眼光察觉李渊拥兵有异志,便多次报告朝廷。因此,李渊十分怨恨李靖。史书只简单记为:“靖素与渊有隙”。

恭帝元年(公元617年),李渊以回击突厥入境为借口聚集兵将。李靖觉得情况非常。“因自锁上变”,准备亲自到江都告变,到达长安后,因各地义军纷纷起而反隋,通往江都的道路阻塞,便留在长安。不久,李渊大军攻占长安,李靖被获,欲将问斩,在殿前李靖大喊:“公起义兵,本为天下除暴乱,不欲就大事。而以私怨斩壮士乎!”李世民等一再求情,高祖李渊才将李靖赦免,李世民即召其入幕府。武德二年(公元619年),萧铣(xiǎn)占据荆州派兵进取州。高祖李渊派李靖迎战,在峡州被阻,久不能进。于是,“怒其迟留,阴敕许绍斩之”。由于峡州刺史许绍惜其才,为之奏请。李靖才再次得以获免。后代史家评论:高祖“不以明诏而阴敕,犹欲以宿憾杀之”。

到武德三年(公元620年),一统大业尚未完成,开州蛮冉肇(zhào)则又连陷巴东数州,赵郡王李孝恭大军与战不利。此时,李靖也在李孝恭麾下,便将兵卒八百人,奇袭敌营,并于险要设伏,斩杀冉肇则,俘获五千余。高祖闻讯大喜,对左右大臣说:“使功不如使过,靖果然。”同时,手敕慰劳:“既往不咎,同事吾久已忘之。”第二年,李靖陈千策以灭萧铣,高祖授其行军总管,兼摄赵郡王李孝恭行军元帅府长史,“三年之任,一以委靖”。不到两个月的时间,即平定肃铣势力。李靖为上柱国,赐爵永康县公,检校荆州刺史。使之安抚岭南,得九十六州、六十余万户。

持盈履满　君子兢兢

原文

老来疾病，都是壮时招的；衰后罪孽，都是盛时造的。故持盈履满[1]，君子尤兢兢[2]焉。

注解

①持盈履满：盈是丰富，履是福禄，持盈履满是指已达最好程度的美满的物质生活。

②兢兢：小心谨慎。

译文

一个人如果到了晚年而体弱多病，那都是年轻时不注意爱护身体所招来的痛苦；一个人失意以后还会有罪刑缠身，那都是在得志时贪赃枉法所造成的罪孽。因此，一个有高深修养的人，即使生活在幸福的环境中，也要凡事都抱着战战兢兢的谨慎态度，以免伤害到自己或他人。

事典

管仲的养生之道

晏子曾经向管仲请教养生之道。管仲说："养生之道就是放任自己，对自己所有的欲望都不要克制杜绝。"晏婴就问道："那么具体说又是怎样的呢？"

管仲说："去听你耳朵想听的，眼睛想看什么就看什么，鼻子想闻什么就去闻什么，张开自己的嘴巴想说什么就说什么，身体想处于什么地方就处于什么地方。总之，去干你想干的一切事。人的耳朵想听到的是声音，如果不让听，那就叫阻塞听觉的灵敏；人的眼睛想看到美色，但如不让看，那就叫做阻塞视觉的明亮；人的鼻子想闻的是椒兰香气，如果闻不到，就叫做阻塞气味的判别；人的嘴巴想讲是是非非，如果不让说，就叫阻塞头脑的智慧；人的身体所想处于的状态是舒服，如果得不到这种条件，就叫做阻塞人身的安乐舒适；人的意愿所想的是放纵安逸，如果做不到这些，就叫做阻塞人的天性，凡是这些种种阻塞，都是残害人的身心的主要原因。去除这些残害身体的主要原因，和和顺顺又快快乐乐地去等待生命的终结，就这样过上一天、一月、十年，这就是我讲的养生之道。如果被这些残害身心的主要原因所拘束，又不愿意舍弃这些原因，悲悲切切又忧忧愁愁地过一辈子，即使长寿百年、千年、万年，也不是我所讲的养生之道。"

对人体生理和心理需要作压抑，这固然不是养生之道，但放纵欲望也不是养生之道。对于事情不能只看一方面，否则，就是害生了。

爱重反为仇　薄极反成喜

原文

千金难结一时之欢，一饭竟致终身之感[1]，盖爱重反为仇，薄极反成喜也。

注解

①一饭竟致终身之感：据《史记·淮阴侯列传》中记载，韩信穷困的时候，没有人瞧得起他，可有一漂母看他饿，就给他饭吃。韩信当然说些感激的话，这老太太很生气地回答说："大丈夫不能自食其力，我不过同情你小伙子，谁指望你报答？"韩信以后显贵发达始终记得这一饭之恩。

译文

人与人之间的相处如不投机，即使你拿出价值千金的重赏或恩惠，也难以打动对方的心而跟你合作；一个人假如有良心而又非常知恩重道，即使是你在他穷困时给他吃一顿饭的小小恩惠，他也必然一生不忘此事永远心存感激回报之念。另外，人间还有一种极微妙的心理现象：当一个人爱一个人爱到极点时，如果一不小心感情处置不当就会翻脸成仇；还有就是平日你非常不重视的一些人，只要你某日突然对他们施一点小惠，他们就会受宠若惊而对你表示好感。

事典

棒打出孝子　严罚出良臣

公元前370年，是我国历史上的战国时期。那一年是齐威王当政，他为政清明，爱惜民生。在用人方面能不为左右所惑，赏罚严明。下面所说就是一个典型的例子。

在今天山东省即墨县一带担任地方官的齐国的即墨大夫为政清廉、体察民情，鼓励农民积极生产，严惩贪官污吏。他为人忠厚老实，工作踏实，奉行“为官一任，造福一方”的工作原则。在山东阿城任职的阿大夫则每天沉湎于酒色之中，搜刮百姓。但他在上报给朝廷的工作成绩上又弄虚作假、虚报产量。他还把搜刮来的财富变卖成黄金等贵重物品送给国王的亲信大臣和当权的权贵。因而当时朝廷内外一片赞誉阿大夫的声音。即墨大夫因为上报产量时以实相报，被认为是没能力。大臣们纷纷向齐威王建议提升阿大夫的官职，而将即墨大夫撤职查究。

齐威王听了大臣们的议论并不轻信，而是派人悄悄到即墨和阿城两地去察看。派去的人回来后向齐威王如实汇报了情况。

于是齐威王诏令即墨大夫和阿大夫到都城临淄晋见。当大臣们和即墨大夫、阿大夫到达宫殿门口时，看到门外支起了一口大铁锅，里面盛满了油，下面火烧得正旺。大臣们都暗想，这下子即墨大夫可完了。等人到齐以后，齐威王

也来到殿上，他当着众人的面对即墨大夫说："自从你到即墨任职以来，我每天接到诽(fěi)谤(bàng)你的报告。可是我派人去即墨县察看以后，发现那里开荒辟田，农作物遍野，人民生活得很富庶，官吏清廉奉公。我们齐国的东部有了你这么好的官员，就可以平安无事了啊！而你之所以受人诬陷，就是因为你没有巴结我身边的那些当权派。现在我决定赏给你一万家的租税，以资鼓励。"大臣们一听，都觉惶恐不安。阿大夫在一边早吓得浑身颤抖。齐威王转过身来又对他厉声说道："阿大夫，自从我派你到阿城，我几乎每天都能听到有人说你的好话。可是我秘密派人去看了以后，发现你那里的地都荒芜了，农民饥饿难忍。前些天赵国攻击鄄城，你不率军援救。卫国占领薛陵，你假装不知道。我所听到的那些颂扬你的话，都是你拿钱买来的。"说完这话，齐威王命令左右护卫军士把阿大夫和平时赞扬他的一批官员，全部扔到门外的大锅里烹掉。全国上下大为震动，官员们从此不敢再弄玄虚，大家改变了工作态度，认真做事。齐国一天天强大起来。

却私扶公　修身种德

原　文

市私恩[①]，不如扶公议[②]；结新知，不如敦[③]旧好；立荣名，不如种隐德；尚奇节，不如谨庸行[④]。

注解

①市私恩:市,买卖。私恩是出自私心所施的恩惠,指收买人心。

②扶公议:公议是社会舆论,扶是指扶持。扶持公议,就是以光明正大的行为争取社会声誉。

③敦:厚,加深。

④庸行:平常行为。

译文

假如一个人施恩惠给别人是为了自己的私心,那还不如以光明磊落的态度去争取社会大众的公益;一个人与其结交很多不能劝善规过的新朋友,倒不如重修一下以前跟老朋友之间的旧交情;一个人与其沽名钓誉制造知名度,倒不如悄悄在暗中积一些阴德;一个人与其标新立异主动去制造自己的名节,倒不如平日谨言慎行多做一些平凡无奇的好事。

事典

赵襄子知盈虚之理

赵襄子命家臣新稚穆子攻打翟人,取得了胜利。新稚穆子还乘胜进占了友人和中人这两座城池,穆子派传递公文的人去向赵襄子报捷。此时正逢赵襄子在吃饭,听到捷报,脸上却露出了忧虑之色。手下人见状,觉得大惑不解,忍不住开口问道:"一天工夫就攻取了两座城,这是人们听到都会高兴的事啊,怎么现在主公却面露忧色。这是为什么呢?"

赵襄子缓缓答道:"江河涨潮时,最多也不过三天就会退去,暴风骤雨不能整日里下个没完。如日中天到正午最旺时也不过停留片刻工夫。现在我们赵氏并没积下多少德行,却一天里攻下两城,只怕灾难就要快降临到我头上来啦。"

孔子闻听此事后就说:"赵氏要昌盛发达了。"

在日常行为上谨慎是成为兴旺昌盛的原因,追求奇节异行便种下了败亡的祸根。

从容处家族之变　剀切规朋友之失

原文

处父兄骨肉之变,宜从容不宜激烈;遇朋友交游之失,宜剀切[1]不宜优游[2]。

注解

①剀切:切实,恳切;切中事理。

②优游:从容,不急迫。

译文

当你不幸遇到父母兄弟或骨肉至亲之间发生家庭纠纷或人伦惨变事故时,你应该忍住悲痛心情保持沉着的态度,绝对不可以感情冲动采取激烈言行而把事情弄得更坏;当你跟知心朋友交往时,万一遇到朋友犯了什么过失,你应该很亲切诚恳地来规劝他，绝对不可以怕得罪他而眼看着他继续错下去。

事典

巧言饰失语　妙语化事端

宋仁宗时，朝廷派尚书左丞韩亿出使契丹。当时担任副使的是章献太后的外亲。这位副使总想找机会给章献太后歌功颂德，以便从中捞取好处。这次出使契丹正好借机表现自己。于是，这位副使在契丹假传圣旨，说太后告谕契丹，南北两朝应子子孙孙永远和好等等。

第二天契丹国主询问韩亿说："皇太后既然有旨，大使为什么不告诉我们呢？"韩亿本来不知道这件事，听契丹国主如此说，就想：这一定是副使假传圣旨，用以表现自己。此事关系到两国之间的关系，得找个适当的理由掩盖过去。想到这里就对契丹国主说："本朝每次派遣使者外出，皇太后都要用这样的话告诫我们，并不一定要我们转达到北朝。"契丹国主听韩亿这样回答非常高兴，说："太后如此圣明，这真是南北两朝百姓的福气啊！"

那位副使没想到自己的一句话惹出了麻烦，本来正为自己的失言而担忧，生怕因此而闯祸。这时听他们二人如此说，心中才一块石头落了地，暗暗佩服韩亿的答辩才能。

藏巧于拙　寓清于浊

原文

藏巧于拙，用晦而明，寓清于浊，以屈为伸，真涉世之一壶①，藏身之三窟②也。

注解

①一壶：壶是指匏，体轻能浮于水。《鹖冠子·学问》篇中就有“中流失船，一壶千金”，此处的一壶就是指平时并不值钱的东西，到紧要关头就成为救命的法宝。

②三窟：通常都说成狡兔三窟，比喻安身救命之处很多。出自战国时代孟尝君的故事，据《战国策·齐策》说：“狡兔有三窟，仅得免其死耳。今君有一窟，未得高枕而卧也，请为君复凿二窟。”

译文

一个人做人宁可装得笨拙一点也不可显得太聪明,宁可收敛一点也不可锋芒毕露,宁可随和一点也不可太自命清高,宁可退缩一点也不可太积极前进,这才是立身处世最有用的救命法宝,是明哲保身最有用的狡兔三窟。

事典

时时修己身　处处风度翩

风度在人的自身修养中占有重要的一席之地,它给人一种直观的感觉。良好的风度能征服人们的心。

谈笑风生、举止得体的优雅风度使人赏心悦目,它不是伪装出来的,只能体现在许许多多的生活细节中。

领导者的风度不仅体现在外交场合中,还体现在与普通人的交往中。

盛极必衰　剥极必复

原文

衰飒①的景象就在盛满中，发生②的机缄即在零落③内；故君子居安宜操一心以虑患，处变当坚百忍④以图成。

注解

①衰飒：飒，本义是风吹落叶的声音，衰飒就是凋落、枯萎，指境遇衰败没落。

②发生：生育、生长。机缄：关键因素，指运气的变化，据《庄子·天运》篇："天其运乎，地其处乎，日月其争于所乎，孰主张是，孰维纲是，孰居无事推而行是，意者其有机缄而不得已邪？"

③零落：指人事的衰败凋落，例如陆机有"亲友多零落"的诗句。

④百忍：比喻极大的忍耐力。

译文

大凡一种衰败的现象往往是很早就在得意时种下祸根，大凡一种机运的转变多半是在失意时就已经种下善果。所以一个有才学、有修养的君子，当平安无事时，要留心保持自己的清醒理智，以便防范未来某种祸患的发生。一旦处身于变乱灾难之中，就要拿出毅力咬紧牙关继续奋斗，以便策划未来事业的最后成功。

事典

勾践卧薪尝胆

春秋时代，吴国和越国互相攻打，越国战败，越王被包围。这时，越王的臣下向越王建议，用低下的语言、厚厚的礼品，跟吴国讲和，并到吴国去当臣仆，然后伺(sì)机报复。越王采纳了这条建议向吴王求和，吴王听了也满意地答应了。越王就到吴国当了三年的臣仆，三年中越王表现得非常温顺无能，吴王就把越王放回越国。越王回国后，决心报仇雪恨。为了使自己不忘耻辱，他晚上就睡在柴草堆上，并在住处悬挂苦胆，每天睡觉和吃饭前都先尝尝苦胆，提醒自己不要忘记过去所受的苦。经过长期准备，越国在越王的领导下终于富强起来，最后把吴国灭掉，而且成为春秋后期的一个强国。发奋图强，必成伟业。

毋偏信自任　毋自满嫉人

原文

毋偏信而为奸所欺，毋自任①而为气②所使；毋以己之长而形人之短，毋因己之拙而忌人之能。

注解

①自任：自信、自负、刚愎自用。

②气：发扬于外的精神，此处指一时的意气。

译文

一个人不要误信他人的片面之词，以免被一些奸诈之徒所欺骗；也不要过分信任自己的才干，以免受到一时意气的驱使；更不要仰仗自己的长处去宣扬人家的短处，尤其不要由于自己笨拙就嫉妒他人的聪明。

事典

小霸王任性妄为终遭报

东汉末年，小霸王孙策雄踞(jù)江东。有一次，他领军过江准备袭击许昌。方士于吉随军队同行。当时正逢大旱，军队经过之处，土地干裂，江水枯竭。孙策进攻心切，催督部下将士背纤引船，并亲自监督。第二天清晨，孙策出船舱催督士兵，见众将士都围在于吉旁边，对自己却很怠慢。孙策见状，顿时大怒，咬着牙恨恨地自语说："难道我竟比不上于吉，众将竟都趋附他而敢疏懈我！"随即，孙策便命令侍从去把于吉押来。于吉刚一带到，孙策就大声呵斥："天大旱无雨，道路艰阻难行，不能按时通行，连我都早出来催督。你不替我分忧，却安安稳稳坐在船中，装神弄鬼。涣散我的军心，如今我要治你的罪。"孙策让军士把于吉捆绑起来，推倒在地，用皮鞭抽打。又下令要于吉求雨，说如果他能感动上天，到中午求到雨，便可赦免，否则就要斩首。不一会，果见地上有水汽上升。到了中午，大雨滂沱。将士都在雨中雀跃欢呼，满心认为孙策会赦免于吉，纷纷上前道贺。孙策见此情景，心中更加恼怒，于是令人将于吉立即处死。

孙策自杀死于吉后，每逢一人独坐，便仿佛看见于吉就站在身旁，心里又怕又恨。后来，孙策在一次战斗中受伤，疮口渐渐愈合，便取过镜子来看自己，照着看只见于吉出现在镜中，回头一看，身后无人，再照则又见于吉，回头仍不见人，如此三番五次，孙策大怒摔掉镜子大声叱斥，终于疮口崩裂，不一会便死去了。

任性妄为，而不顾及自己的健康；或是以自我为中心，而不顾及周围的情况如何，必然给自身造成危害。

毋以短攻短　毋以顽济顽

原文

人之短处，要曲[①]为弥缝[②]，如暴而扬之[③]，是以短攻短；人有顽固[④]，要善为化诲，如忿而疾之，是以顽济[⑤]顽。

注解

①曲：含蓄、婉转尽力。

②弥缝：修补、掩饰。

③暴而扬之：揭发而加以传扬。

④顽固：愚蠢之处。

⑤济：救助。

译文

当我们发现别人有什么缺点时，要很婉转地为他掩饰或规劝他，假如在很多人面前揭发别人的缺点，这不仅会伤害到别人的自尊心，也证明了自己的无知和无道；我们一旦发现某人个性比较愚笨固执时，就要很有耐心地慢慢诱导他、启发他，假如由于他一两次不会就很生气地厌恶他，这不仅无法改变他的固执，同时也证明了自己的愚蠢固执。

事典

软弱无能帅　血染黄河水

在楚国和晋国之间有个小国——郑国。郑国的日子很不好过，亲楚则晋攻，亲晋则楚伐，同时向两面进贡却两面不讨好。楚庄王继位的头几年，郑国基本上倾向于晋，所以八年中，楚先后七次进攻郑国。同一时间内，晋也曾因郑倒向楚，而两度进攻郑国。

公元前598年的春天，楚庄王攻郑，占领都栎(yuè)(今河南禹县)，郑国屈从于楚国。此后，郑国又遭到晋国的谴责，又向晋国表示愿意事奉，这样又得罪了楚国。第二年春天，楚又兴兵伐郑。一直打到郑国的都城——新郑。这时，郑国的国君是郑襄公，他一面派人向晋国求救，一面组织士卒加强防守。新郑被围已十七天了，晋国救兵仍未到，城墙倒塌多处，眼看守城无望，城内哭声一片。楚庄王为了显示自己的仁慈，退兵三十里。后来，楚庄王再次进攻，围住新郑猛攻猛打近三个月。郑国再也无法抵挡，请求称臣。楚庄王为提高自己的声望，也是为了在晋楚之间留下一个缓冲地带，就应允了。

就在郑国投降，楚军退兵之后，晋军雨后送伞发来救兵。晋军主帅是荀林父，当他到达黄河时。得知楚郑媾（gòu）和，打算回师，谁知主军副将先縠（hú）却坚决反对。他气急败坏地说："不行。晋国能称霸诸侯，是由于军队的勇敢和臣下的努力。现在遇到敌人不敢作战，还谈什么勇敢和努力。如果因此而失去霸主的地位，还不如死去……"说罢，先縠竟擅自带领他的直属部队渡过了黄河。荀林父无法控制先縠的行动，但感到他带去部分军队太危险，于是也率领主力渡过黄河，向南推进。从此，揭开了楚晋大战的序幕。

楚国征服郑国后，开始撤兵。此时楚国大夫伍参别有见解，他说："荀林父新任统帅，还不能有效地行使职权，他的副手先縠刚愎自用，不听指挥，这样的军队一定会败。"楚庄王觉得有道理，决定暂不退兵，以和谈为手段，静观其变，一旦出现战机，立即发动进攻。于是令全军改为北进，将大军驻扎在管（今河南郑州市）待机。

此时晋军进至敖山和部山［皆在今河南荥（xíng）阳境内］，暂时驻扎下来。荀林父主张慎重从事，先縠则执意要打。将帅之间的意见分歧日趋增大。

楚军代表到晋军求和，双方谈得挺好。但楚军代表刚离开晋营，先縠马上派赵括追上去侮辱楚军代表。并向楚军挑战。楚军将士闻之，非常气愤，楚庄王更清楚地看到晋军内部的矛盾，于是又派使者求和。荀林父应允，并定下结盟的日子。

晋将魏锜、赵旃（zhān）两人被派去楚营和谈。但他们到了楚营却向楚军挑战。这就更激怒了楚军将士，楚大夫潘党赶走了魏锜，楚庄王亲自追杀赵旃。

晋军派出战车准备接回赵旃，避免引起更大的冲突，既未布阵，也未采取防御措施。楚庄王见时机成熟，便下令发起总攻击。令尹孙叔敖大喊："要主动逼近敌人，不要让敌人逼近我们。"愤怒的楚军全线出击。战车驰骋，士卒冲锋，潮水般地猛攻晋军。

荀林父面对突如其来的攻击，不知所措，被迫下令还击，由于晋军以无备对有备，一开始就暴露了自己的弱点，在楚军的攻击下，渐渐地招架不住，中军、下军相继崩溃。面对危局，荀林父下令退兵。晋军一退，楚军便紧追不舍。在楚军的追杀中，晋军伤亡几乎达到一半。逃到黄河边，晋军上下已成惊弓之鸟。赵括已渡河逃跑。赵旃也逃到黄河边，正待渡河。面对前有黄河，后有追兵，上下惊恐无力再战的局面，荀林父击鼓宣布："先渡有赏！"但人多船少，船已严重超载，许多人还要往上挤，有的抓住船帮不放，吵吵嚷嚷，混乱不堪，以致许多小船被扒翻。在船无法再上人的情况下，船上的人就用刀砍扒船人的手指，每条船上都可捧起一捧捧的断指。船外的哭喊声，咒骂声响成一片，黄河水都被鲜血染红了。在黄河岸边，晋军整整折腾了一夜，至次日天亮才渡完残兵败将。

奇异无远识　独行无恒操

原文

惊奇喜异者，无远大之识；苦节独行者，非恒[1]久之操。

注解

①恒：长久不变

译文

一个喜欢标新立异行为怪诞不经的人，绝对不会有高深的学识和远大的见解；一个只知道苦苦恪守名节而自以为清高独行其是的人，绝对无法保持长久的恒心。

事典

周义山驱三虫得道

紫阳真人周义山是个心地善良的人，同情穷苦，救济灾民。有一年正值大旱，一斗米贵至千文以上，陈留郡饿殍遍野。周义山不忍，施出家财救济灾民。

一日，有一个人来见周义山，自称是中岳仙人，刘须林。生于战国时卫灵公的末年，曾经风气之法和还神守魂之道。

周义山奇怪地问："你找我有什么事？"

须林说："念你善积用德，夙有过综，特来指点修炼之术。"接着又讲："你自幼学习还阴守得引气吞吐方法，修炼大道已不在话下。难的是体内三尸未除，虽行导引服气，却不能获得精髓。三尸外又有三虫，分别是：青古、白姑、血尸。

三虫，使人心神浮躁，意志不坚，不能固本，常受外界的干扰。比如冻馁、饥饿都会感念使精气不能凝聚。即使已能辟谷的人，但总感到心烦意乱，幻梦不真，颠倒杂错。所以要紧的是驱去三虫。”须林说着还授他制作驱虫药物之法。

周义山按须林制药、服药的方法，服食五年，肤色晶莹透彻，内视可见五脏。于是再去找须林，须林授之修炼之法。自此他辟谷五年，双眼能看千里之遥。

道家认为人体内有三虫作祟：“上虫清脑宫，使人好味嗜欲；中虫居心宫，使人贪财货，好喜怒，法乱真气；下虫居腹胃，使人爱衣裳，耽酒色。”这是指欲望对人体健康的危害性。一个人要得到健康，就必须消除欲望心理。

第三卷

不夸妍好洁　无丑污之辱

原文

有妍必有丑为之对，我不夸妍①，谁能丑我②？有洁必有污为之仇，我不好洁，谁能污我？

注解

①妍：美好。据陆机《文赋》说："妍蚩好恶，可得而言。"
②丑我：丑当动词用。

译文

大凡人间的事情，有美好的就有丑陋的来作对比，假如我不自夸其德说自己美好，又有谁会讽刺我丑陋呢？大凡世上的东西，有洁净的就有肮脏的，假如我不自赞洁净，有谁能脏污我呢？

事典

清廉海青天　以民为根本

海瑞被除去应天巡抚之职后，回到海南岛琼山老家，陪着年过古稀的老母过着清贫的生活。

海瑞四岁丧父，靠谢氏抚养成人，他对老母十分孝顺，刚到南平任教谕时，就把谢氏接到任上一起生活。还在淳安任县令时，有一天海瑞买了两斤肉。一下子买两斤肉在海瑞的生活中是少有的。人们很奇怪，经一打听才知道他是为母亲做生日。后来，此事被浙督胡宗宪所知，还笑其寒酸，被当笑话传了出去。但这件小事，正好可以知道海瑞为官是何等清廉，按照旧习，知县为母亲祝寿，是可乘机发一笔大财的。

海瑞在琼山的全部财产仍然是出仕之前的十几亩祖业田，在海瑞手里没增加过半亩地。当时有人告诉海瑞，琼州府一带有人借海瑞的名义买田放债，海瑞很生气，他在给琼州府知府的一封信中说：自为官以来，"俸金所入，仅仅足用，余无分文可债可贷，田业止祖余粮一石二斗，外来增一亩一升，有以二事呼瑞进状省，皆作伪也。乞台下一查治之，勿少假贷。"

海瑞卸职后不久，老母谢氏就过世了，夫人王氏和儿子也都相继病故。在孤寂中，海瑞度过了16个年头。由于没有俸金收入，生活不济，海瑞经常替人写应酬文章，获取一点薄酬，以补生计之不足。

万历十三年，朱翊钧决定起用海瑞，任命海瑞为南京吏部右侍郎。这时海瑞已72岁了。年纪虽大，但他的刚正廉洁却不减当年。他一到任，就出布告，严禁向新任官员送礼，并把已经送来的礼物一一送回，这样一来就再也没有人敢来送礼了。与此同时，海瑞还明令禁止各衙门向百姓摊派物品。他说，这样一个南京城，要百姓负责供给朝廷的成百上千官员的物品，百姓不是负担太重了吗？因此，他明确规定，除了原先规定必须供应的之外，一分一文也不许多取，否则严惩不贷。

但是，当时明政府官员已十分腐败，贪污成风，海瑞认为要实行朱元璋惩办贪官的律法，禁止贪污。结果引起许多朝官的反对，反诬海瑞是以“清平之世，创闻此不祥之语”。提学御史房寰首起上书，弹劾海瑞，说海瑞本“一介寒生”，却“以圣人自许”，并责问海瑞要把圣上置于何位。

1587 年 11 月，海瑞在南京病故，临死前三日，兵部送来柴薪费多算了七钱银子，海瑞让人给退了回去。所言之事，无一语及私。死后，只有余银十余两。

南京缙绅及百姓，听说海瑞死了，十分悲痛。朱翊钧听到这些事，也很过意不去，下令替海瑞举行隆重葬礼，加封太子少保，谥忠介。

富贵多炎凉　骨肉多妒忌

原文

炎凉之态，富贵更甚于贫贱；妒忌之心，骨肉尤狠于外人。此处若不当以冷肠[1]，御以平气，鲜不日坐烦恼障[2]中矣。

注解

①冷肠：本指缺乏热情，此处当冷静解。

②烦恼障：佛家语，例如贪、嗔、痴、慢、疑、邪见等都能扰乱人的情绪而生烦恼，在佛家来说这些都是涅槃之障，故名“烦恼障”。《佛地论》：“身心恼乱不成寂静，名之为烦恼障。”

译文

人情高低、冷暖、厚薄的变化，在富贵之家比在穷困人家显得更鲜明；而嫉妒、妒恨、猜忌的心理，在兄弟姐妹骨肉至亲之间比跟陌生人显得更厉害。一个人在这种地方如不能用冷静的态度来应付这种人情上的变化，或者不能用理智来压抑自己不平的情绪，那就很少有人不陷于有如日坐愁城中的烦恼状态。

事典

刘晟性无常　滥杀亲兄弟

刘晟(shèng)，原名洪熙，是五代十国时期的南方割据政权南汉的一个皇帝。他的哥哥刘玢做皇帝时，昏庸无能，导致天下大乱。洪熙阴谋夺取帝位。他每天向刘玢献上美女和乐队，使刘玢陷于荒淫放纵之中，又联合为两个弟弟洪杲、洪昌蓄养陈道庠、刘思潮等勇士练习角抵术，并请刘玢欣赏角抵。刘玢在长春宫观看，边看边饮酒。刘玢醉酒以后，起身向寝宫走去。陈道庠、刘思潮跟随到寝宫门口将其杀死，左右侍卫也被杀尽。

杀死刘玢以后，刘晟自立为皇帝。改元应乾，任命洪昌为副元帅，洪杲为元帅，刘思潮等封为功臣。刘晟杀兄篡(cuàn)位，自知众人不服，就用严刑峻法来加强统治。不久。洪杲暗地劝刘晟杀掉刘思潮，以平息众人的不满。刘晟大怒，派人召洪杲深夜入宫。洪杲自知必死无疑，就让来人稍候，自己沐浴完毕，来到佛像面前祈祷："前世一念之差，让我生在了帝王之家，以至于今天被杀。但愿下辈子能生在普通百姓之家，以免遭此厄运。"祈祷完毕，哭着与家人告别，洪杲往宫中去，到宫后即被杀。

第二年夏天(应乾二年)，刘晟派洪昌去海曲祭祀襄皇帝刘隐的陵墓，刘洪昌走到昌华宫，便被刘晟指使的盗匪刺杀身亡。刘晟因为杀了刘洪杲，与诸兄

弟矛盾加深。而诸兄弟中刘洪昌最有能力。当年，他们的父亲刘龚（刘隐的弟弟）曾想把帝位传给他。因为大臣以长子继立以防争位相劝，才把帝位传给刘玢，这就是刘晟要首先除掉他的原因。刘晟的另一个弟弟镇王洪泽封于邕州，为政清明，这一年有凤凰在邕（yōng）州出现。刘晟大怒，派人毒死了洪泽。其他众兄弟接着也陆续被杀。

应乾三年（公元945年），刘晟杀了弟弟洪雅，又杀了刘思潮等五个人。刘思潮被杀，陈道庠很害怕，他的朋友邓伸给了他一本荀悦写的《汉纪》，道庠不知道是何用意。邓伸骂他："傻瓜，韩信、彭越被杀的故事，都在这里面啊！"道庠明白了，更觉得害怕。刘晟听说后，将陈道庠、邓伸斩首，并把他们全家都杀死。右仆射王翻当年曾为刘䶮传位刘洪昌出谋划策，这时刘晟也不能相容，改任他为英州刺史。在赴任的路上又派人将他杀掉。

应乾五年，刘晟一天之内杀死了弟弟洪弼、洪道、洪益、洪济、洪简、洪建、洪韦、洪昭。

应乾十二年，刘晟杀弟弟洪邈（miǎo）。应乾十三年，刘晟杀弟洪政。至此，刘龚的其他诸位儿子全被刘晟杀光了。

对阴险者勿推心　遇高傲者勿多口

原　文

遇沉沉①不语之士，且莫推心②；见悻悻③自好之人，应该防口。

注解

①沉沉：阴险冷酷的表情。

②推心：推心置腹表示真情。

③悻悻：生气时愤恨不平的样子。此处比喻人的傲慢、固执己见。

译文

假如你遇到一个表情阴沉沉而不喜欢说话的人，千万不要一下就推心置腹跟他做朋友；假如你遇到一个满脸怒气自以为了不起的人，就要尽量小心谨慎不和他说话。

事典

小人嫉贤能　商鞅遭车裂

以重用改革派著称的秦孝公死后，太子继位为惠文王，便首先向以他为首的旧贵族的死敌——商鞅下了毒手，将其车裂致死。

商鞅新法直接打击了奴隶主旧势力，巩固了新兴地主阶级政权，因此，从一开始就遭到守旧势力的仇视和顽抗。最初，以甘龙、杜挚为代表的旧贵族公开反对变法，主张"法古无过，循礼无邪"。商鞅对此进行了义正辞严的反驳。最后秦孝公表示完全同意商鞅的意见，才结束了这场辩论。

新法颁布后，朝廷内部新旧两种势力的斗争更激烈了。当时议论新法不便执行的人多至千数。太子的老师公子虔和公孙贾在幕后唆(suō)使太子触犯新法，以破坏新法的贯彻。商鞅认为，太子犯法是老师没有教育好，应该给老师处罚，于是下令把这两人一个割掉鼻子，一个脸上刺了字。这样一来，守旧派都不敢再对新法进行阻挠，纷纷改口拥护新法。为了保证新法顺利实行，商鞅还杀了贵族祝欢，并把捕获的七百多个违法乱纪的人押到渭水边上处死。

秦国经过变法，面貌焕然一新，迅速从落后的国家一跃而为“兵革大强，诸侯畏惧”的强国。出现了“家给人足，民勇于公战，怯于私斗，乡邑大治”的局面。商鞅因收复当年秦国失地河西，被封于商等十五邑，号称“商君”。

可是与此同时，变法者的危机也在与日俱增。作为秦国的享用集团和统治力量，宗室贵戚的利益由于变法受到了极大损害，他们的惰性和自由受到了前所未有的限制和制裁，不满和怨恨与日俱增。有位叫赵良的学者前去见商鞅，指出他“刑黥(qíng)太子之师傅，残伤民以峻刑，是积怨畜祸也”，“君又南面而称寡人，日绳秦之贵公子，……公子虔杜门不出，已八年矣；君又杀祝欢，而黥公孙贾”；得罪了这么多贵族要人，尤其是多为太子的宠臣，一旦孝公死去，这些人便会以十倍的疯狂反扑过来，置商君于死地。赵良劝商鞅归还所受封的十五邑，然后敦促孝公实行儒家学说。

商鞅没有接受赵良的建议，但也没有逃过赵良的预言。五个月后，秦孝公死去，太子惠文王与旧贵族马上对商鞅进行反攻倒算，演出了中国历史上报复改革者的一幕丑剧。

伦常本乎天性　不可任德怀恩

原文

父慈子孝，兄友弟恭，纵做到极处俱是合当如此，着不得一毫感激的念头。如施者任德，受者怀恩，便是路人，便成市道①矣。

注解

①市道：市道之交的省语，指买卖双方之间的关系。比喻人与人之间以利害关系为转移的交情。出自《史记·廉颇蔺相如列传》："廉颇之免长平(今山西高平市西北)归也，失势之时，故客尽去。乃复用为将，客又复至。廉颇曰：'客退矣！'客曰：'吁！君何见之晚也？夫天下以市道交，君有势，我则从君，君无势则去，此固其理也，有何怨乎？'"

译文

父母对子女的慈祥，子女对父母的孝顺，兄姐对弟妹的爱护，弟妹对兄姐的尊敬等等，即便拿出最大爱心做到最完美境界，也都是骨肉至亲之间所应这样做的；因为这完全都是出于人类与生俱来的天性，彼此之间绝对不可以存有一点感激的想法。假如父母养育子女，兄姐友爱弟妹，个个都怀着一颗施恩图报的观念；以及子女对父母的孝顺，弟妹对兄姐的尊敬，也都怀着感恩图报的心理，那就等于把骨肉至亲变成了路上陌生的人，而且也把出自真诚的骨肉之情变成了一种市井交易。

事典

孔子教曾参

曾参在地里锄草，不小心挖断了一根瓜苗，曾皙大怒，举起一条大木杖就打曾参。曾参被木杖击中，扑倒在地上，很久才苏醒过来，他对曾皙说："刚才得罪了父亲，父亲用力来教训我，您劳累没有？"曾参又退到另一间房里，操琴弄弦唱起歌来，让曾皙在歌声琴音中消平怒气。孔子听到了这件事情，就吩咐弟子将曾参找来。曾参来到孔子身边。孔子说："你听说瞽(gǔ)叟有个儿子叫舜吗？舜对父母恭敬孝顺，每每总是在瞽叟身边服侍，瞽叟听了后妻的谗言要杀舜，舜总是躲开了。瞽叟用小木杖打时，舜就不避开。而用大木杖时，舜就避开。今天你却不躲开你父亲的暴怒举动，万一被你父亲打死了，岂不是反陷你父亲于不义。这难道是孝顺吗？"

在叙享人伦时，家庭各成员都要克制个人情绪，否则，就会给家庭造成矛盾。

功过不可少混　恩仇不可过明

原文

功过不容少混，混则人怀惰堕[1]之心；恩仇不可太明，明则人起携贰[2]之志。

注解

①惰堕：疏懒堕落，灰心丧气。

②携贰：怀有贰心，有疑心。

译文

长官对于部属的功劳和过失，不可有一点的模糊不清，假如功过不明就会使部下心灰意懒而不肯努力工作；一个人对于恩惠和仇恨，不可以表现得太鲜明，假如对恩仇太鲜明就容易使部下产生疑心而发生背叛事件。

事典

不以爱憎分　善恶昭义理

在《世说新语·识鉴》中记载了下列一段史实：

郗超与谢玄不善。苻(fú)坚将问晋鼎，既已狼噬梁岐(qí)，又虎视淮阴矣，

于时朝议，遣玄北讨，人间颇有异同之论。惟超曰："是必济事。吾昔尝与共在桓宣武府，见使才皆尽，虽履屐之间，亦得其任。以此推之，容必能立勋。"元功既举，人感叹超之先觉，又重其不以爱憎匿善。

东晋人郗超（公元336—377年），字嘉宾，高平金乡（今山东济宁）人。谢玄（公元343—388年），字幼度，陈郡阳夏（今河南太康）人，东晋时有名的将领。当事时，郗超和谢玄关系不好，个人成见很深。建元十九年（公元383年），秦王苻坚率领步兵六十万，骑兵二十七万，向东晋进军，企图灭掉东晋。首先占领了东晋的关中、汉中和成都地区，同时又对淮河以南的地区虎视眈眈。这时，东晋谢安议定派遣谢玄领兵北上抗击前秦，对此，人们议论纷纷，看法很不一致。只有郗超一个站出来力排众议，他说："此人定能抗敌取胜。过去，我曾和他一同在桓温府中任职，看到他在用人问题上能够做到人尽其才，即使只有些微小才干的人，也能得到合理重用。由此可以推测，任用谢玄抗敌应战，必定能够建立功勋。"于是谢安便委任谢石为大都督，谢玄为前锋都督，统率8万兵马抗击前秦。谢石部将刘牢之以精兵5000人破秦军前哨于洛间（在今安徽省淮南县东），秦军死1.5万人。晋军主动前进至淝水（今淝河，在安徽省寿县南）东岸，要求秦军略向后退，以便晋军渡河决战。苻坚想利用晋军半渡的时机进行袭击，就命令秦军后退。但是，由于当时的秦军是大量征发来的，军中鲜卑族、羌族的首领各有自己的打算，而汉族官兵又不愿意攻晋，所以，貌似强大的秦军是一支缺乏斗志的队伍，一经后退，就不可阻止。晋军乘胜追击，秦军大败而逃。果然不出郗超所料，淝水一战，谢玄立了大功，人们都赞叹郗超具有预见之明，更敬重他不从个人好恶出发而隐匿他人长处的高尚品德。

位盛危至　德高谤兴

原文

爵位[1]不宜太盛，太盛则危；能事不宜尽毕，尽毕则衰；行谊[2]不宜过高，过高则谤兴而毁来。

注解

①爵位：君主时代把官位分公、侯、伯、子、男五等爵位，指官位。

②行谊：合乎道义的品行。

译文

一个人的爵禄官位不可以太高，如果太高就会使自己陷于危险状态；一个人的才干本身不可以一下子都发挥出来，如果都发挥出来就会由于江郎才尽而陷于没落状态；一个人的品德行为不可以标榜太高，如果太高就会遭到无缘无故的毁谤和中伤。

事典

秦皇兴土木　役民又劳众

秦统一全国之后，秦始皇不顾经过长期战争的破坏，广大人民对于休养生息、恢复和发展社会生产的迫切要求，继续以无休止的徭赋役使人民，给人民带

来了极大的灾难，因而使秦朝的社会矛盾日益加深。

早在兼并六国时，每当秦军攻灭一国，秦始皇即令绘制该国宫殿的图样，并在咸阳北阪上大兴土木，仿照各国宫殿的式样修建。当时在渭水北岸，从雍门以东，直至泾水、渭水一带，建成了无数的宫殿。全国统一后秦始皇对咸阳宫加以扩建。在渭水南岸修建信宫，形成渭水南北，宫观殿屋星罗棋布，遥遥相对，复通甬道纵横交错，绵连不断的景象。

秦始皇三十五年(公元前212年)，一座规模更加宏伟的朝宫，在渭水南岸的上林苑中，又破土动工了。这就是为历代文人墨客所倾倒的阿房宫。阿房宫又名阿城，是朝宫的前殿，因作宫于阿房故名。故址在今西安三桥镇南，阿房村及古城村一带。阿房宫东西宽五百步，南北长五十丈，庭中能容纳上万人，下面可以竖立五丈的大旗。据《三辅黄图》载："始皇广其宫，规恢三百余里。"已建成的离宫别馆依山跨谷，辇道阁道逶(wēi)迤(yí)相属，工程之浩大可谓前无古人。据司马迁记述，当时"关中计言三百，关外四百余"(《史记·秦始皇本纪》)，这就形成了以咸阳为中心，遍及渭水南北，函谷关内外的宫殿群。秦始皇广治宫室，耗费无数，后果只能是劳民伤财。

秦始皇不仅生前穷奢极欲，而且还要为死后安排豪华的享受。秦始皇为了修建阿房宫和骊山墓，征用刑徒七十余万人，并从巴蜀、荆楚等地调运各种建筑材料，途中转输十分艰难。他在即位之初，开始预建陵墓，即骊山墓。据载陵墓高五十余丈，周围五里多，墓内修筑宫观殿宇，陈设各种奇器珍宝。经考古调查及发掘，现陵墓陵丘高四十三米，基身设有内外两城，内城周长"两千五百多米"，外城周长近六千三百米。在陵东侧发掘出三个兵马俑葬坑，总面积为两万多平方米，出土陶俑及陶马"约六千余件"，形状与真人真马相仿。兵马俑坑的布置，是按军阵场面排列的，体现了当年煊赫的军威。然而未等骊山陵墓全部完成，这位始皇帝便死于东巡途中。

应以德驭才　勿恃才败德

原文

德者才之主,才者德之奴。有才无德,如家无主而奴用事矣,几何不魍魉①猖狂②。

注解

①魍魉:泛称山川木石的精灵怪物。例如《孔子家语》中有"木石之怪曰魍魉"。

②猖狂:过分放纵。

译文

一个人的品德是才学才干的主人,而才学才干是品德的奴隶而已。所以,一个人假如只有才学才干而没有品德修养,就等于一个家庭没有主人而由奴隶当家,这样哪有不使家中遭受精灵鬼怪肆意害人之理?

事典

刘备心生贪　大意失下邳

刘备在下邳(pī),徐州牧陶谦病死,州人因而遣使迎刘备为牧,刘备便欲前往。陈群劝阻说:“袁术势力正强,你现在东入徐州,必然会与他兴起战事。你打不过他,徐州坐不住,与不去是一样的。这还不算什么,糟糕的是只要你一离开下邳,吕布必然起兵夺取,攻击你的后路。到那时,你就连安身立命之处都没有了。”刘备羡慕徐州的土地人口,便没有听陈群的话。他到了徐州后,果然与袁术兴起了战事,而吕布也果然袭击了下邳,刘备大败,悔恨不听陈群之言,只好带兵到小沛韬光养晦,再待良机。

穷寇勿追　投鼠忌器

原文

锄奸杜[①]倖[②],要放他一条去路。若使之一无所容,譬如塞鼠穴者,一切去路都塞尽,则一切好物俱咬破矣。

注解

①杜:当动词用,阻止。

②倖:用手段谋取更高职位的人。

译文

要想铲除邪恶之徒，杜绝投机取巧专走后门的小人，有时也要斟酌实情给他们留一条改过自新的途径。反之，如果逼得他们走投无路毫无立足之地，那就等于为了消灭一只老鼠而就堵死一切鼠洞，固然把老鼠的一切逃路都堵死了，可是一切好东西却也都被老鼠咬坏了。

事典

投鼠要忌器　给主留情面

光绪六年，慈禧太后染上奇病，御医日日进诊，屡服良药，竟不见好转。此时，朝中尤为焦急，遂下诏各省督抚保荐良医。两江总督刘坤一、江苏巡抚吴元炳举荐江南名医马培之进京问诊。马培之，字文植，在江南被人誉为“神医”，吴巡抚在奏折上称“马培之素精医道，遐迩知名，各处就诊之人，往往目不暇接，临症既属繁多，脉理日益纯熟”。

于是一道圣旨从北京下到江苏，征召马培之进京御诊。马培之家乡孟河镇的人无不为马氏奉旨上京而感到自豪。可是年逾花甲的马培之却是欢喜不起来。他自忖：京华名医如云，慈禧太后所患之病恐非常病，否则断不会下诏征医，可见西太后之病乃非同小可。此去要是不顺，只怕毁了悬壶多年所得的盛誉，还可能会赔上老命，祸及子孙，确是吉凶未卜……

七月底，马培之几换舟车，千里跋涉抵达京都，即打探西太后之病况。其实，关于慈禧之病传说纷纭，有人传是“月经不调”，有人说是“血证”，还有一些离奇的传说。马氏拜会了太医院的御医，先作打探，却不得要领，心中不由十分焦急。后又连日访问同乡亲友，最后还是一位经商的同乡认识宫中一位太监，请这位太监向西太后的近侍打听慈禧患病的真实起因以及有关宫闱之秘。果然，从这条黄门捷径传出了消息，使马培之大吃一惊：慈禧太后之病乃是小产的后遗症。慈禧早已寡居多年，何能小产？马氏吃惊之余，心中已明白了大半，也自觉心安了许多。再打听，得知慈禧虽然守寡，却是难耐空床寂寞，周围伴男面首不少。有人传其与荣禄、安德海、李莲英之辈有私；有人说其与名伶有私……绯闻的确不少。

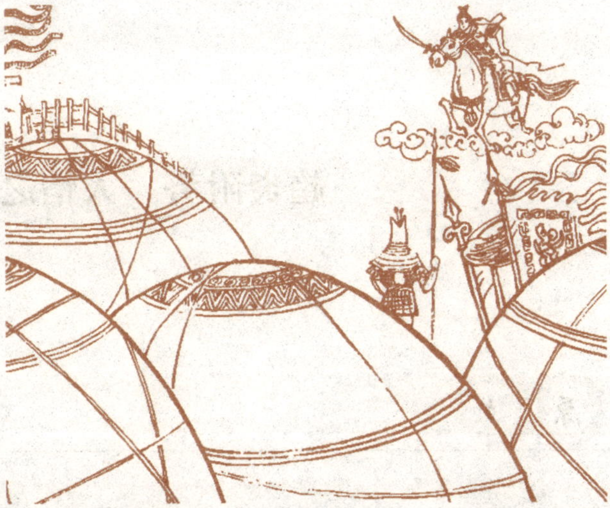

七月廿六早，马培之在太监的带引下。不知拐了多少宫巷，跨过多少条门槛，终于来到了金碧辉煌、侍卫森严的体元殿。只见四十多岁的慈禧太后，脸上虽然涂着很厚的脂粉，却难掩那血亏的面色。西太后先询问马氏的籍贯、年庚以及行医经历的一些细节。然后由太医院李卓轩介绍圣体病况。当时在场的还有京外名医薛福辰和汪守正等人，于是由薛、汪、马三医依次为西太后跪诊切脉。诊毕，三位名医又各自开方立案，再呈慈禧太后。只见老佛爷看看薛的方案沉吟不语，再阅汪的方案面色凝重，此时三大名医莫不紧张，无不沁出冷汗。但当太后看了马的方案后，神情渐转祥和，金口出言："马培之所拟方案甚佳，抄送军机及亲王府诸大臣。"众人听罢，心中的石头落地，而马氏更是欢喜。马培之对慈禧太后的病因本来已心中有数，再切其脉，两寸虚细，两关沉小带滑，两尺沉濡（rú），完全暗含产后血证。马氏在其方案上只字未敢言及妇产的病机，只作心脾两虚论治。而在药方上却是明栈暗渡，声东击西，用了不少调经活血之药，此正中慈禧下怀。西太后本来对医药就素有了解，见马之方案，甚合己意，这是因为医生开的药方要抄送朝中大臣，所以必须能治好病，又可遮私丑、塞众口。马氏的药方正符合这两种要求。另两位名医薛、汪的方案虽然切中病机，脉案明了，在医术上无可挑剔，但免不了投鼠忌器而不中老佛爷的心意。

后来，慈禧服用了马氏的方药，奇病渐愈，一年后基本康复。马氏本人也深得慈禧信任，留京良久。但是无论是在京还是返归故里，马培之对慈禧的病始终守口如瓶，他撰记的《纪恩录》对此更是隐约其词。人们只是从其弟子之口才知道有这么一段宫闱绯疾的逸闻。

趋炎附势　人情之常

原文

饥则附，饱则飏[①]，燠[②]则趋，寒则弃，人情通患也。

注解

①飏：飞翔。据《晋书·慕容垂载记》说："垂犹鹰也，饥则附人，饱则高飏。"

②燠：温暖，此形容富贵人家。

译文

穷困饥饿时就投靠人家，吃饱了就远走高飞，遇到有钱人就去巴结，看见贫困的亲友就鄙弃不顾，这就是一般人最容易犯的通病。

事典

为了做高官　烹了亲生子

易牙是春秋时期齐国的一名厨师，他有一手极好的烹调手艺，无论什么酸甜苦辣咸，到了他的手中一调配，便百味纷呈，无不适口。有一年，齐桓公的宠

姬长卫姬怀孕时饮食无味，他做了一碗羹汤送上，长卫姬喝了以后，胃口大开，对他十分赏识，便将他推荐给齐桓公。桓公戏言道："凡鸟兽虫鱼之类，寡人无不尝遍，只是还不知人肉是何滋味。"

易牙默默而退，到了中午，他奉上一盘蒸肉，色如荷藕，嫩胜羔羊，桓公一尝，惊问道："这是什么肉，味道鲜美如此？"

易牙回答道："供奉百味，是臣的职责，主公未尝人肉，实乃臣的过失，臣有子三岁，今杀而烹之，以献主公。"

桓公惊讶得合不拢嘴，那盘肉他终于未能吃下，不过从此以后，他对易牙也就另眼看待了，不是易牙亲自烹制的饭菜，他概不食用，易牙成了桓公一天也离不开的宠臣。

人们常说：虎毒不食子。珍爱己出，是动物都有的情感。易牙为了讨好齐桓公，居然不惜烹子献肉，我们说他毫无人性、禽兽不如，一点也不过分。一个连自己亲生儿子都可以随意杀戮的凶残之人，怎么可以指望他对别人忠贞不

贰、真亲实爱呢？管仲就是从易牙"杀子以适君"这件事上看到了他豺狼成性、虺(huī)蜴为心的奸佞本质。管仲临终之际，曾向前来探望的齐桓公最后进谏说："臣愿君之远易牙、竖刁、堂巫、公子开方。"齐桓公当时虽然口头上称是，心里却不以为然。管仲死后，他依然如故，对易牙十分宠信。到了鲁僖公十七年（公元前 643）十月，齐桓公病入膏肓，眼看就要不久于人世了。原先一直在他面前殷勤备至的易牙，这时突然变了颜色，非但不去设法抢救，反而撒手不管，和竖刁等人假传

桓公旨意，封锁王宫，禁止任何人出入宫廷，撇下齐桓公一人孤卧床榻，苟延残喘了十几天，最后在饥寒交迫之中死去。临终之前，齐桓公又想起管仲的遗言，不由得悔恨万分，他大声痛呼："嗟兹乎！吾何面目以见仲父于地下！"音落气绝。易牙得知桓公的死讯，立刻与竖刁等人拥兵入宫发动政变，"因内宠以杀群臣"，强行拥立公子无亏，引起了齐国的五公子争立之乱。齐桓公死后 71 天还不得殡葬，以至尸体腐烂、臭气熏天，蛆虫乱爬，其状惨不忍睹。

须冷眼观物　勿轻动刚肠

原文

君子宜净拭冷眼[①]，慎勿轻动刚肠[②]。

注解

①冷眼：冷静观察。元曲中有"常将冷眼观螃蟹，看你横行到几时"的句子。

②刚肠：个性耿直。嵇康《绝交书》说："刚肠嫉恶，轻肆宣言，遇事便发。"

译文

一个有才学品德的君子，不论对于任何事物，都要保持冷静的态度去细心观察，绝对不可以随便表现自己刚直的性格。

事典

田蚡故激灌夫

灌夫，字仲儒，颍阴人。灌夫为人粗爽刚直，重交情，讲义气，同情弱者。尤其喜欢纵酒任气，几杯酒下肚，就是天王老父，他也敢挥拳相向。

灌夫和窦婴有很厚的交谊。窦婴与王太后的兄弟田蚡（fēn）有间隙。田蚡经常对窦婴无礼，并当众侮辱窦婴。灌夫却看不惯田蚡那副小人得势的嘴脸，就想替窦婴出出恶气。

一日，灌夫穿着丧服去拜访田蚡，田蚡假惺惺地说："我很想与你一起拜访魏其侯，不巧你有丧服在身。"灌夫信以为真，连忙说："将军既然有心屈尊，我怎敢以丧服为辞？我去告诉魏其侯（窦婴），回去转告窦婴说你明早大驾光临。希望你不要失约！"田蚡只好答应。

窦婴见田蚡要来，急忙和妻子督促仆役烹羊宰牛，开坛筛酒，并洒扫庭堂，设置罗帐，足足忙了一个通宵。天刚亮，便令门役小心侍候。灌夫也早早赶来与窦婴一起候客。等到日中时分，仍不见田蚡踪影。窦婴不禁焦急，问灌夫："莫非田蚡忘了此事？"灌夫愤然说："岂有此理，我去接他。"田蚡只不过是随口应付灌夫，根本就没有去看窦婴的意思，所以当灌夫来请时，尚高卧未起。灌夫强按住性子，等他起来，说："丞相答应去魏其侯家，魏其侯夫妇从昨日起来恭候了，到现在自己还没敢吃饭。"田蚡恍然记起，遂致歉道："昨晚醉酒，忘了给你所说的话了。"于是驾起车马，与灌夫前往，路上磨磨蹭蹭，慢慢腾腾，使灌夫更加愤怒。好不容易挨到了窦婴家，望眼欲穿的窦婴笑脸卑辞相迎，田蚡更加漫不经心，敷衍还礼，灌夫几乎怒不可遏。窦婴当即进入大厅，开筵共饮。几杯酒下肚，灌夫于是离座起舞；舞罢，邀田蚡共舞，田蚡假装不闻，逗起灌夫满腔怨愤，索性坐在田蚡身边，乘着酒兴，说出许多讥刺冒犯的话。从此，田蚡心里便对灌夫积下了怨恨。后来，灌夫被田蚡陷害。

冷眼观看，找机会行事，以保全性命。妄动刚肠，则对自己不利。

阴恶祸深　阳善功小

原　文

恶忌阴，善忌阳，[1]故恶之显者祸浅，而隐者祸深；善之显者功小，而隐者功大。

注　解

①阴、阳：阴指事物的背面，这是不容易被人发现的地方；阳指事物的正面，是大家都能看得到的地方。

译　文

一个人做了坏事最可怕的是不容易被人发觉，做了好事最忌讳的是自己宣扬出去。所以做坏事如果能侥幸及早被人发现那灾祸就会小，反之，如果不容易被人发觉那灾祸就会大；如果一个人做了好事而自己宣扬出去那功劳就会小，只有在暗中默默行善功劳才会大。

事典

王莽设圈套　汉室植祸根

西汉末年平帝当政时,王莽玩弄了种种权术,掌握了很大的权力,打算篡夺汉朝的江山。当时汉平帝只有十几岁,还没有立皇后。王莽想,如果把自己的女儿配给平帝,当上皇后,自己的权势岂不更加稳固。于是他用迂回取胜的手法,策划了一个立女为后的圈套。

一天,他向太后建议说:“皇帝即位已经三年了,还没有立皇后,现在是操办这件大事的时候了。”给自己的儿子找配偶,这正是太后最上心的一件事,于是得到应允。一时间,许多达官显贵争着把自己的女儿上报到朝廷,王莽当然也不例外。然而王莽想到,报上来的女孩,有许多人比自己的女儿强。如果不耍花招,女儿未必能入选。于是他又去见太后,故作谦逊地请求太后说:“我无功无德,我的女儿也才貌平常,不敢与其他女子同时并举。请下令不要让我的女儿入选吧。”太后没有看出王莽的用心,反而相信了他的“至诚”,马上下诏:“安汉公(王莽的爵号)之女乃是我娘家女儿,不用入选了。”

其实,王莽如果说的是真心话,直接把自己的女儿撤回来就行了。但经他鼓动太后,朝廷再一下令,反而突出了他的女儿,引起了朝野的同情。王莽平日沽名钓誉,欺骗了不少人,因此有不少人给他说话,每天都有上千人要求选王莽之女为皇后。朝中大臣也给他说情,他们说:“安汉公德高望重,如今选立皇后,为什么单把安汉公的女儿排除在外?这难道是顺从天意吗?我们希望把安汉公之女立为皇后!”这种情况出现后,王莽又派人前去劝阻说情的官吏和民众,结果是越劝阻说情者越多。太后没有办法,只好同意王莽的女儿入选。王莽抓住这个时机又假惺惺地说:“应该从所有被征招来的女子中挑选最适合的人立为皇后。”朝廷大臣们力争说:“立安汉公之女为皇后,是人心所向。请不要再选别的女子来干扰立后这件大事。”王莽看到自己的女儿被立为皇后已成定局,才没有表示推辞。不久,王莽的女儿被皇家隆重地接进汉宫,当上了皇后。

过归己任　功让他人

原文

当与人同过，不当与人同功，同功则相忌；可与人共患难①，不可与人共安乐，安乐则相仇。

注解

①患难：患是忧愁，患难就是艰难困苦。

译文

要有跟人共同承担过失的雅量，不可有跟人共享功劳的念头，因为共享功劳彼此就会互相猜忌；可以有跟人共患难的胸襟，不可以有跟人共安乐的贪心，因为共安乐彼此之间就会互相仇视。

事典

徐勉尽职守　家犬不识主

世间动物之中，狗是最善辨别主人的，也对主人最为亲热。在历史上，竟出现过主人归家时，家中群狗惊吠不已的反常现象。这现象就发生在南朝梁的大臣徐勉身上。

徐勉(公元466—535年),字修仁,东海郯(tán)县(今山东郯城北)人,东晋、南朝时曾侨置郯县于今江苏镇江市。他虽在南朝齐时已出仕,但在萧衍建立梁政权后,他的才干始得以充分施展,成为梁前期的主要辅政大臣之一。

徐勉任职十分勤劳,家犬惊吠之事即发生于梁武帝天监(公元502—519年)初。他任侍中兼尚书吏部郎时。"时王师北伐,候驿填委。勉参掌军书,劬劳夙(sù)夜,动经数旬,乃一还宅。每还,群犬惊吠。勉叹曰:'吾忧国忘家,乃至于此。若吾之后,亦是传中一事。'"当时,官员每旬都有休假,徐勉不仅平日不归家,休假日亦在官府日夜辛劳,无怪乎连家犬都觉得他是陌生人了。这事确如徐勉当时所言,成为他忧国忘家的一段佳话。

徐勉以后历任吏部尚书、侍中、尚书仆射、中书令等要职,但此作风一直未改,"尽心奉上,知无不为"。他处理公务效率甚高,"虽文案填积,坐客充满,应对如流,手不停笔"。因此,当徐勉因脚疾求解内职时,梁武帝萧衍下诏不许,命令他停在下省,三日一朝见,有事则派遣主书来与他商议。

徐勉的次子徐悱先他而亡,他十分哀伤,但不愿因之而久废公务,就作《答客喻》,以劝勉自己,其中最后两句是"即日辍哀,命驾修职事焉"。足见他萦于私情,以国事为重的心怀。

功名一时　气节千载

原文

事业文章随身销毁，而精神万古如新；功名富贵逐世[1]转移，而气节千载一日[2]。君子信不当以彼易此也。

注解

①逐世：随着时代转换。
②千载一日：千年有如一日，比喻永恒不变。

译文

一般来说事业和文章，都会随着人的死亡而消失，只有圣贤的精神才万古不朽；至于说到功名利禄和富贵荣华，更会随时代的变迁而转移，唯独忠臣义士的志节才会永远留在人间。可见一个有才德的君子，绝对不可以放弃能留名青史的千秋万世气节，去换取会随身销毁当时短暂的事业和文章。

事典

热血洒扬州　美名传万代

崇祯(zhēn)廿七年(公元1644年)三月，李自成农民军攻入北京，明王朝灭亡。不久，明山海关守将吴三桂引清兵入关。南京的明朝文武大臣立明神宗之孙福王朱由崧为帝，改当年为弘光元年，史称这个南明小朝廷为弘光朝。弘光朝廷以兵部尚书史可法督师扬州（今属江苏）。

史可法（公元1602—1645年），字宪之，又字道邻。原籍大兴（今属北京），后为祥符（今河南开封）人，世袭锦衣百户。据说，史可法生前，其母曾梦见文天祥。崇祯元年（公元1628年）进士及第。历官员外郎、郎中、右佥都御史、户部右侍郎、南京兵部尚书，参赞机务，史可法"廉信，与下均劳苦"。"军行，士不饱不先食，未授衣不先御，以故得士死力"。

在李自成进军北京时，史可法誓师勤王，过江至浦口（今属江苏），得到崇祯吊死煤山的消息，未再北上，史可法同南京诸臣议立明室之后，福王立，史可法任礼部尚书、东阁大学士，仍掌兵部事。史可法建议福王"素服郊次，发师北征"。福王对此只是唯唯应付，不作肯定答复。在奸贼马士英入阁后，便极力排挤史可法到扬州督师。

是时，江北分为四镇：总兵刘泽清辖淮安（今江苏）、海州（今江苏连云港西南），驻淮河之北，经理山东一路；总兵高杰辖徐州（今属江苏）、泗州（今江苏盱眙北），驻泗水（今属江苏），经理开封（今属河南）、归德（治所商丘今河南商丘）一路；总兵刘良佐辖凤阳（今属安徽）、寿州（今安徽寿县）、驻临淮（今安徽凤阳东）、经理陈州（今河南淮阳）、杞县［今河南柘（zhè）城］一路；靖南伯黄得功辖滁（chú）州（今安徽滁县）、和州（今安徽和县），驻庐州（治所合肥，今安徽合肥），经理光州（今河南潢川）、固始（今属河南）一路。

史可法督此四镇，福王加他为太子太保、改兵部尚书、武英殿大学士，淮扬各镇均受史可法节制。

这四镇总兵，互有矛盾，其中有三镇争着要驻于扬州。为此，高杰兵攻扬州，刘泽清亦大掠淮上。史可法以国事为重，前往和解。使黄得功、刘泽清、刘良佐均表示听命，而高杰素惮史可法，也表示服从。史可法就这样安定了扬州，随即开府于扬州，并不时出巡各镇。自此以后，四镇发生冲突，史可法均设法进行调解，让他们共赴国难，劝他们同保国土。在史可法的感召下，高杰大为感悟，从此奉守史可法约束。

史可法在扬州，"行不张盖，食不重味，夏不扇，冬不裘，寝不解衣"。团结四镇，共保国土。使军事防御力量有所增强。在南京的马士英则连军饷也不给予，到清顺治二年（公元1645年）正月，史可法所部各镇军队，都因缺饷而饥饿。马士英又设法夺史可法的兵权，使命卫胤文为兵部右侍郎，到扬州总督军队。二月史可法从徐州回来，到扬州之前，黄得功发兵袭击卫胤文于扬州，使扬州震惊。只是在史可法派人调解之后，黄得功才退兵。而大将高杰又被杀害。这就使史可法保卫江南的实力大大削弱。

四月二十日,清朝大将多铎率兵攻至扬州。史可法调各镇兵保卫扬州,各镇竟无一出援。为此,总兵刘肇基要求背城决战。史可法持重,希望有取万全之策,害怕有所闪失,反而不好,所以,否决了背城决战。这时,清军驻于扬州外之斑竹园,多铎派人招降史可法,遭到史可法严词拒绝。史可法说道:"我是大明宰相,大明朝没有投降的宰相,只有与城池共存亡的大臣。"

四月二十一日,扬州城内有人动摇,总兵本栖凤、监军副使高岐凤率本部出降。扬州城的防御力量更加单薄了。但是,史可法仍坚守城池,他安排文武官员分段守城,自己则守卫最险要的旧城西门。史可法也十分清楚,扬州城势孤力弱,自己守城有死无生,便写信向母亲诀别,又给妻子写了遗书,表明自己要以死报国,并希望"死,葬我高皇帝陵侧",表明他誓死效忠明王朝。

两天之后,清军发动攻城,用巨炮轰击扬州城的西北,城终于被攻破,史可法见城已破,悲愤之极,拔刀"自刎不殊"。其部将便保护史可法从小东门出城,结果为清军大队所截,史可法等均被俘,见此情景,史可法神情自若地说:"我史督师也。"

多铎听说抓获了史可法,使派人前往劝降。史可法依然坚贞不屈,他明确表示:城亡与亡,自己意已决,虽然碎尸万段,也决不后悔。又一次大义凛然地拒绝了多铎(duó)的利诱,最后壮烈牺牲。

忠义奋发的史可法,誓死保卫扬州,其事迹感人至深。他顽强抗敌、视死如归的爱国主义精神和崇高品格,始终受到人们的赞扬!

自然造化之妙　智巧所不能及

原文

鱼网之设，鸿则罹其中；螳螂之贪，雀又乘其后。①机里藏机，变外生变，智巧何足恃哉。

注解

①鱼网之设二句出自《诗经·邶风·新台》篇。罹：遭，碰上。鸿：雁中最大的一种，俗称天鹅，头和背部呈暗褐色，腹部白色，尖嘴，翅膀长约一尺七八寸。螳螂之贪，雀又乘其后：比喻人只见到眼前的利益而忽略了背后的灾祸，据《说苑·正练》篇："园中有树，其上有蝉，蝉高居悲鸣饮露，不知螳螂在其后也，螳螂委身曲欲取蝉，而不知黄雀在其傍也。"

译文

本来是一张为捕鱼而设的网，不料鸿雁却落在网中；贪婪的螳螂一心想吃眼前的蝉，不料后面却有一只黄雀想要吃它。可见天地之间万物的道理实在太奥妙，玄机中还藏有另外的玄机，变幻中又会发生另外的变幻，人类的智慧和计谋又有什么可仗恃的呢？

事典

螳螂捕蝉　黄雀在后

有一天,庄周到一处叫做雕陵的园林里游玩,看见一只奇异的鸟从南方飞来。该鸟展开的翅膀约七尺之广,眼睛直径足有一寸,它碰到庄周的额头,飞进栗林。庄周奇怪,这是一只什么鸟?翅膀宽大而不翱翔,眼睛圆睁却无寸光。于是他撩起衣裳赶上去用弹弓猎取。正当他选择方位的时候却又发现一只知了和一只螳螂。知了,流连一席美好树荫,忘掉自己的身体,全然未觉螳螂正在逼近它;螳螂,看见了知了,一心以树叶为掩蔽捕捉知了,却忘记自己的性命,不虑还有只异鸟在后面窥伺。同样异鸟只顾捕捉螳螂,忘掉了自己的性命,没有想到持弓拈弹要射击它的庄周。彼此逐利忘身的局面使庄周怵然惊心,猛然省悟:"物物皆知相互逐利,而不知道在利后面潜在的祸害,又不知道谋利于别人,别人也从中攒利,利与善始终互相对应。"想到这里,庄周弃弓拔腿就跑。果然未走几步就被管理园林的人看见,管理的人看见他仓皇奔跑的样子,怀疑他是偷栗子的贼,便追步上前责问他。

庄周回到家里，想到被人责问无比羞愧，一连三月足不出户。他的弟子街且问他为什么。庄周说："人生活在世间常有平安和危险，但人往往只推测安危立足于世，而不考虑世上之人所在的环境适宜与否，这就是通常所言的守形而忘体。在雕陵我只顾到形体同外物接触，忘掉了身体的环境，犹如看惯了混浊的河水，对清泉迷漾起来一样。我的老师老聃曾说，随乡问俗，到一个地方要弄清楚那里的习惯和所处的环境；异鸟碰到我的头颅，我随之入栗林，进了不该去的地方，犯了意在异鸟，而不知栗林有禁忌的错误。这便是我不悦、反省足不出户的原因。"

人生惟危　道心惟微

原文

一灯萤然[1]，万籁无声，此吾人初入宴寂时也；晓梦初醒，群动未起，此吾人初出混沌处也。乘此而一念回光，炯然返照，始知耳口鼻皆桎梏，而情欲嗜好悉机械矣。

注解

①萤然：形容灯光微弱得像萤火光的闪烁一般。

译文

在闪烁微弱的灯光下，当大地进入一片死一般的宁静时，这就是我们身心刚刚进入安息时；在清晨夜梦过去才睡醒，万物还都没开始一天的活动时，就是我们刚从朦胧的梦境中走出来时。在这刚刚安息和刚刚睡醒的一刹那间，好像有一线灵光闪烁在我们的脑海，这时会突然使我们的内心有所醒悟，才知道耳目口鼻都是束缚我们心智的刑具，而感情和欲望也全是我们性灵堕落的机械。

事典

杜子劝楚庄王反省自身

楚庄王欲讨伐越国，召集群臣前来商议。杜子奏道：“大王想出兵伐越，有什么理由呢？”楚庄王说：“越王政局混乱，兵力衰弱，现在正是打败它的时候。”

杜子听了摇头道：“以臣愚见，大王举兵伐越之事令人担忧。”

“此话怎讲？”楚庄王不解地问道。

“一个人的见解智慧就如他的双眼，能放目远眺，却难见自己的双睫。自从大王被秦国和晋国打败后，楚国失地数百里，表明大王的兵力仍衰弱；楚国境内有大盗庄路举事，官吏却奈何他不得，这说明楚国政局也很混乱。依我看，楚国的兵弱政乱与越国相比可要严重得多。此时大王你却想讨伐越国，这不正如人的双眼能远观而不能自视一样吗？”杜子一口气说道。

楚庄王觉得杜子的一番话有理，便不再发兵攻打越国了。

诸恶莫作　众善奉行

原文

反己[①]者，触事皆成药石[②]；尤[③]人者，动念即是戈矛。一以辟众善之路，一以浚[④]诸恶之源，相去霄壤矣。

注解

①反己：反省自己，以正确待人。

②药石：治病的东西，此引申为规诫他人改过之言。《左传》中有"孟孙之恶我，药石也。"

③尤：埋怨，例如《老子·道德经》中有"夫唯不争，故无尤"。

④浚：开辟疏通。

译文

一个肯经常自我反省的人，那他日常不论接触任何事物，都变成警惕自己的良药；一个经常怨天尤人的人，只要他的思想观念一动，就全是带有杀气的邪恶想法。可见自我反省是使一个人往善的唯一途径，而怨天尤人却是走向各种罪恶的源泉，两者之间的分野真是有天壤之别。

事典

平时为恶种祸根

梁国有个富豪虞(yú)氏,他的家产殷富,金钱布帛多得无法估量,财产货物之多也无法度量。平时虞氏登上高楼,从上往下俯视大路;并在楼上让人演奏乐曲,铺开桌子放上美酒,同时以博戏取乐。

这天,有一帮侠客经过虞氏取乐的高楼,此刻楼上正在赌博,有人掷骰子中了头彩,且连胜两局乐得哈哈大笑。说也巧,天上有只老鹰飞过,爪子里抓着的一只腐烂的死鼠掉落下来,正砸在一位侠客的头上。侠客听到楼上传来的喧闹声和狂笑的声音,又遭老鼠掷头,很气愤,对他的同伴说道:“这个姓虞的家伙长年过着富裕快活的日子,变得有点瞧不起人,今日的行为,我们没去惹他,他倒反过来向我们丢掷腐烂的老鼠,如此侮辱人,实在是受不了!此仇不报,就无法在天下树立起我们大伙的威武声名。我想请你们与我同心合作,率领手下随从一起把他们一家和亲戚朋友都杀光。”

其他侠客们听罢,都纷纷表示同意,还约定好动手的日子。到那天夜里,他们聚合在一起,手拿武器,攻打虞氏所住之处,消灭了虞氏一家。

祸临头上,只因平时为恶而种下因由。

真诚为人　圆转涉世

原文

做人无点真恳念头，便成个花子[①]，事事皆虚；涉世无段圆活机趣，便是个木人，处处有碍。

注解

①花子：乞丐的俗称。

译文

一个人假如没有一点真诚恳切的心意，就会变成一个绣花枕头，不论做什么事情都不踏实；一个人生活在世界上如果没有一点圆通灵活和随机应变的机智，就等于是一个没有生命的木头人，无论做什么事都会遇到阻碍。

事典

求名与求实

杨朱游历天下，来到鲁国，住在孟氏家中。孟氏向杨朱发问，说道："人生一世，不过如此，何必追求什么名声呢？"杨朱答道："有了名声就可以致富啊。"

孟氏说："那么已经富有的人为何还要不停地追求名声呢？"

杨朱答道："是为了获取显贵的社会地位。"

孟氏回答道："这是为了他的身后。"

孟氏又追问道："人都死了，身后的名声还有什么用处呢？"

杨朱说："是为了子孙后代。"

孟氏听了又问："名声对子孙又有什么益处呢？"杨朱回答："受名声驱使的人必定使人身体劳苦，精神焦虑烦恼。但有了名声的人，自己的宗族都能享受到恩泽，乡邻左右也会沾光，又何况他个人的子孙后代呢？"孟氏说："凡是追求名声的人都讲究廉洁，廉洁就会贫穷；追求名声之人也都讲究谦让。谦让地位就不会高。"

杨朱则说："当年管仲做齐国国相，国君淫乐时他也跟着淫乐，国君奢侈时他也照样奢侈，国君怎么说，他就怎么做，一切顺从国君的意旨，政令照样得以推行，齐国照样称霸诸侯。可他死了以后，管氏宗族就因管仲当年没有追求声名，就此衰落下来。田常当了齐相以后，国君骄傲时他却谦虚以待。国君大肆聚敛，搜刮财富时，他却施舍家财。齐国百姓都归心于田氏，姜氏的齐国天下终于被田氏所取代，田氏子孙至今还享有齐国哩！"

孟氏听罢，感叹道："看来还是真名声让人贫穷低贱，虚假的名声能使人富贵啊！"

杨朱说："求实的没有名，求名的没有实。所谓名声者，不过是虚伪的东西而已。"

求名与求实，绝不是任人所为的，关键在于怎样以自身的行为来保全生命。

不能养德　终归末节

原文

节义傲青云①，文章高白雪②，若不以德性陶熔之，终为血气之私③，技能之末。

注解

①青云：比喻身居高位的达官贵人。

②白雪：是古代曲名，比喻稀有杰作。《昭明文选》陆机《文赋》说："缀下里于白雪。注：《淮南子》曰师旷奏白雪而神禽下降。白雪，五十弦琴乐名。"

③血气之私：血本指有血液和气息的动物，此指感情，即个人意气。

译文

气节和正义足可鄙视任何达官贵人，而生动感人的文章足以胜过"白雪"名典，然而如果不用高尚的道德来陶冶这些，所谓的气节和正义不过是出于一时的意气用事或感情冲动，而生动的文章也无非是微不足道的雕虫小技。

事典

朝秦又暮楚　身首落异处

《三国志·吕布传》裴（péi）注中载有当时的一句民谣："人中有吕布，马中有赤兔。"明代罗贯中在《三国演义》里更将吕布描绘成一个武艺超群、盖世无双的英雄。其实这个吕布在东汉末年的军阀混战中虽然风流一时，但却实在算不上什么英雄，而是一个"轻于去就"、薄情寡义的泼皮无赖。只要看一下他两杀其主、屡叛其友的史实，就会相信此言不谬。

吕布（？—公元198年），字奉先，东汉五原（今内蒙古包头西北）人。《三国志·吕布传》说他"便弓马，膂力过人，号为飞将"，在当时颇有威名。吕布靠着一身高强的武艺，很早就被并州刺史丁原招至麾（huī）下，用为主簿，"大见亲待"。灵帝死后，吕布跟随丁原来到洛阳，参与了诛杀宦臣的行动。是时，西北军阀董卓率凉州兵进驻洛阳，欲行篡权之事，丁原的武装是他深为忌怕的力量。

于是，董卓便暗中派人以高官厚禄收买吕布，让他刺杀丁原。吕布立刻"斩原首诣卓"。丁原所部群龙无首，很快就被董卓吞并。吕布以待他如子的上司的头颅，换了骑都尉的官职，又厚颜无耻地拜董卓做义父，整日跟随董卓，鞍前马后地做保镖。董卓对他"甚爱信"，很快又将他升为中郎将，封为都亭侯，大加笼络。一时间，主仆二人真的好像是亲生父子。

然而好景不长，董卓为人"性刚而褊（biǎn），忿不思难"。有一次，吕布不知怎么惹恼了他，他竟然抄起铁戟就向吕布刺去，若不是吕布躲得快，险些死于非命。由此吕布便对董卓怀恨在心。吕布本是个惯于偷香窃玉的好色之徒，他利用值事中阁之便，和董卓宠爱的一个侍婢勾搭成奸，虽得床笫之乐，但又担心奸情败露而惴惴不安。恰好此时司徒王允正在密谋刺杀董卓，便利用吕布"忧死

不暇”的心理，三言两语便将他拉为同党。初平三年（公元192年）四月，吕布乘董卓上朝时将其杀死。这虽然是办了一件为民除害的好事，但吕布的直接动机却没有如此高尚，他所想的，不过是谋取高官厚禄而已。

董卓死后不久，其部将李傕（jué）、郭汜等人攻入长安。吕布在战败之后，率领数百骑兵逃出武关。因为他两杀其主，时人“恶其反复”，各路军阀或对他十分冷淡，或忌而畏之，或围而攻之，吕布的处境很是狼狈。但此时的吕布，仍不改其变诈反复的恶习，在相互攻伐的混战中，叛附去留，全依利害而定。数年之间，虽然累累若丧家之犬，但也几次逢凶化吉，一直到了建安元年（公元196年），他又一次背约卖友，从刘备手中夺取了徐州。这才算是暂时安定下来。

事情的经过是这样的：汉献帝兴平二年（公元195年）夏，吕布来到徐州投靠刘备。当时，刘备自领徐州牧，有精兵十万，而吕布则刚刚被曹操大败于巨野，身边只有一些不堪一击的残兵败将，所以初见刘备时，不免人穷志短，对刘备毕恭毕敬。他故作亲热地对刘备说：“我与卿同边地人也。”

然后，就向这位硬攀上的“同乡”大诉其苦，先是大骂“关东诸将无安布者，皆欲杀布耳”，然后又不顾礼俗硬把刘备拉入帐中，“坐妇床上”让他的夫人向刘备跪拜行礼，以勾起刘备的恻隐之心。酒宴之上，他又主动提出与刘备结为兄弟，这样，终于使刘备勉强同意他在下邳之西暂住。

第二年，袁术发兵进攻徐州，刘备亲率大军迎敌，双方在盱眙、淮阴一线经月交战。“袁术与吕布书，劝令袭下邳，许助以军粮”。早就不甘居人之下的吕布立刻"引军水陆东下",突袭下邳,打败张飞,俘获了刘备及其将吏的家属。刘备闻知后院起火,仓皇退兵,被袁术大败。其部卒"吏士大夫自相啖(dàn)食,穷饿侵逼"。无奈之中,他只好向吕布投降乞和。吕布因"忿袁术运粮不继",又与袁术反目,他将刘备的徐州牧夺来自任,封刘备以豫州刺史的虚衔,放还其家属。又令刘备屯军小沛,收拾残兵,相约共击袁术。但局势稍一安定,他就再一次背信弃义,发兵攻打刘备,赶跑了这位结义兄长。时人见此,莫不寒心。曹操斥责吕布"狼子野心,诚难久养",说待吕布犹如养鹰,"饥则为用,饱则扬去"。

建安三年(公元198年),曹操俘获吕布,吕布故伎重演,一再表示要"竭股肱(gōng)之力为公前驱"。曹操吸取了刘备养虎遗患的教训,根本不为其甘言卑辞所动,在嬉笑嘲弄之间,将其缢杀。

急流勇退　与世无争

原文

谢世①当谢于正盛之时,居身宜居于独后之地。

注解

①谢世:逝世。

译文

一个人要隐退不再过问世事,就应该在事业的巅峰阶段急流勇退,因为只有这样,才能使你的英名永垂不朽;一个人平时居家度日,最好是住在一个与世无争的清静地区,因为只有这样才能使你收到修身养性的实效。

事典

世外桃源

一天,有一个渔夫沿着一条溪水驾船向前划去。只见溪水的两岸栽满了桃花,微风吹来,鲜红的桃花纷纷飘落,美极了。渔夫忘情地划着,一直到了溪水的尽头,见到一座山,山上有个小洞,好像有光线。他就把船放在岸边,爬上山,从那个小洞进去。不一会儿就出了洞,只见又是一个和外面一样的世界。只是里面世界的房屋非常整齐,田野美丽,土地肥沃,纵横交错的田间小路把农田划分得井井有条。老人和小孩不用劳作,看上去非常快乐,一派和平的景象。和外面战火不断百姓贫困的世界相比,那真是一个在天上一个在地下。

那里面的人见到渔夫也很奇怪,就问他从哪里来,外面的情况如何。渔夫一一做了回答。经过相互了解,渔夫才知道,这里人的祖先是为了逃避秦朝的战乱才搬来这儿的,进来后就没有再和外面接触,所以他们连汉朝都不知道,更不用说晋朝了。至此,里面的人就天天轮流杀鸡、做饭、备酒请渔人吃喝。

当渔夫要回家时,桃花源里的人就要求渔夫不要把他们的住处告诉外面的人。渔夫答应了。可是当渔夫回家时,都一路做下记号,准备带人再去桃花源。但是奇怪的是当渔夫带人而来时,却迷了路,再也找不到那些记号了。

桃花源的人处于安乐而环境幽美的世界,享受着生命的自然情趣。

慎德于小事　施恩于无缘

原文

谨德须谨于至微之事,施恩务施于不报之人①。

注解

①不报之人:无力回报的人。

译文

一个人要想敦品励行必须从最小的事情做起,一个人要想帮助别人应该帮助那些根本无法回报你的人。

事典

关心民疾苦　赢得人所爱

魏源，清末地主阶级的思想家和改革家，他一生关心人民疾苦，颇受劳苦群众爱戴。1849年，他奉诏赴扬州府兴化县任知县。兴化县是淮河以南京杭大运河以东的一个小县。这里地势低洼，水灾不断。在运河以西，有高邮、洪泽两大湖，由于道光末年，官场腐败，“堤堰防治”无人过问，致使大坝年久失修，堤堰不固。一旦湖涨，河官恐负溃堤之责，往往不顾下游几县人民的安危，动辄下令启闸放水，造成人为的灾害，以致民不聊生，百姓怨声载道。

他到任的这一年的夏末秋初，洪水来得更早，此时，早稻已结实累累。他为了保护即将成熟的早稻，亲赴各坝，组织抗洪，坚持不许开放大坝闸门。他动员了大批民夫，全力以赴地抢修堤坝。另外，他唯恐自己位卑力单不能胜任河督，就亲自登门请来了上司陆建瀛（yíng），河官不敢妄动。他不顾天气恶劣，顶着狂风暴雨，在大坝上亲自指挥抢险。那时，风雨很急，大坝随时都有决口的危险，他心急如焚，扑倒在堤上痛哭，宁愿让老天爷夺去自己的生命，也千万不要与老百姓的几万亩早稻为难。全县数万乡民被他的行为所感动，全力投入抢险。经过几昼夜的奋战，风雨稍息，终于闯过了险关。魏源浑身泥水，双眼红肿如桃，见者无不感泣。当人们含泪把他用门板从堤坎上抬下来时，陆建瀛也感叹道："精诚所至，金石为开，岂不信然。"魏源乘船回到兴化码头，人们夹道欢迎。"淮扬保障"四字大匾一块，高挂在县署正中。

几万亩早稻全部保住了，这一年兴化获得了大丰收。因此，老百姓把这些稻子称为"魏公稻"，以此来感激魏源的功绩。

一念能动鬼神　一行克动天地

原文

有一念犯鬼神之禁，一言而伤天地之和，一事而酿①子孙之祸者，最易切戒②。

注解

①酿：本来当制酒解，此处是造成的意思。

②切戒：深深地引以为戒。

译文

假如有一种邪恶的观念触犯了鬼神的禁忌，或者有一句话破坏了人间祥和之气，或者做了一件伤天害理的事而为后代子孙留下祸患，所有这些行动都必须特别加以警惕，绝不能去做。

事典

郭璞一念招祸

晋代的郭璞(pú)是位多才之士。晋末战乱,郭璞避居东南,一日他去拜晤将军赵固,赵固心爱的坐骑无故倒毙,十分悲痛,不愿见客人。郭璞对门吏说,去禀报将军,吾有办法使死马复活。门吏不敢怠慢进门报告将军。赵固喜出望外,出门相迎。将军问:“你有什么办法救活我的爱马。”郭璞说:“可派健壮士兵二三十人手握一长竹竿,至宅东三十里外的一个山林内捉个怪异的动物回来。”赵固依言派人去捉了一只似猴非猴的动物,郭璞令士兵将怪物放在死马旁,怪物一见死马即扑上去对着马的鼻子猛吸。不一会儿,死马竟嘶鸣一声,骤然而起奔跑如飞。将军大喜,厚礼相赠。

明帝太宁年间有个大将军王敦,欲举兵闹事。他的幕僚郭璞深为不满,屡次隐讥,王敦只是不悟。一天将军设宴,酒酣间将军说:“昨夜梦见一根巨木直竖刺破天,不知其意如何?”

郭璞说:“此梦非佳兆也。木上破天即‘未’字,将军近日遇事切不可妄动。”将军听罢大为不满,暗暗吃惊,脸色大变。但他又不甘心,再令郭璞占卜,郭璞摆弄占具后,对王敦说占卜不明。将军益发不悦,便曲折地问:“吾寿几何?”郭璞说:“将军若无端举事,则祸即来至,若将军明智,率兵归武昌则寿未可量也。”将军不耐烦地问郭璞:“尔寿几何?”郭璞脸色不变地说:“寿在今日中午也。”将军听罢大怒,令武士缚郭璞推出斩首。

事有当为不当为,不当为的,强行去做,就会招来危险。

心善而子孙盛　根固而枝叶荣

原文

心者后裔[1]之根，未有根不植而枝叶荣茂者。

注解

①后裔：已死去的人的子孙。后代子孙。

译文

一个人能有一颗善良的心，就等于给后代子孙种下了幸福的根苗，这就如同栽花植树一般，因为世间没有不把花木栽在土地内，就能使花木枝叶繁茂而开花结果的。

事典

太宗李世民　“三勤”保盛世

在出现了“天下大治”的昌盛局面之后，贞观十六年(公元642年)，唐太宗对当时的史官褚遂良说了这样一段话：

朕今勤行三事，亦望史官不书吾恶。一则鉴前代成败事，以为元龟；二则进用善人，共成政道；三则斥弃群小，不听谗言。吾能守之，终不转也。

这段话，既是太宗对施政政治基本经验的概括，又表明他坚持力行的主要是这三件大事。

中国历史上，唐太宗算得上是最重视以史求治的帝王了。考历代兴亡，辨前王得失，以汉文为师，思隋亡为戒，编纂史书，取鉴求治，贯穿于太宗施政致治的全过程。

太宗即位之初，不仅议政之间“引见群官，降以温颜，访以今古”，以至“夜夜忘疲，中宵不寐”，就是退朝之后，他仍然“披览忘倦，每达宵分”。自己如此孜(zī)孜不倦、夜以继日地读史、议史之外，更注意指导地方军政长官读史。贞观三年(公元629年)年底，为奖励凉州都督李大亮的“忠勤”，特赐荀悦《汉纪》一部，认为“此书叙致既明，论议深博，极为治之体，尽君臣之义”，要李大亮“宜加寻阅”。所谓“极为治之本”，即认为《汉纪》中有大治天下的丰富经验可供吸取。同时，以宰相房玄龄为总监，副相魏征“总知其务”，组织了专门的修史班子。自贞观三年(公元629年)，至十年(公元636年)，修撰成《梁书》《陈书》《北齐书》《周书》和《隋书》五代史，总结出“览前王之得失，为在身之龟镜”这一取鉴求治的基本经验。“前王”之“得”，太宗最倾心于汉文帝，“前王”之“失”，太宗最感触于隋炀帝。从“贞观之治”表现出的“致治”之道，包括以“静”求治总方针的制定，农本思想、君臣相辅思想、任贤纳谏、民族德化，乃至释宫女、令得嫁等等，都能从汉文致治、炀帝丧国的正反经验教训中找到借鉴的痕迹。贞观十五年(公元641年)，太宗在辨前王兴亡的同时，又注意到典章制度的问题，命史官续修《五代史志》，直至高宗时才告成。

进入晚年，太宗又下诏修撰《晋书》，并亲自撰写了四篇史论。指责司马懿未能“竭诚尽节”，“见嗤(chī)后代”，显然是想借历史告诫李唐功臣不要像司马懿那样有亏臣节。评论司马炎，是为了告诫太子李治，莫忘司马炎“居治而忘危”、“委寄失才”、封藩贻患的教训，免得“海内版荡，宗庙播迁”。这是试图以史安排后事。

进贤共治，在古代的名君中，也数唐太宗做得最为有成效。

当确定了大治天下的基本方略之后，太宗立即把进贤致治提到重要议事日程,强调"致安之本,惟在得人"。据《全唐文》所收,太宗亲下求贤举能诏多达5次。随时提及求贤者,在《贞观政要》一书中比比皆是。即位之初,太宗命宰相封德彝(yí)举荐贤才。几个月过去了,不见动静。太宗掩饰不住求贤的急切心情,斥责封德彝失职。封德彝辩解说:"非不尽心,但于今未有奇才。"太宗反驳道:"古之致治者,岂借才于异代乎?正患己不能知,安可诬一世之人!"人才不会没有的,关键在于能不能发现人才。太宗深深懂得"人才有长短,不必兼通"的道理,强调"君子用人如器,各取所长"。一次,太宗与宰相房玄龄、魏征、李靖、温彦博、戴胄(zhòu)、王珪等酒宴。席间,太宗要王珪"品藻"诸相,王珪说:"孜孜奉国,知无不为,臣不如玄龄;每以谏诤为心,耻君不及尧舜,臣不如魏征;才兼文武,出将入相,臣不如李靖;敷奏详明,出纳惟允,臣不如温彦博;处繁理剧,众务必举,臣不如戴胄。至如激浊扬清,嫉恶好善,臣于数子,亦有一日之长。"太宗很同意这一概括,诸相也以为"尽己所怀,谓之确论"。这一席对话。既表达了太宗用人"各取所长"的方针,又包含着对太宗用人"人尽其才"的礼赞。贞观十一年(公元637年),太宗面对隆盛的功业,不无感慨地说:"于兹十有余年,斯盖股肱磬(qìng)帷幄之谋,爪牙竭熊罴之力,协德同心,以至于此。"短短的几句话,道出的正是他"进用善人,共成政道"的事实。这一年,太宗两次颁诏求贤,仍然强调"博访邱园,搜持英俊,弼成王道,臻于大化焉",把"进贤"与"致治"的关系说得更加明白。贞观十七年(公元643年),为了展示君臣一体,共成政道,特诏长孙无忌、李孝恭、杜如晦、魏征、房玄龄、高士廉、尉迟敬德、李靖、萧瑀、段志玄、刘弘基、屈突通、殷开山、柴绍、长孙顺德、张亮、侯君集、张公谨、程知节、虞世南、刘政会、唐俭、李勣、秦叔宝等24人,图画于凌烟阁。从凌烟阁24功臣可以看出,太宗"进用善人",不论出身士庶,是否故旧,也不问为官为民,是汉是夷,均"委任责成,各尽其用"的用人之道。这正是太宗始终"勤行"不忘于"共成政道"的结果!

不为群小之辈所谗,是保证"广任贤良"的重要环节。唐太宗为实现"进用善人,共成政道"的目的,把"斥弃群小,不受谗言"作为自己"勤行"的三件大事中的一件,足见其对防佞杜谗的重视程度。

贞观初，为“致太平”，太宗广开“直言之路”。于是，便有群小之徒“各行谗毁，交乱君臣”。为此，太宗反复强调，“朕观前代谗佞之徒，皆国之蟊(máo)贼也”，把谗邪视为“逆乱之源”。为了防佞杜谗，下令“自今以后，有上书讦人小恶者，当以谗人之罪罪之”。贞观三年(公元629年)，魏征升任秘书监、参与朝政，为副相。于是有人诬告魏征“谋反”。太宗立即反驳道：“魏征，昔吾之仇，只以忠于所事，吾遂拔而用之，何乃妄生谗构？”不仅不追究魏征，反而“遽斩”诬告之人。在这前后，监察御史陈师合上《拔士论》“毁谤”宰相房玄龄、杜如晦“思虑有限”，想动摇房、杜相位。太宗说：“朕以至公治天下，今任玄龄、如晦，非为勋旧，以其有才行也。此人妄事毁谤，止欲离间我君臣。”便采用法律手段，“流陈师合于岭外”。对于某些大臣，太宗并不因其“功高”就听任其毁谤贤能。最具典型性的，要算是萧瑀对房、杜的谗毁了。萧瑀在高祖时，“凡诸政务，莫不关掌”，太宗即位后重用房、杜，萧瑀“心不能平”。先是上书论二人不称职，但无证据，太宗罢萧瑀，“废于家”。过了一阵，复其官职。后来，房玄龄、魏征等执政中“有微过”，萧瑀又“劾之”。太宗“竟不问”，免去萧瑀相职，降级使用，过了四年，才恢复其相位。贞观十七年(公元643年)，萧瑀也图画凌烟阁，又诬房玄龄以下诸相“悉皆朋党比周，无至心奉上”，并“累独奏”称“此等相与执权，有同胶漆，陛下不细谙知，但未反耳”。太宗一面劝萧瑀要“推心待士”，一面表示自己不会“顿迷臧否”。太宗“积久衔之”，越发讨厌萧瑀，最终下诏斥其“弃公就私，未明隐显之际；身俗口道，莫辨邪正之心”，罢为州刺史，除去封爵。

勿妄自菲薄　勿自夸自傲

原文

前人云：“抛却自家无尽藏[①]，沿门持钵效贫儿。”又云：“暴富贫儿休说梦，谁家灶里火无烟[②]？”一箴自昧所有，一箴自夸所有，可为学问切戒。

注解

①无尽藏：佛家语，是“无尽藏海”的简称，比喻无穷道德，此处有道德和财富的双重含意。《大乘义章》中说：“德广难穷，名为无尽，无尽之德，包含之德，包含曰藏。”

②谁家灶里火无烟：是说任何人家多少都有点财产。

译文

从前的人说：“放弃自己家中的大量财富，却模仿穷人拿着碗沿街去乞讨。”又说：“一个突然暴富的穷人，千万不要老向人家夸耀自己的财富，其实哪个人家的炉灶不冒烟呢？”上面这两句谚语，一句是用来忠告那些不认识自己德行的人，一句是用来忠告那些夸耀自己财富的人，这些都是做学问的人必须彻底戒除的事。

事典

劳师袭远敌　骄纵军覆没

公元前627年，秦国发兵偷袭郑国。老臣蹇(jiǎn)叔认为“劳师以袭远”，难以取得突然袭击之效，劝阻秦穆公不要进行这场战争，穆公不听，蹇叔哭送出征的军队，并警告主将孟明视：途经崤(xiáo)山，要警惕晋国军队的埋伏。然而，孟明视骄纵轻敌，他袭郑不成，回师灭了滑国，把滑国的粮食和财宝抢劫一空，装满了几百辆大车返回。

这年四月初，秦军行经崤山不远的地方，大将西乞术对孟明视说：“家父所说的险恶的地方可到了，我们要留神！”孟明视不以为然。另一大将白乙丙还是担心，亦劝说留心为妙。孟明视也觉得：宁可信其有，不可信其无。他就把大军分为四队：小将褒蛮子率领第一队，自己第二队，西乞术第三队，白乙丙第四队，每队间隔一两里，互相照应着前进，慢慢地进入崤山。褒蛮子率领第一队，先到达东崤山，一路上顺利前进，十分寂静。后遇一敌将，兵败而归。孟明视于是督促第三、四队兵马一起过山。可是，孟明视带领的军队还没走上几里路，就感觉山道崎岖，车马难行。忽闻后边有擂鼓的声音，士兵吓得惊慌失措，竞相奔走。兵马挤作一团，前进、后退都很难，第一队人马已经不见踪影，忽见山道上横七竖八堆着很多大木头，当中立一面大旗。约有五丈多高，上面有个“晋”字，四面无人。孟明视认为这是晋军的花招，车马继续前进。他立即吩咐士兵搬开木头，清理出一条道路。这面标志晋军暗号的大旗也被放倒。一眨眼，晋军包围了秦军，前后夹击，疲惫的秦军溃不成军，死伤很多。剩余的士兵，风声鹤唳(lì)地乱成一团。孟明视、西乞术、白乙丙都被俘，至此仍不明白：晋国的军队怎么会布置得这样严密呢？怎么他们走进山的时候没有发现一个敌人呢？原来晋文公死了以后，正要出殡，晋国的大将先軫得到消息：秦国的孟明视率领大军偷过崤山，攻打郑国。他立刻向新君晋襄公报告。晋襄公与大臣商议，立即发兵，在崤山布下埋伏，等候秦军。因此他们打得孟明视全军覆没，没有一个逃脱出去。

情急招损　严厉生恨

原文

事有急之不白者宽[1]之或自明，毋躁急以速其忿；人有操之不从者，纵之或自化[2]，毋躁切以益其顽。

注解

①宽：舒缓。

②自化：自己觉悟。《老子》：“我无为而反自化。”

译文

世间有很多事情，你越是急着想弄明白就越糊涂，所以倒不如放下不管，也许头脑冷静之后事情自然就弄明白了，千万不可太急躁，以免增加情绪上的紧张气氛；同时世上有很多人，你指挥他他根本不愿服从，这时倒不如放下他让他自由发展，如此他自己也许会慢慢觉悟过来，千万不可操之过急，以免增加他的蛮横和固执。

事典

权宜之议与万世之虑

晋文公重耳与楚国激战在卫地的城濮，对于这一仗究竟如何打法，重耳胸中没有把握，就问他的舅舅狐偃："这一仗将如何进行？"狐偃说："君主行使仁义的举措，不满足于忠诚和信义，兵家争于攘城夺地，不忌讳于奸诈和伪讹。既然如此，我主不妨就以诈对付它。"

晋文公听后，就告辞再去问谋士雍季。雍季说："对敌作战，譬(pì)如捕猎。如将林子烧掉，猎获的野兽一定很多，但以后就没有野兽可捕获。这次对楚国作战，不择手段地用诈，定能大胜，获得很多的利益。但是，以后像这样的获利不会再有了，我想大王还是以堂堂正正的办法对待之。"

晋文公回去备战，他不理会雍季的一套，采取狐偃的策略制订作战方案。结果同楚大战于濮城。楚国损兵折将，晋文公胜利而归。

晋文公回师犒劳将士，论功行赏，首先考虑雍季，然后再想到狐偃。晋文公左右的臣僚替狐偃不平，而问晋文公："城濮之战能够大捷，是采用狐偃的计谋和策略。论功行赏，君主为什么重雍季而薄狐偃？”

晋文公说：“不错，因为狐偃所言被我采纳实施的，是解决权宜一时之需；雍季所讲虽未涉及战争，但它是万世之虑。我怎能先考虑权宜一时的，而后考虑万全的后世之虑呢？”

事情紧急之间，采取权宜之策，以缓解激烈的矛盾冲突。

文华不如简素　读今不如述古

原文

交市人不如友山翁[1]，谒朱门[2]不如亲白屋[3]；听街谈巷语不如闻樵歌牧咏，谈今人失德过举不如述古人嘉言懿行。

注解

①山翁：此指隐居山林的老人。

②朱门：本指红色的大门，比喻富贵之家，杜甫有“朱门酒肉臭，路有冻死骨”的名句。

③白屋：平民穷苦人家的房屋，用简陋的材料搭建，因此就用“白屋”来代称。

译文

与其交一个市井商人做朋友，不如交一个隐居山野的老人；与其巴结富贵豪人，不如亲近布衣百姓；与其谈论街头巷尾的是是非非，不如多听一些樵夫的民谣和牧童的山歌；与其批评现代人的错误过失，不如多传述一些古圣先贤的格言善行。

事典

智士劝楚王　不可进攻宋

楚国人士尹池为楚国出使到宋国去,宋相司城子罕在家里宴请他。

子罕故意让士尹池观看他家院子周围的情况。南边邻居的墙向前突出却不拆了它取直,西边邻居家的积水流过子罕的院子却不加制止。士尹池询问这是为什么,司城子罕说:“南边邻居家是工匠,是做鞋的。我要让他搬家,他的父亲说:‘我家靠做鞋谋生已经三代了,现在如果搬家,那么宋国那些要买鞋的,就不知道我的住处了,我也将不能谋生,希望相国您怜悯我。’因为这个缘故,我没有让他搬家。西边的邻居家院子地势高,我家院子地势低,积水流过我家院子很便利,所以没有加以制止。”

士尹池回到楚国,楚王还要发兵攻打宋国,士尹池劝阻楚王说:“不能攻打宋国。它的君主贤明,它的相国仁慈。贤明的人能得民心,仁慈的人别人能为他出力。楚国去攻打它,大概不会有功,而且还要被天下人所耻笑!”

由于士尹池到宋国进行了调查研究,因而阻止了楚王攻打宋国。

春风育物　朔雪杀生

原文

念头宽厚的如春风煦育[①],万物遭之而生;念头忌刻的如朔雪阴凝[②],万物遭之而死。

注解

①煦育：煦，温暖，育是化育，由此而万物生长。

②朔雪阴凝：朔，北方。阴凝，雪因阴冷久积不化。

译文

一个胸襟宽宏忠厚的人，就好比温暖的春风化育万物，能给一切具有生命的东西带来生机；一个胸襟狭隘刻薄的人，就好比寒天阴冷凝固的白雪，能给一切具有生命的东西带来杀气。

事典

王振弄权势　朝中结朋党

明朝的宦官王振权势炽热时，许多官僚都前来巴结贿赂，以求高升。

明正统初年，宦官王振的势力虽然有所增长，但由于受到张太后和三杨的限制，还没有达到擅权的程度。

正统五年（公元1440年），杨荣病死，七年（公元1442年）张太后离开人世，八年（公元1443年）杨士奇死。“三杨”之中只剩下杨溥在朝，但年老多病，无力过问政事。新选入阁的马愉、曹鼐（nài）等资浅势轻，难以左右朝中局势。英宗虽然年长，但无主见，事事依从王振。这就为王振擅权打开了方便之门。

王振见掌握政权的时机已经成熟，毫不手软，立即跑到前台，把朝中大权一把夺了过来，正式开始了专擅朝政的生涯。

首先，王振摘去朱元璋时挂在宫门上那块禁止宦官干预政事的锣牌，肆无忌惮地管起国政来。

接着大兴土木，役使军民在皇城内建造不亚于皇宫的府第，又修建智化寺，为他祝福。王振控制朝政以后，为了扩大自己的势力和显示自己的威风，大搞结党营私和排斥异己的活动。谁若顺从和巴结他，就会立即得到提拔和晋升。谁若违背了他，立即受到处罚和贬黜（chù）。顺我者昌，逆我者亡，一时间，把朝廷搞得乌烟瘴气。

一些官僚见到王振权势日重，纷纷前来巴结贿赂，以求高升。有位工部郎中，名叫王䩄(bǐng)，最会阿谀逢迎。一天，王振问王䩄说："王侍郎，你怎么没有胡子？"王䩄无耻地回答说："老爷你没有胡子，我怎么敢有。"一句话说得王振心里甜滋滋的，立即提拔他为工部侍郎，徐晞和王文亦因善于谄媚，被王振提拔为兵部尚书和都御使。王振还把他的两个侄子王山和王林提拔为锦衣卫指挥同知和指挥佥事。又把死心塌地依附于自己的心腹马顺、郭敬、陈官、唐童等，安插在各个重要部门。谁要向他贿赂，也会得到提拔和照顾。福建有位参政宋彰将数以万计的贪污官银送给王振，立即被提拔为布政使。从中央到地方，迅速形成了一个以王振为核心的朋党集团。

善根暗长　恶损潜消

原文

为善不见其益，如草里东瓜[①]自应暗长；为恶不见其损，如庭前春雪，当必潜消。

注解

①东瓜：冬瓜。

译文

一个经常做好事的人，虽说表面上看不出什么好处，但是善人就像一个长在草丛中的冬瓜，自然会暗中一天天长大；一个经常做坏事的人，虽说表面上看不出有什么坏处，但是恶人就像春天院里的积雪，只要阳光一照射自然就会融化消失。

事典

潜善修行终获利

苏耽是个孝子，十四岁那年，他的母亲李氏在吃荤菜时忽然想起二百里外资兴游的鳗鱼。她对苏耽说，只是路远不易得到，否则，也可尝一尝鲜味了。不想苏耽应声说我就去集市买鱼，说完便出门而去。李氏以为是小孩子开玩笑，讨讨自己喜欢罢了。一顿饭没吃完，苏耽真的回来了，手里提着一包鳗鱼。李氏说："你平日里最为谦谨忠厚、不作谎言。资兴游离这儿二百多里，你能一会儿就去了来回？不要骗妈妈了！"

苏耽说："我在资兴游买鱼时遇到了舅舅，他托我向您老致意，还说过两天来看望您呢。"

李氏笑笑，只是不信，但鱼加工好以后，他母亲尝了尝确实是资兴游鳗鱼的滋味。又过了几天，苏耽的舅舅果然来看望李氏，而且说法和苏耽的一模一样。李氏觉得此事蹊跷便问苏耽，苏耽秉(bǐng)性诚实，就禀告母亲说："孩儿修道的功德已经圆满，不日即将正升，脱离尘世。孩儿已生命蒂胎根，灵台紫府，阴阳不能更改我的本性，天地不能限制我的行动，沧桑变迁不能使我交易，日月俱老我却不老，凭真元一气可与天地万古同存。"母亲伤心地说："我是靠你生活的，你走了我去依靠谁呢？为什么要离去呢？"苏耽回答说："师父常对我说'一人升仙，九族庇佑'。即使亲族过世也不会成为鬼，如今我虽离您而去，但您的一举一动，我都能知晓。"说着指着一个封锁很严实的柜子说："这个柜子留在家中，您不要轻易地打开它，如有所需求向它要，必能如愿以偿。"

汉文帝三年，苏母李氏但有困乏便诉之柜子，每每皆能如愿。有一天，李氏突发奇想，儿子苏耽会不会就在其中？于是打开柜子，既不见苏耽又没有任何一样生活用品，只有两只白鹤凌空而去。

潜修善行，终会获利。

道乃公正无私　学当随时警惕

原文

道是一种公众物事，当随人而接引①；学是一个寻常家饭，当随事而警惕。

注解

①接引：本为佛用语，引申为引导、教导。佛教传说，在释迦牟尼出世前，已经有佛的出现。接引道人便是释迦牟尼前的佛祖，此佛为西方极乐世界的教主，南无阿弥陀佛。西方极乐世界之教主，据《无量寿经卷》上载，过去久远劫世

自在王佛住世时，有一国王发无上道心，舍王位出家，名为法藏比丘，于世自在王佛处修行，熟知诸佛之净土，历经五劫之思虑而发殊胜之四十八愿。此后，不断积聚功德，而于距今十劫之前，愿行圆满，成阿弥陀佛，在离此十万亿佛土之西方，报得极乐净土。迄今仍在彼土说法，即净土门之教主，能接引念佛人往生西方净土，故又称接引佛。

译文

人生的道理就像一条大马路，人人都可以走，人人都必须走，所以应该顺着人性去引导；做学问就像每个人吃家常饭那样普遍，因而应该随着事物的变化留心观察和提高警惕。

事典

恪守宪律法　臣期不奉诏

唐代元和年间，恪守宪律公推第一人的就是御史中丞薛存诚。宪宗常言："持宪无以易存诚。"当御史中丞缺人时，宪宗首先提到的人选就是薛存诚，并指名由他补任。

薛存诚（？—公元814年），字资明，河东（今山西济县蒲州镇）人。进士及第后，即踏入宦海，到了元和元年（公元806年）已经升到御史中丞。薛存诚秉性平和，处事待物总是十分宽容。"于人无所不容"，但当官处理事情涉及原则时，却毫不妥协退让，与平时判若两人。

久留长安，郁郁不得志的司空，平章事于顺为求出任节度使，指使自己的儿

子通过中介人贿赂"颇招权利"的枢密使梁守谦。元和八年(公元813年),事情败露后,朝廷指派御史中丞薛存诚、刑部侍郎王播、大理卿武少仪组成三司使追查。审查中他们发现此案牵连了一个法号叫鉴虚的僧人,此人自贞元以来即通过财帛交给权幸,接受方镇赂遗,招权弄事,厚自奉养,赃秽恶名远播内外。但由于他倚靠势焰熏天的宦官,背景大,根子深,所以虽然为非所歹,官吏却不敢将他绳之以法。此时因涉嫌于顺、杜黄裳行贿事下狱。薛存诚借机彻底追查鉴虚行贿受贿的罪证。最后查得他受赃贿数目竟高达数十万,依律必须处以死刑。闻听此讯的权贵都争先恐后地轮番到宪宗面前为他求情保驾。宪宗碍不过众人情面,下诏命薛存诚释放鉴虚,但薛存诚却抗诏命,表示绝对不释放鉴虚。宪宗是嘉赏他敢于执正不回,二驳诏敕,方奖擢他出任中丞,所以他是深知存诚秉性的。

宪宗知道,虽然自己是至高无上的皇帝,明目张胆地让薛存诚屈法放人,也是办不到的。于是第二天,又令中使到御史台,传宣圣旨:"朕要此僧面诘之,非赦之也。"打着皇帝要亲自审讯的旗号。想以此骗存诚放人。但薛存诚早已窥悉此一套把戏的真实意图，当即草拟了一篇奏章让传宣圣旨的中使带给宪宗。他开宗明义地说："鉴虚罪款已具。"实际是向宪宗点明既然案犯已经招供，证据确凿，根本无须烦劳皇上亲讯，颇有点戳破托词的味道。但作为臣子不能公然折辱圣上，因此在奏章中他又退了一步，指出即便此举有必要，他也可以将人送到内廷，但希望圣上"非赦之"的保证不要成为空话。在附奏中薛存诚义无反顾地写道："陛下若召而赦之，请先杀臣，然后可取。不然臣期不奉诏。"宪宗亦是一代明君，臣子宁可冒犯圣上也要坚持守法的坚决态度令他怦然心动，一点也不为自己的托词被戳穿而恼怒，反而对薛存诚的守法大加叹赏。当年三月，鉴虚被杖决处死，所有财产均被没收。

一位平日恂(xún)恂之谦谦君子竟有如此的胆识气魄，真是令人击节叹赏。

信人示己之诚　疑人显己之诈

原文

信人①者，人未必尽诚，己则独诚矣；疑人②者，人未必皆诈，己则先诈矣。

注解

①信人：信任别人。

②疑人：怀疑别人。

译文

一个肯信任别人的人，虽然别人未必全都是诚实的，但起码自己先做到了诚实；一个常怀疑别人的人，别人虽然未必都是虚诈的，但是最少自己已经先成为虚诈的人了。

事典

滴水之恩　涌泉之报

晋国卿大夫赵盾在去都城的路上，在一株弯曲的桑树下面见到一个饿得昏厥过去的武士。他忙停下车子，唤人取出食物调好后送到他的口中，接连几口武士渐渐苏醒过来。赵盾怜悯地问他："你为什么饿到如此地步？"武士说："我是都城当差的，这次办公务所带的回途粮食吃完了，我耻于沿途乞食，又憎恶偷窃的行为，所以落得如此窘状。"

赵盾很敬佩他的品行，又吩咐家臣取出两块干肉给他。武士拜而受之，但留着不吃。赵盾问他为什么不吃？他讲："家里还有一位老母，打算把美食送给她老人家吃。"

赵盾说："你先吃了吧，我还会给你带回去食物的。"

于是赵盾又唤家臣取来两串干肉相赠，临别还送给他一百枚钱币。

两年以后，赵盾理政有方，威望也高，引起晋灵公的忌讳和不满。这天灵公假借饮酒为名，在厅内埋伏士兵刺杀赵盾。席间灵公亲自为赵盾把盏，赵盾发觉灵公一反常态，知其有诈，便中途借故出厅而去。灵公久候不见赵盾，急令埋伏在厅内的士兵追赶赵盾。其中有个将士出宫追得特别急，先于其他士兵追上赵盾。然而，他非但不杀赵盾，还要赵盾用他的车子离去，由他阻击后面的追兵。

赵盾对此义举十分感激，问他的姓名，他避退让路，恭敬地说："事至此不必再问姓名，只要知道当年饿倒在老桑树下的武士就行了。"

追兵迫近，他义无反顾地去迎战。

真诚地对待别人，别人也会以真诚来回报。

厚待故交　礼遇衰朽

原文

遇故旧之交，意气要愈新；处隐微①之事，心迹宜愈显；待衰朽②之人，恩礼当愈隆。

注解

①隐微：隐私的小事。
②衰朽：年老力衰的人。

译文

遇到多年不见的老友时，情意要特别真诚，气氛要特别热烈；处理某种秘密事情时，居心要特别坦诚，态度要特别开朗；服侍身体衰弱的老人时，举止要特别殷勤，礼节要特别周到。

事典

苏秦施小计　巧妙用张仪

战国时，苏秦和张仪曾经一起跟鬼谷子先生学术，苏秦自以为不如张仪。自从主张赵王合纵六国后，苏秦时刻担心秦国地利兵强，随时进攻诸侯国，破坏了赵国与六国的合纵盟约，总想找一个合适人派往秦国。苏秦想到了谋士张仪。

苏秦派人悄悄地感化穷困潦倒的张仪说："你和苏秦很友好，你为什么不去拜见苏秦呢？"张仪听到这话后，来到赵国，求见苏秦。苏秦事先告诉门卫说："张仪来了，先不要通报。"就这样，反复让他来了好多次，才好不容易见到了苏秦。会见他时，苏秦又让他坐在堂下，赐给他仆妾吃的食物，而且数次责备他说："以你的才能，让自己困窘受辱到这步田地。我不能在赵王面前替你说好话而让你富贵，赵国不会收留你这样的人。"张仪非常失望，便告辞苏秦离开赵国。张仪心想，这次来求见苏秦，本以为是朋友，反而受其侮辱，心里非常愤怒生气。他觉得唯独秦国强大能攻打赵国，于是到了秦国。

苏秦告诉他的门下舍人说："张仪是天下的贤士，我一辈子也不如他。现在既能被秦国所用，同时也对赵国有利的，只有张仪最合适。但是他很贫穷，我怕他因为穷，给他点好处就贪小利而不愿意去秦国，所以就先召他来侮辱他一顿，以激起他的愤怒让他去秦国，以达到我的目的。你们要替我小心侍奉他。"苏秦又将此事告诉赵王，同时派自己的舍人带了些金银财宝车马，跟随张仪和他同往，渐渐接近张仪，供奉他车马金钱，张仪所要的都给他，而不告诉他原因。于是张仪得以见到秦惠王。秦惠王把张仪当做客卿，和他共同商量讨伐诸侯国的计策。

苏秦的门下舍人见到这个情况后，就向张仪告辞要离开。张仪说："我因为依靠了你才得以荣华富贵，正要报答你的恩德，为什么要离开我呢？"舍人说："我不是您的知己，您的知己是苏秦啊！苏秦担心秦国攻打赵国而破坏合纵之盟，认为只有您能掌握秦国的大权，所以，故意激怒您，派我悄悄地奉送给您财物。这都是苏秦所施的计谋。现在您已经被秦国重用，请让我回去向苏秦汇报吧。"张仪说："我在苏秦的计谋之中而一点不觉察，我不如苏秦聪明！我虽然被秦国所用，又怎么能计算赵国呢？替我感谢苏秦，只要苏秦在，张仪哪里敢说攻打赵国的话呢！"

自此以后，张仪从未谋划过进攻赵国。

君子以勤俭立德 小人以勤俭图利

原文

勤者敏[1]于德义,而世人借勤以济其贫;俭者淡于货利,而世人假俭以饰其吝。君子持身之符[2],反为小人营私之具矣。惜哉!

注解

①敏:勤奋,努力。

②符:本指护符,此处作法则解。

译文

一个勤奋的人应该尽心尽力在品德和义理上下功夫,可是一般人却都仰仗勤奋来解决自己的穷困;一个俭朴的人应该把财货和利益看得很淡泊,可是一般人却假借俭朴来掩饰自己的吝啬。勤奋和俭朴本来是有德君子立身处世的信条,不料反倒成为市井小人营利徇私的工具。说来也真是令人感到惋惜。

事典

节俭宋武帝 一生反奢靡

南朝宋武帝刘裕十分崇尚节俭，反对奢靡(mí)作风。他平时清心寡欲，对珠玉车马、丝竹女宠都很有节制。

宁州地方官曾经给刘裕奉献琥珀枕，是无价之宝，他都不稀罕。在出征后秦时，有人说琥珀能治疗伤口，他就命人将琥珀枕砸碎分发给将士治伤。

平定关中后，他得到美女姚氏，十分宠爱。臣下谢诲劝谏他不要因女色而荒废政务，他当晚就将姚氏送出宫去。

刘裕身为皇帝，种种细微之处，如睡的床、用的钉等，他都告诫务须从俭。公主出嫁，不给锦绣金玉。在皇宫，他仍依照农民住屋建造自己的寝室，床头设有土障，墙壁上挂葛布制作的灯笼，用的是麻制蝇拂。他的孙子看了这些以后，讥笑他为“田舍翁”(乡巴佬)。

刘裕平时穿着也十分随便：穿连齿木屐，用普通裙帽。他还把自己补缀多层的破袄给长女，并嘱咐她：后世若有骄奢不知节俭的，就拿给他们看看。武帝始终保存着自己年轻时用过的农具，用来教育后代，使其知道稼穑之艰难。

学贵有恒　道在悟真

原文

凭意兴作为者，随作则随止，岂是不退之轮[①]；从情识解悟者，有悟则有迷，终非常明之灯[②]。

注解

①不退之轮：佛家语，轮指法轮。佛家认为，佛法能摧毁众生的罪恶，所以佛法就像法宝，能碾碎山岳岩石和一切邪魔恶鬼，而且认为法轮并不停在一处，就像一般的车轮那样到处辗转，所以才称为不退之轮，据《维摩经·佛国品》说：“三转法轮于大千，其轮本来常清净。”

②常明之灯：指佛家所说本智的光明，因此就用以比喻光明之灯，寺庙所点的灯都叫长明灯。

译文

一个凭一时感情冲动去做事的人，等到这五分钟热度一过事情也就跟着停顿下来，这哪里是能维持长久奋发上进的做法呢？一个从情感出发去领悟真理的人，有时能领悟，有时也会被感情所迷惑，所以这种做法也不是一种永久光亮的灵智明灯。

事典

庄子讲道

从前有个人叫顺子,他同庄子住在一个城邑,并且住在城郭之东,人们称他为东郭子。有一天,东郭子向庄子问道:“道家所讲的虚通至道的‘道’,究竟在什么地方,先生可以告诉我吗?”“道,随处皆有,无所不在。”庄子说。“先生讲得具体些。”东郭子要求。“在蚂蚁的身上。”“啊!道如此的卑下?”东部子惊奇地问。“不光是如此,还混杂在米堆稗(bài)子里。”“这又等而下之了。”“还在瓦罐内。”“岂不是下而又下了吗?”“何至于此?还在尿溺粪便里哩!”

东郭子原以为道虽然卑下却很清高,未料却越问越卑下,不敢再问了。

庄子说:“夫子所问的没有触及问题的实质,从前有个叫获的集市小吏,问一个杀猪大户如何判断猪的肥瘦。大户告诉他要看猪股和猪腿之间的肉膘,越接近腿的下部肉越少,脂油越不足,肥瘦俱视此而定。我说道在尿里也是这个道理。道,原无卑下、高尚之别,你所谓的‘清虚之道’的问法,本身就是偏执错误的命题,不切道的实际。再说,天下没有离开物来说道的,论道这样,高谈教化也是这样,譬如我们平时说某是‘周’、某是‘偏’、某是‘全’一样,‘周’、‘偏’、‘全’三个词的概念不一。但它们具有同一的意义,都涉及物所存在空间的际。际的极限大,大到无限,小,小到无限;终而归结是一。试想在那无垠无际的空间,‘周’、‘偏’、‘全’已失去相对性,哪有什么界限之分。甚于无为的道,其性冲淡安宁,寂静清虚、和谐闲逸,使人心寂然虚空。可以说,道的本身不存在根本和末梢;道是物的聚集和消散,聚集和消散的不是道的本身。”

凭着自己的主观去认识事物,不但不能认识事物的本质,而且反使自己离得更远了。

心虚意净　明心见性

原文

心虚[1]则性[2]现，不息心而求见性，如拨波觅月；意净则心清，不了意而求明心，如索镜增尘。

注解

①心虚：指心中没有杂念，并非通常所说的心中恐惧。

②性：与生俱来的气质，《中庸》中有“天命之谓性”。

译文

只有在内心了无一丝杂念时，人的善良本性才会出现，假如不使心神宁静而想要求发现本性，那就像拨开水波来找水中之月一般，越拨越是找不到；只有在意念清纯时脑海才会清明，假如不铲除烦恼而想心情开朗，那就等于想在落满灰尘的镜子前面照出自己的样子，根本是照不清的。

事典

身残而精神完美

春秋时期，鲁国有一位受过刖刑被砍去了一只脚的人，名叫王骀。他有许多学生。孔子的学生常季对此十分不解，便求教于老师："王骀这样身体残缺的人还会精神完美吗？"孔子说："生和死是人生中最大的事情，但是无论生和死，王骀都能置之度外，不为所动。即使天翻地覆，也丝毫不能改变他。自己坚守的信念，不以外界的影响而变，任凭事物千变万化，始终信守自己的宗旨。"常季听了之后，仍有不解之处，便问道："如何解释呢？"

孔子说："对于一件事物，如果要挑剔它的不同之处，就像身体肝和胆之间的距离，也有着天壤之别。如果要看它的相同之处，天下万物也可以看出同一道理来。倘若这样的话，就不知道眼睛该怎样去观察，耳朵该怎样去倾听，而精神和思想也随之飘忽不定。"常季又问："王骀用自己的经历和智慧来修炼信念。又以自己的真理去解释世界万物。那么他的学生也会如此吗？"孔子说："人能在静止的水中照见身影，在流水中却不能影射人影，唯有静止的事物才能反映出物的静止状态。世界上的人都由天造，只有虞舜的言行举止最正，幸而有他的楷模，正气才能传播。假如保持原始的勇猛和无畏，那么勇士一人也能称雄于千军万马之中。追求功名荣誉的人尚能如此，更何况具有主宰大地、包容万物的思想，把身躯耳目视为外物，掌握了人间的智慧，追求崇高的心灵境界的先知者。他在选择时机登临圣界，世人都追随之，那些智慧和真理的感受力是不必忧虑的。"

人情冷暖　世态炎凉

原　文

我贵而人奉之，奉此峨冠大带[①]也；我贱而人侮之，侮此布衣草履[②]也。然则原非奉我，我胡[③]为喜？原非侮我，我胡为怒？

注　解

①峨冠大带：比喻官位。

②布衣草履：比喻出身贫贱穷苦。

③胡：疑问副词，为什么。

译　文

我有权有势人们就奉承我，这是奉承我的官位和纱帽；我贫穷低贱人们就轻视我，这是轻视我的布衣和草鞋。可见根本不是奉承我，我为什么要高兴呢？根本不是轻视我，我又为什么要生气呢？

事典

屠夫喂恶狼　狼壮更害人

捷克斯洛伐克是在第一次世界大战后新生的多民族国家，其境内的苏台德区是德意志人的居住区，这为希特勒吞并捷克斯洛伐克提供了借口。1935年，在希特勒的支持下，苏台德区掀起了大日耳曼民族的狂热情绪，日耳曼人党在选举中取胜，直接冲击着捷克斯洛伐克的稳定和欧洲的和平。1938年5月，希特勒开始在德、捷两国边境集结军队，12月，希特勒又大放厥(jué)词，公开宣布要援助苏台德区日耳曼人，结果在捷克斯洛伐克引起动乱，形成报界所称的“苏台德危机”。

面对局势的急剧恶化，英国首相张伯伦不是履行保证捷克斯洛伐克边界安全的义务，而是急电希特勒，要求会面，寻求“和平解决”的办法。9月15日，69岁的张伯伦在希特勒复电表示同意后，生平第一次乘飞机，飞抵慕尼黑，前往伯希特斯加登会见希特勒。沿途中他看见一队队德军从眼前通过，其实这是希特勒有意安排的，借以炫耀武力。张伯伦一见到希特勒，希特勒就宣称德国不惜一战，以解决苏台德问题。张伯伦立即表示，他本人同意把苏台德区割让给德国，并促使捷克斯洛伐克政府做出这种让步。他请希特勒不要开战，希特勒答应在下次会谈前不采取军事行动。一两天后，即9月19日英国政府联合法国政府，照会捷政府，要求捷政府将以日耳曼为主的苏台德地区割让给德国。9月21日，凌晨，英、法两国又下令驻捷使节紧急拜会就寝中的捷总统贝奈斯，对捷克斯洛伐克施加压力。贝奈斯迫于压力，被迫同意英、法两国的建议。21日晚，贝奈斯总统向国民做广播讲话，说：“我们没有别的选择，因为我们被抛弃了。”9月22日，张伯伦兴冲冲地再次飞往德国的戈德斯堡市，同希特勒举行第二次会议。他刚刚叙述完自己强迫捷政府接受割让苏台德地区建议的“功劳”，没想到希特勒却提出了新的要求。德国不仅要占领苏台德地区，而且要日耳曼人居住的任何地区在11月25日前进行投票，决定其归属。张伯伦挨了当头一棒，变得更加灰心丧气。

几天后，狡猾的希特勒在柏林发表公开演说，称德国不会同英、法两国开战，但如果10月1日前捷政府不割让苏台德地区，他“将亲自作为第一个士兵去同捷克斯洛伐克作战”。对于希特勒的讲话，张伯伦似乎又嗅到了什么味道。

他分别向希特勒和贝奈斯建议，召开国际会议，由英、法、德、意四国和捷克斯洛伐克一起讨论，但拒绝邀请捷克政府代表参加。张伯伦喜出望外，第三次乘飞机前往德国。

1938年9月30日凌晨，张伯伦等人同希特勒在慕尼黑城签订了《关于捷克斯洛伐克割让苏台德领土给德国的决定》。协定规定，捷克斯洛伐克苏台德地区和与原奥地利接壤的南部地区割让给德国。协定签好后，张伯伦把捷克斯洛伐克代表叫进会议厅，告诉他说，这个协定“是无权上诉和不能修改的判处词”，捷克斯洛伐克政府被迫接受了这个协定。

张伯伦喜气洋洋地返回伦敦，声称“把光荣的和平从德国带回唐宁街来了”，并向人们宣布：“我们这一代人享受和平的新世纪已经到来了。”

显然，张伯伦是高兴得太早了。1938年10月6日，也就是捷克政府机构还没有从苏台德地区完全撤出的时候，德国就在斯洛伐克宣布成立“自治政府”。1939年3月14日，斯洛伐克宣布独立，并“邀请”德国派兵进驻。与此同时，德军开进捷克境内，宣布成立波希米亚和摩拉维亚两个德国的“保护国”。《慕尼黑协定》刚签订不到6个月，希特勒就占领了全部捷克斯洛伐克，完成了走向发动世界大战具有决定性的一步。

律己宜严　待人宜宽

原文

人之过误宜恕[1]，而在己则不可恕；己之困辱[2]宜忍，而在人则不可忍。

注解

①恕：宽恕、原谅。
②困辱：困穷、屈辱。

译文

别人的过失和错误应该多加宽恕，可是自己的过失和错误却不可以宽恕；自己受到屈辱应该尽量忍受，可是别人受到屈辱就要设法替他消解。

事典

养生之道在心宽

退休的王老先生说："养生之道在于心胸要宽阔，我当上了铁路局副局长后，很重要的一条，就是和战争年代一样，同群众保持亲密无间的关系。我注意了解群众的要求，也愿意帮助他们，大家对我很不错，说好话的多，但也难免听到批评的意见。受到群众批评的时候，对的我改，不对的也不生气。我对上级的意见，总是提出来，而且是当面提；我的工作不可能十全十美，当然也要允许下级对我提意见。即使有的意见是错误的、荒唐的，我也不发火，我想他在气头上说的话，没有必要跟他计较。这样，有的人自己觉得有些话说错了，会特地来向我道歉。总之，我觉得作为一个干部，气量要大些，才能保持乐观的情绪。”

王老接着说：“除了要乐观，锻炼身体也不可少。我目前身体比较好，可以说一靠乐观大度，二靠锻炼身体。”

王老说：“我每天早晨站在树底下，做一种气功，它不但可以练腿功，对增强视力也有好处。我觉得眼睛发花或不舒服的时候，有意识地练三天站桩功，眼睛发花或不舒服的现象就会消失。”在树荫底下练站桩功，眼睛一闭，只觉得眼前呈现一片绿色，有助于防治眼疾。

明利害之情　忘利害之虑

原文

议事者身在事外，宜悉利害之情；任事[1]者身居事中，当忘利害之虑。

注解

①任事：负责某事。

译文

当评论事情的得失时，假如能以超然的身份置身事外，才能了解事情的始末而评论出真正的是非；反之，如果以当事人的身份，而置身整个事情之中，这时就要暂时忘怀个人的毁誉，才能专心策划一切和推动所负的任务。

事典

忍负一时辱　伺机除心患

公元1世纪,斯里兰卡的王位传到了亚瑟手中。亚瑟是一个沉溺于酒色的浪荡王子,继位后整天在宫女们的陪伴之下吃喝玩乐,过着奢侈(chǐ)淫逸的生活。他还经常出外以巡视为名,游山玩水。有一次他到玛黑央格那地区游玩,遇到了一个相貌和他极为相似的人,这人名叫苏伯。由于苏伯刚直倔强,聪慧过人,并且力大无比,亚瑟王对他十分感兴趣,把他带回宫中,并命他到家乡把妻室接到王都,分配他执行守卫宫门的任务。

不久,亚瑟王对宫中骄奢淫逸的生活感到腻烦了。于是这个玩世不恭的国王想出了新花样:让苏伯戴上他的王冠,扮成国王坐在宝座上;他自己换上苏伯的衣服站在门口充当卫士。文武百官上朝见驾时竟然认假为真,向装成国王的苏伯三跪九叩,连呼万岁。退朝后两人才换回各自的衣服。这样的恶作剧使亚瑟王十分开心,他对苏伯也很满意,渐渐地两人关系比较密切,在没有第三者在场时,两个人可以无话不谈,没有一点顾忌。

他们俩在一起时,苏伯经常谈起他妻子,说她如何温柔贤惠,美丽动人。亚瑟国王本是一个色鬼,听了这番话,便产生了邪念。为达到他的欲望,他心生一计。一天他派苏伯到外省去出差。在夜深人静的时候,他就便衣出宫,悄悄地溜进苏伯的家中。不料,苏伯因故突然返回了都城。当他来到自己家门口时,隔窗看见屋里有两个人影在晃动。他屏住呼吸,靠近窗边,只听见屋里传来了一男一女的窃窃私语声。苏伯万万没有想到闯进他家中,勾引他妻子的竟是亚瑟王,而他妻子却又那么的趋炎附势。不一会他们两个黑影已靠在一起。

窗外的苏伯听了,实在按捺不住满腔怒火,他真想破窗而入,把亚瑟王砸个稀烂，可苏伯毕竟是个谨慎的人。他想，我何不先把他吓跑再想办法呢？想到这里，他假装刚从外边回来，什么也不知道，来到屋前大声叫妻子开门。屋内正想偷欢的亚瑟王被这突如其来的事变吓得魂不附体，仓皇越窗逃回宫中。通过这次的事情，苏伯更加看清了国王的狼心兽性。想到自己受到偷妻之辱，他决心忍辱负重，报此大仇。

主意已定，第二天，他便装着若无其事，仍旧到王宫履行守卫宫门的职责，对国王的态度也一如既往，丝毫没有表现出怨恨的情绪。过了一段时间，亚瑟国王便真的以为苏伯对那件事没有察觉，也就放心了，他为了解闷，又叫苏伯和他一起表演那套恶作剧。

苏伯意识到时机已到，决心利用这次机会除掉亚瑟。他像往常一样和亚瑟换了衣服，各就其位。上朝时间一到，群臣来到宫中，双膝跪在国王的宝座之下，向万岁请安问好。在这庄严肃穆的气氛中。守卫宫门的“卫士”——亚瑟，看到自己导演的这场滑稽戏演得如此逼真，高兴得不禁“扑哧”笑出声来。大臣们回头一看，见是守门的“卫士”在讥笑圣上，齐声怒斥“卫士”无礼。

高居龙位的“国王”拍案而起，大怒道：“胆大的奴才，竟敢如此放肆！来人，斩首示众！”一员武将冲过去，手起刀落，把“卫士”的脑袋砍落在地。苏伯接着又警喻百官要尽职尽忠，不准玩忽职守。就这样，苏伯不仅为己报了仇，为民除了害，而且还当上了国王。

为奇不为异　求清不求激

原文

能脱俗[1]便是奇，作意尚奇者，不为奇而为异[2]；不合污便是清，绝俗求清者，不为清而为激。

注解

①脱俗：不沾染俗气。

②异：特殊行为，标新立异。

译文

思想超越一般的人就是奇人，可是那种故意标新立异的人并非奇人而是怪异；不肯跟人同流合污就算清高，可是为了表示自己清高而和世人断绝来往，那并不是清高而是偏激。

事典

汉文帝爱民　下遗诏薄葬

汉文帝的生活十分节俭，他当皇帝23年，宫室、园林、狗马、服饰和御用器具都没有什么增加。有一次，他曾打算建造一个露台（凉台），经工匠一算。要花费黄金100斤，相当于当时19户中等百姓的家产。文帝自觉过于奢侈，于是决定不建。文帝自己经常穿的是粗糙的丝绸衣服，就连他宠爱的慎夫人，衣服长度也不能拖到地面。他用的帏（wéi）帐也没有绣花。文帝以忠厚纯朴为天下作出了榜样。

文帝反对厚葬，要求薄葬，认为厚葬劳民伤财。他在为自己建造陵墓霸陵时，都用瓦器，不准用金、银、铜、锡等贵重的金属作装饰，不准修造高大的坟墓，而是顺着山陵形势，挖掘洞穴，以不烦扰民生。他在遗诏中说："天下万物，既然有生，必然有死。死是天地间自然的道理，万物自然的归宿，有什么悲哀？当今之世，人们都庆幸活命，厌恶死亡，实行奢侈的葬礼，造成一种严重的浪费。为了陪葬丰富，弄得倾家荡产，因为守丧的时间太长，以致全家的生活都受到伤害。我不赞成这样做。我既缺乏品德，对人民又没有什么帮助，而今去也，叫人民如此待我，怎么对得起天下？""我下令天下官民，遗诏颁布之后，哭临祭礼，以

三天为限。三天之后，解除丧服……凡是哭临祭礼的，不必赤脚。头系的麻巾，脚扎的麻绳，长度都不要超过三寸。出殡时，不要出动篷车和军队，不要发动人民到宫殿哭泣……”“霸陵山川，仍保持原状，不要更改。我的姬妾，夫人以下直到少使，都送她们出宫回家。”

像汉文帝这样崇尚节俭，遗诏自己死后薄葬，以免劳民伤财的封建帝王，在历史上是罕见的。

恩宜自薄而厚　威须先严后宽

原文

恩宜自淡而浓，先浓后淡者，人忘其惠①；威宜自严而宽，先宽后严者，人怨其酷②。

注解

①惠：恩惠。

②酷：冷酷，暴虐。

译文

对人施恩惠要先淡而后逐渐变厚，假如先厚而后逐渐变淡，就容易使人忘怀这种恩惠：对人施威风要先从严而后逐渐变宽，假如先宽而后逐渐变严，那部属就会厌恨你冷酷无情。

事典

用人择其长　巧驭服人心

1861 年林肯当选后，不仅国家的政治正处在大危机的前夜，内战一触即发，而且在经济上也处于动荡时期，物价飞涨，股票大跌，人心惶(huáng)惶。因此，国家急需大批有才能的人为国效力。

萨尔蒙·蔡斯是一位精明强干的人，对经济事物有独到的见解。特别是对于金融货币，可以称之为“行家里手”。蔡斯出身于东北部的一个富裕家庭，大学经济系毕业后，一直从事股票交易，往来于银行家、经纪人之间，出入于舞厅宴会，一副上流社会的派头。

在蔡斯看来，林肯不过是一个满身带着碎木屑的伐木工。蔡斯不会忘记当林肯宣誓就任美国总统时，身上穿着皱巴巴的黑西装，头上乱蓬蓬的头发，这样的人怎么能管理美国呢？

林肯并没有计较蔡斯对自己的不屑一顾，他看到了蔡斯的理财才能，因此，仍然把他组进内阁，担任财政部长。

蔡斯头脑灵活，业务精通，做事认真精细，是一个不可多得的财务专家。林肯认识到，在当时的情况下，必须发挥他的长处，容忍他的弱点，共同为伟大的目标而奋斗。

在 1862 年 9 月 22 日，林肯总统做了一件他感到他没有多少宪法赋予的权威就去做的事。他发布了《解放宣言》。根据国务卿西沃德的建议，他将宣言的发布时间选定在联邦军队打了一次大胜仗之后，而这次胜仗里碰巧有一天是整个美国的内战中伤亡最大的日子，即麦克莱伦将军在马里兰州安提塔姆打的胜仗。这一文件后来成为他总统任期内引起最大争议也是最为重要的文件，它宣告自1863年1月1日起，所有不居住在联邦内部各州的奴隶都将“从此并永远自由”。

蔡斯对总统的决断心中佩服，但是表面上很不服气，总想找机会显示自己的小聪明。他向总统提议把解放黑奴的地域扩大，林肯拒绝予以考虑，因为林肯精确地估计到，如果在其他地区也解放奴隶，定会使边疆地区几个州疏远，而联邦已经丧失了不少州，再经受不起失去几个州了，宣言用“军事需要”这一理由，部分是指被解放的黑人可以作为武装力量使用，这一大胆的举措使北方军队的人数大增。然而在1865年2月1日，林肯同意并签署了将第13条宪法修正案（废除奴隶制）送交各州批准的决议。

林肯的原则是如果他的下属能称职地完成工作，就应容忍他们造成的令人气愤恼火的事情。不幸的是，蔡斯不断地给总统出难题。

有一次，林肯试图说服蔡斯，说政府发放有息货币以便为支援战争筹资是个好主意。可是蔡斯却反对这一提议并争辩说这是违反宪法的。林肯并没有简单地命令蔡斯去照样执行，虽然作为总统他可以这样做，但他是选择了给他讲故事的方法。他说有一位意大利船长的船撞到一块礁石上，船的底部撞了一个洞。船长吩咐船员们开始抽水，而他自己却到船首的圣母玛丽亚像前去祈祷。进的水比排的水还要多，最后看起来船好像要与船上所有的人一起沉下去了。船长终于因他的祷告得不到回答而勃然大怒，一把抓起圣母玛丽亚的神像把它扔到了船外。突然船停止漏水了，船里的水被抽出去，船安全地到达了码头。当把船引入船坞修理时，发现圣母玛丽亚塑像正头朝上地塞在洞里。

蔡斯起初没有明白这个故事的准确用意。“嘿，蔡斯，”林肯回答道，“确切地说，我不打算把圣母玛丽亚扔到船外，我说的圣母玛丽亚在这里指的是宪法。但是，如果可能的话，我会把它塞到洞里。这些叛徒们违反宪法。其目的是毁灭我们的国家；如果必要的话，为了拯救国家我宁愿违反宪法。蔡斯，在我们结束这场骚乱之前，我觉得我们的宪法会吃尽苦头的。”

林肯总统与蔡斯的分歧在加深，他们两人在政策问题上不论大小都经常冲突。蔡斯要求完全控制对财政部的人事任命，而这类任命的数目又如此繁多。大多数情况下林肯听任蔡斯自行其是，很少加以干涉。然而有两次当总统确实插手并否定了财政部的任命时，蔡斯提出辞职以示抗议。另一次是在1864年2月一份新闻通报过分地揭露了蔡斯企图取代林肯成为共和党总统候选人的行径，他又提出辞职。人们也许会问，既然蔡斯的动机如此明显，林肯为何要将他留在内阁呢？这是因为蔡斯是一位称职干练的行政领导人，林肯需要他协助管理政府并为战争筹集资金。

因此，只要总统与财政部长的冲突，纯粹是个人间的冲突而不会影响到国家利益时,不会影响到工作时,林肯依然抱着容忍的态度,有时也会进行有分寸的斗争。

蔡斯在任职期间总共有 4 次正式提出辞职,他运用这一策略使总统按他的意愿办事,想要改变总统的决策,这就超过了林肯容忍的极限,林肯决定要惩罚一下这个不知天高地厚的家伙。1864 年 6 月 29 日,当蔡斯再度提出辞职.林肯接受了他的辞呈并迫使他离开政府。

当林肯让他的财政部长蔡斯离开政府的消息传开时,蔡斯在参议院的朋友们纷纷涌向白宫要求说明理由,然而总统的态度很坚决。他举出前财长在人事任命上的毫无余地的做法,谈到他们之间无法合作的关系。林肯告诉参议员们,在此情况下他别无选择,只能让蔡斯离职。第二天总统任命了蔡斯最强有力的支持者之一——参议员威廉·贵申登为新的财政部长,此举又令人大吃一惊。林肯做出了这样的政治决策,其中的部分原因是为了安抚反对蔡斯解职的自由派共和党人。

至于蔡斯本人,他认为他为公众服务的生涯业已完结,可是林肯却又任命他为最高法院新的大法官,此举不仅令共和党内的参议员们吃惊,连蔡斯本人也意想不到。林肯总统作出这个决定却是反复思考慎重从事的。蔡斯有错误、有野心,也有严重违反原则的事情,迫使他辞职,并接受他的辞职本身,已经使蔡斯受到了应有的惩罚。

为了国家的利益,为了人民不再遭受妻离子散的灾难,为了合众国不在自己任职期间分裂下去,林肯表现出了宽广的胸怀和坚强的意志,他利用一切可以利用的力量,发挥每一个人的积极性,发掘出每一个人的才能。蔡斯虽然在行政系统内不再适合供职,可是他依然是一个爱国者,他有长期从商的经验,他有做律师的经历,特别是他的才华出众,作风干练,是一个难得的人才。

任用蔡斯这样一位阅历丰富,心高气盛,恃才自傲,而又办事认真、谨慎的人做大法官是再合适不过的了。当人们对此举表示抗议时,林肯公开做了回答,他说:

"蔡斯很能干,他有很强的野心,他最近的表现不太好,所以有人对我说,'现在该让他完蛋了。'可是我不赞成让任何人完蛋!如果一个人还能做事,而且能做好,我就说,让他去做吧。给他一个机会。"

慈悲之心　生生之机

原　文

“为鼠常留饭，怜蛾不点灯”，古人此等念头，是吾人一点生生之机①，无此，便所谓土木形骸②而已。

注　解

①生生之机：生生是繁衍不绝，《易经·系辞》中有“生生之谓易”，这就是世上常说：“生生不息”的由来，机是契机。生生之机是指使万物生长的意念。

②土林形骸：土木是指泥土和树木等只有躯壳而无灵魂的矿植物，形骸是专指人的躯体。《淮南子·泰族训》中有“岂独形骸有瘴聋哉？”

译　文

为了不让老鼠饿死，就经常留一点剩饭给它们吃；为了可怜飞蛾不被烧死，夜里只好不点灯火，古人这种慈悲心肠，就是我们人类繁衍不息的生机。假如人类没有这一点点相生不绝的生机，那人就变成一具没有灵魂的躯壳，如此，也不过和泥土树木相同而已。

事典

孙思邈得秘籍

一日，孙思邈独自一人游览山涧，见涧旁一个放牛的牧童追打一条小青蛇，其蛇已被牧童打伤血流不止。孙思邈顿生恻隐之心，赶上前劝阻，牧童不依，仍一味地追杀青蛇，孙思邈无奈便脱下外衣给牧童，换被他打伤的小青蛇。牧童得衣即抛下受伤的小青蛇，牵牛扬长而去。

孙思邈将受伤的青蛇救起，并敷(fū)以伤药放入草丛中而去。

一月以后，孙思邈出山云游，下山步入大道时，忽见一个白衣少年牵着一匹白马率领许多仆人站在路旁，他们一见思邈即疾声上前叩拜，并说："小弟在此恭候多时，请仁兄上马。"言毕命仆从另牵出一匹黄马让思邈骑坐。思邈与白衣少年素不相识，但见他以礼相待却不便谢绝，即上马随少年同行。不一会儿，一行人来到一座屋宇华丽的大院里，一位雍容华贵的妇人迎面出来，一见孙思邈忙上前施礼叩拜道："恩人至此，有失远迎，失礼。日前小儿独自出游，为愚人所伤，为恩公解衣相救，今特邀先生以拜谢救子之恩。"言毕，遂招手引出一个青衣少年。原来这少年是他几日前救出的青蛇。趁让座之际，思邈问旁边的童子："你家主人是何人？"童子答："后妃也。"思邈又问："此是何地？"童子答："泾阳水府也。"妇人命上灯，设宴款待思邈。思邈不以为然地说："学道者，不以此为意也。"妇人命人捧出奇珍异宝与思邈，思邈急忙拒绝。妇人甚觉歉意，遂命人取出龙宫传世秘籍说："此医书可济世救人，乃道者急需之物。"

此后，思邈开始行医于市里，备受民人尊敬。

勿为欲情所系　便与本体相合

原文

心体①便是天体②，一念之喜，景星③庆云④；一念之怒，震雷暴雨；一念之慈，和风甘露⑤；一念之严，烈日秋霜。何者少得，只要随起随灭，廓然⑥无碍，便与太虚⑦同体。

注解

①心体：在中国哲学中，除了具体的形骸外，所有精神、灵性、知识、智慧、思考、感情、意志等都被视为心抽象活动的一部分，所以心体可解释成人类精神本原。

②天体：天空中星辰的总称，可解释成天心或宇宙精神的本原。

③景星：代表祥瑞的星名。

④庆云：又名卿云或景云，是象征祥瑞的云层。据《汉书·礼乐志》："甘露降，庆云出"。

⑤甘露：祥瑞的象征，据《瑞应图》："甘露美露也，神灵之精，仁瑞之泽，其凝如脂，其甘如饴。"

⑥廓然：广大。

⑦太虚：泛称天地。

译文

人类的本原就是宇宙的本原，人的灵性跟大自然的现象是一体的，所以人心就是天心，人体就是天体。人在一念之间的喜悦，就如同大自然有景星庆云的祥瑞之气;人在一念之间的愤怒,就如同大自然有雷电风雨的暴戾之气;人在一念之间的慈悲,就如同大自然有和风甘露的生生之气;人在一念之间的冷酷,就如同大自然有烈日秋霜的肃杀之气。人有喜怒哀乐的情绪,天有风霜雨露的变化,不过大自然的变化随时兴起随时幻灭,对于生生不息的广大宇宙毫无阻碍,人的修养假如也能达到这种境界,就可以与天地同心同体了。

事典

蓝采和踏歌乞讨

唐朝时,有个人叫蓝采和,不知道是什么地方的人,常年穿着一件破蓝衣衫,系了一根三寸多宽的腰带,腰带上持着当时上等级的六等黑色木制的装饰物,一只脚穿着靴子,一只脚赤着。夏天时他在蓝衫里再加了一件紫布衫,也不出一点汗;冬天就睡在雪地中,身上却如同笼蒸似的直冒热气。每当他在城市中一边走一边唱歌乞讨时,手里都会拿着一块三尺多长的大拍板。

蓝采和乘酒醉时边歌边舞,吸引着大街上的男女老少都跟着在后面看他表演。他敏捷幽默,有人向他提出问题,他随声就可以回答,而且令人捧腹大笑。行路时,他一面走一面蹬着靴子唱道:

踏踏歌,蓝采和,世界能几何。

红颜一春树,流年一掷梭。

古人混混去不返,今天纷纷来更多。

他的歌极多,而且都带有仙人的意境,世人无法猜测。人们给他钱,他就用长长的绳子穿起来在地上拖着走,有时散失了,他竟不回过头来看一眼;有时遇到穷人就送给人家,或者送给酒店。

他周游天下,有人在儿童时看到,等到白发斑白后再见到他,容颜形状依旧一点不变。后来他在安徽境水一带踏歌,一次在酒楼中忽然听见空中飘来阵阵仙乐声,他乘醉腾空而起,轻轻地踩在浮云上,飘飘而去。

无忧无愁,便是真神仙。

操持严明　守正不阿

原文

士君子处权门要路①，操履②要严明，心气要和易，毋少随而近腥膻③之党，亦毋过激而犯蜂虿之毒④。

注解

①权门要路：权门指有权有势的政要。例如《后汉书》的“权门请托，残吏放手”。

②操履：操守和行事。

③腥膻：鱼臭叫腥，羊臭叫膻，比喻操守不好的人。

④蜂虿之毒：虿，毒虫名，属蝎科，比喻人心险恶狠毒。

译文

一个具有高深才德的读书人，当你身居政治舞台上的重要地位时，操守必须严谨方正，行为要光明磊落，心境要平和稳健，气度要宽宏大量，绝对不可接近或附和营私舞弊的奸党，但是也不要过分偏激而触怒那些阴险狠毒的小人。

事典

一张龙书案　操劳六十年

清朝康熙帝对帝王的使命责任有充分的认识。认为帝王和臣下不同:“臣下可仕则仕,可止则止,年老退休回家,抱子弄孙,仍可以优游自适。做帝王的却要勤劳一生,根本就没有休息可言,没有安然享乐的余地,只能是鞠(jū)躬尽瘁,肩上的责任十分重大,无法推卸给他人。”因此,他在61年的皇帝生涯中,勤于政务,事无巨细,都亲自处理。

康熙一朝,御门听政是常朝制度。康熙帝除生病、大典、出征等特殊情况外,每日清晨都到乾清门东暖阁或懋(mào)勤殿东暖阁听部院各衙门官员汇报政事,与大学士、学士集议国政;若出巡或围猎在外,他就在晚上批阅公文章疏,与扈从大臣一起商议处理。康熙帝在晚年对自己的勤政情况作了总结,说:“现在朕的年龄快到70岁了,子、孙、曾孙百十余人,天下粗安,四海承平,虽不能移风易俗,家给人足,但朕孜孜不倦,小心谨慎,夙夜不宁,未尝有一丝松懈。数十年来,殚心竭力有如一日,这哪能仅用‘劳苦’二字就能概括的呢!”

康熙帝在处理政务时十分尽力,唯恐因政务繁多而处理失当,因此他喜欢在宫中默坐,在心中对重要政事反复考虑,以便提出成熟的方案。在批阅奏疏时,有一字不妥,他也要加以改订后才发出,从不草率行事。他认为这样做是很有必要的,因为如果“一事不谨,就会留下四海的忧患;一时不谨,就会留下千百世的忧患”。康熙帝坚持做到了当天政务在当天就处理完毕。他认为:“今日留下一两件事不处理完毕,那明日就多了一两件事。如果明日再贪图安闲,那后日就积压更多。”因此，他宁肯熬夜，甚至整夜不睡也要把当天的政务处理完毕。康熙帝出巡在外时，规定所有奏章要在3日之内送到他所在的地方。一次，他出巡到沂州（今山东临沂），而奏章却未按时送到，他频频催问，急不可待。到了半夜后，奏章送到，康熙帝立即披衣起床批阅，直到天明。

在中国历代封建皇帝中，康熙帝也是比较节俭的，而且富于吃苦耐劳的精神。法国传教士白晋认为康熙帝的“恬淡素朴简直是没有先例的”。在记述康熙帝的日常生活时，他写道：“他满足于最普通的菜肴，从未有过丝毫的过度。他的淡泊超过了人们所能想象的程度。”在康熙帝的居室里，“只有几幅字画，几件描金饰物和一些相当简朴的绸缎”。他的衣着，除了几件宫廷里极为常见的过冬的黑貂、银鼠皮袄外，还有一些在中国算是最普通、最常见、只有小百姓才穿不起的丝绸服装。逢到雨天，人们有时看到他穿一件毡制外套，这在中国被视为一种粗制的衣服。夏天，我们看见他穿一件普通的麻布短褂，这也是一般人家常穿的衣服。除了节日大典的日子，我们从他身上发现的华丽物品就是一颗大珠子。那珠子，在夏天便照鞑靼人风俗佩在他的帽檐上。他在宫内、宫外不骑马时用的那顶轿子，只是一件类似担架的东西而已，木质平常，涂漆，有几处包有铜片或者点缀一些镀金的木雕。如果他骑马外出，几乎也是同样简便。马具中较豪华的只不过是一副相当朴素的镀金铁制马镫以及一副由黄丝绒编制的马缰绳而已。

康熙二十九年（1690年）正月，康熙帝曾命令大学士等官员查对明代宫廷费用，并与清宫开支比较。据查对结果，明宫每年用金花银达969400余两，而清代这项开支现已转充粮饷；明代光禄寺每年供给宫廷的各项开支共计银24万余两，清宫现只用3万余两；明宫每年用木柴2686万余斤，清宫现只用六七百万斤；明宫每年用红螺等上等木炭1208万余斤，清宫现只用百余万斤；明宫

床帐、舆(yú)轿、花毯等项开支每年用银28200余两,清宫现无这项开支;明宫殿楼亭门共786座,而清宫殿楼亭门的数量,还不到明宫的十分之三;明宫建筑用的是临清砖和楠木,而清宫用的只是一般的砖和松木;明宫有宫女9000人、太监10万人,而清宫现只有四五百人,乾清宫妃嫔以下使令洒扫的老妪、宫女等合计仅134人。

在政府开支上,康熙帝也十分强调节约。他曾对户部指示:"国家钱粮,理当节省,否则,就会导致经费不足。每年有正额蠲(juān)免、有整治黄河等水利建设费用,只有大加节省。才有裨益。"康熙时期,光禄寺的筵席、招待费每年只用银10万两,而以前每年要用100万两;工部的楼堂馆所修建费用每年只用银二三十万两,而以前每年则要用200万两。

康熙帝喜欢外出围猎,以培养自己吃苦耐劳的精神。外出围猎时,他从不带妃嫔,穿着普通的骑射服装,骑马在山地丛林中驰骋,有时一天要骑累几匹马,他甚至还经常不骑马而徒步跋涉。围猎的山区很少有新鲜蔬果,康熙帝就同手下人一样,以野物和牛羊肉为主食。在灼热的阳光下,他不愿撑起阳伞遮阴,尽管随从们都带着阳伞,但他也不用,而愿意接受阳光的暴晒,尘土满面、汗流浃背地驱马飞驰。

康熙帝不饮酒,尤其厌恶吸烟。一位学士为此曾写有一首诗:"碧碗琼浆潋滟开,肆筵先已戒深杯。瑶池宴罢云屏蔽,不许人间烟火来。"烟草自明代传入中国后,吸烟的人数日渐增多。学士陈元龙、翰林院庶吉士史贻直都是当时有名的"烟客",酷嗜吸烟,不能释手。康熙帝为了惩戒他们,便赐给他们特制的水晶烟管。这种烟管很奇特,据说两人吸烟,只要一口吸深了,烟草就会燃烧,火焰顺烟管倒入,燎烧嘴唇。两人十分害怕,不敢再用。于是,康熙帝借机传旨,禁天下吸烟。

康熙不喜欢神化自己。他说:"朕出生时,并没有什么灵异;到长大后,也没有什么特别的地方。"因此,他从不准人提什么祯符瑞应,认为史书记载的"景星庆云""麟凤芝草""天书下降"等都是假的,只有平平常常、实心行实政才是真的。康熙帝一生,连续5次拒绝群臣上尊号的请求。他认为接受尊号,就是"矜张粉饰",而"上天所见和上天所闻,都在于国计民生,后人自有公论。如果夸耀功德,取一时虚名,那就从根本上违背了朕的意愿"。

基于这种思想认识,康熙帝厌恶虚假,讲求务实。他重视学习,他认为虽说皇权是出于天授,但即便是古代圣人也没有一生下来就无所不能的,凡事都必须通过学习才能学会。他博览群书,但并不因此而掩饰自己的不足。他曾明确地告诉臣下,他读《易经》就读不透彻。臣下撰拟的谕旨中,有"海宇升平"等语句,他见了以后,便对臣下说:"以后谕旨中,凡属这类矜张盈满的话,都不要再

写入。”臣下的奏章中“德迈二帝，功过三王”的颂扬话，康熙帝大不以为然，说：“二帝三王，哪是朕能迈过的！传谕中外，以后不许这样写。”对于官场常用的套话，康熙帝也极为反感。郎中苏立泰奉命视察水利工程，回奏时便奏称：“臣本微员，蒙皇上殊恩，特擢(zhuó)受兹重任。”康熙帝一听就感到厌烦，立即加以制止，说：“这都是套话，不必陈述。你马上把视察水利工程的情况讲清楚。”康熙帝赞赏臣下讲真话。康熙帝曾经问河道总督靳辅：“你的下属官员中谁最清廉？”靳(jìn)辅回答说：“要做到‘清廉’二字，是人们最困难的。为臣我出身寒微，承蒙皇上交给我总督河务的要职，而治理黄河的工程巨大复杂，所用的人员工役很多，这其中必须要用金钱来鼓励他们努力工作，来奖赏那些有功的人员，以激发他们的斗志，当然不能不用钱。就说臣下我吧，吃的穿的，统统是仰仗皇恩而得来的，因此我一家人才得温饱。如果像古人那样一文不取，臣下我非常惭愧，还远远地做不到。臣下我自己估计自己是这样，哪里敢担保我的僚属是清廉的。这样是欺哄皇上。”靳辅直言不讳地承认自己并不清廉，僚属更是如此，康熙帝并不责备，说：“你的话正说明你没有欺骗我。”只是一笑了事。对于那些缄(jiān)默不言、依违随众的官员，康熙帝则极为痛恨，说这种人有如无用之物，对国家没有一点好处。

和气致祥瑞　洁白留清名

原文

一念慈祥，可以酝酿[1]两间和气[2]；寸心洁白，可以昭垂[3]百代清芬。

注解

①酝酿：本指造酒，此处当制造调和解。

②两间和气：两间指天地之间，此处指人际关系。

③昭垂：昭，明。垂，流布。

译文

人在一念之间的慈悲祥和念头，就可创造人与人之间的和平之气；人能保持些许纯洁清白心地，就可使美名流传千古而不朽。

事典

君知臣忠心　谗言难离间

自古以来，历代成就大业的帝王，有诸多因素，而用人不疑则是一个非常重要的因素。孙权信任诸葛瑾就是一个例证。

孙吴诸葛瑾,字子瑜,琅(láng)邪阳都人,生于公元174年,卒于公元241年,诸葛亮的兄长。东汉末年,军阀混战,诸葛亮于隆中躬耕陇亩,后经刘备“三顾茅庐”出山为其所用;其兄诸葛瑾,避乱江东,经孙权妹婿弘咨荐于孙权,受到礼遇。初为长史,后为南郡太守,再后为大将军,领豫州牧。

诸葛瑾受到重用,引起了一些人的嫉妒,暗谗中伤其明保孙吴,暗通刘备,为其弟诸葛亮所用。一时间,谣言四起,满城风雨。孙吴名将陆逊善明是非,他听说后非常震惊,当即上表保奏,声明诸葛瑾心胸坦荡,忠心事吴,根本没有不忠不孝之事,恳请孙权不要听信谗言,应该消除对他的疑虑。孙权说道:“子瑜与我共事多年,恩如骨肉,彼此了解得十分透彻。对于他的为人,我是知道的,不合道义的事不做,不合道义的话不说。刘备从前派诸葛亮来东吴的时候,我曾对子瑜说过,‘你与孔明是亲兄弟,而且弟弟应随兄长,在道理上也是顺理成章的,你为什么不把他留下来呢?如果你要孔明留下来,他不敢违其兄意,我也会写信劝说刘备,刘备也不会不答应。’当时子瑜回答我说:‘我的弟弟诸葛亮已投靠刘备,应该效忠刘备;我在你手下做事,应该效忠于你,这种归属决定了君臣之分,从道义上说,都不能三心二意。我兄弟不会留在东吴,如同我不会到蜀汉去是一个道理。’这些话,足以显示出他的高贵品格,哪能出现所流传的那种事呢?子瑜是不会负我的,我也绝不会负子瑜。前不久,我曾看到那些文辞虚妄的奏章,当场便封起来派人交给子瑜,并写了一封亲笔信给子瑜,很快就得到了他的回信,他在信中论述了天下君臣大节自有一定名分的道理,使我很受感动。可以说,我和子瑜已是情投意合,而又是相知有素的朋友,绝不是外面那些流言蜚语所能挑拨得了的。我知道你和他是好朋友,也是对我的一片真情实意。这样,我就把你的奏表封好,像过去一样,也交给子瑜去看。也好让他知道你的一片良苦用心。”

疾病易医　魔障难除

原文

纵欲之病可医，而势理之病①难医，事物之障可除，而义理之障②难除。

注解

①势理之病：固执己见，自以为是的毛病。

②义理之障：正义真理方面的障碍。

译文

放纵情欲的毛病还有医治矫正的可能，不过自以为是，顽固不化的毛病却无医治希望；放在眼前的障碍物容易排除，但因思想上的差异所带来的认知上的障碍却难以排除。

事典

华封谏尧帝

有一次，尧去古华州视察，守辖华地的封宰听说尧有圣人之德，便亲往迎接。见面后华封虔(qián)诚地祝尧长寿，不想尧辞而不受；华封改祝富庶尧也不受；华封再祝他多男子，尧依然辞谢。华封奇怪地问尧："长寿、富庶、多男子是人之所望，唯你不愿意接受，不知是什么缘故？"

尧回答："多男子，子围争端，新疏有间，忧惧陡增，惶惶而不可终日；富庶，则财物丰饶，觊觎在所难免，事情烦冗而后果不利；长寿，世间俗务堆积，长年缠身，劳体伤神无从自拔，末了还要背个骂名。先生三个祝愿不仅不是以养生之道，反而致累，所以不敢接受。"

华封淡淡一笑，随后说："我原以为你是一个圣人，万没想到你仅仅是个正人君子，心怀浅虑而缺深思。天生万民乃天地万物的造化。万物有它的特长，也有它的作用。衡量人的能力授之于责，凭其才能授之于官，多则多授，多授多用，哪有什么畏惧不安？四海丰饶，财产殷实，供黎民分享，遵循寄之于群而不徇私的准则，怎么纷争多事？再则圣人犹如鹌(ān)鹑(chún)野居，无拘无束，无一定居处，又像幼鸟全赖母鸟哺食，只求一饱而无情于滋味。他们灰心灭智，与物冥合，往来似鸟不留踪迹。如果天下有道，人间相安无事，物来我感，应时昌盛，与万物共存，就君临万民。如果天下无道，遭逢离乱，他就随俗韬(tāo)光，修德隐居，逍遥避世。大道之用原是隐显自在，或是大用，或是舍弃，随时而定。人有千岁当知穷理之变，生为天行，死为物化。厌恶嚣俗就消匿，乘云御气还于仙都。况且你所顾虑的三患原本虚无，大可驾驭造物而来往、而变化、而自持如常。试问有什么祸殃和侮辱？"华封言毕，扭头就走。

处富知贫　居安思危

原文

处富贵之地，要知贫贱的痛痒[1]；当少壮之时，须念衰老的辛酸。

注解

①痛痒：痛和痒都是一种病，此处比喻痛苦。王阳明《传习录》有："如耳目之知视听，手足之知痛痒，此知觉便是心也。"

译文

一个人身居富有和权贵的地位时，要了解贫贱人家的痛苦才行；一个人在青壮年身体健康时，必须想到年老身体衰弱以后的悲哀。

事典

花瓶虽好看　但是容易碎

夏侯玄(公元209—254年)是魏晋之际的玄学大师和玄学的奠基人之一。字太初,是魏征西将军夏侯渊的重孙。他的父亲夏侯尚与文帝(曹丕)友善,为魏征南将军、领荆州刺史、都督南方诸军事,封昌陵乡侯。

夏侯玄“少知名”,在士大夫中享有很高的声誉。东晋袁宏作《名士传》,把他和何晏、王弼列入正始名士(正始是魏帝曹芳的年号)。所谓“名士”,也称“名流”“名胜”,是魏晋世族门阀中的领袖人物。一般来说,它要具备三个条件:一是出身名门贵族。《三国志·武帝纪》注引《曹瞒传》和《世语》说,宦官曹腾的养子,即曹操的父亲曹嵩是“夏侯氏之子”。可见当时曹氏和夏侯氏实为一个家族。而夏侯玄的母亲又是权倾内外的大将军曹爽之姑,所以夏侯玄是地地道道的皇亲贵族。第二,是要善于清谈老庄和辨析名理(辨析名理,就是以先秦名辨的方法考查名与实的关系。如“才性之辨”“言意之辨”都是著名论题)。夏侯玄则是这方面的高手。他和何晏、王弼等“竞为清淡,祖尚浮虚”。他们的谈风,都是魏晋名士所津津乐道的“正始之音”。第三,要有美好的仪容。魏晋名士对容止都很讲究。被《名士传》列为“中朝名士”的卫玠,“总角乘车入市,见者皆以为玉人,观之者倾市”。《世说新语·容止篇》说夏侯玄与魏明帝后弟毛曾并坐,时人把他们说成“蒹葭倚玉树”就是以粗俗的芦苇和美好的玉树分别比喻毛曾和夏侯玄,可以想见夏侯玄的照人丰采。因为他具备以上三个条件,自然地被视为“名士”的代表人物。

夏侯玄学识渊博,在政治上颇有见地,能通达事物深奥的道理,掌握事物的准则。他在司马懿面前是后生小辈,用他自己的话说:“此人(指司马懿)犹能以通家年少遇我。”但老谋深算的司马懿还要“问以时政”。在答司马懿问时,他曾提出三点建议:一是审官择人。他主张选拔人才时,中正官只应负责考查人的品德,排列高下等次,而授官用人之权,则应归于朝廷;二是除重官。他提出省去郡守,只设州刺史。即裁撤郡一级的地方行政机构,以淘汰冗官,提高效率;三是改服制。他认为车辆服饰,应力求朴素,反对奢靡。以上建议,司马懿认为“皆大善”。他有知人之明,做中护军时,所选拔的武官都是俊杰之士,后来大多成为州郡的长官。他以为人光明磊落、从容镇定著称于世。

情操的高尚，使他摆脱了趋炎附势的庸俗。他二十岁时，做散骑黄门侍郎，一次进宫去见明帝，与皇后弟毛曾并坐，他以此为耻，脸上显露出不愉快的神色，因此得罪了明帝，被贬为羽林监。毛曾出身微贱，他父亲毛嘉本是典虞车工（葬后举行安神祭时，搬运祭品的工人），就因为女儿立为皇后，才获得封侯之赏，毛曾也做了驸马都尉。对这样一个政治上的暴发户，他根本不放在眼里。这一方面说明魏晋时期门第的森严，一方面也说明他不会屈己就人，讨皇上的欢心。

他的身份、学识、品德和情操，赢得了人们的尊敬。号称有"知人之鉴"的晋中书令裴楷，说见到他"肃肃如入宗庙中，但见礼乐器"。意思是看见他，如同进入宗庙之中，令人肃然起敬。一次他去参加司空赵俨的葬礼，因为去得较迟，先到的宾客数百人，皆"越席而迎"。甚至在他身陷囹圄以后，作为贵公子的钟会还到狱中要求和他结交。他在士大夫中的声望，以此可见一斑。

夏侯玄的政治生涯是同曹爽共浮沉的。曹爽执政时，玄为征西将军、都督雍凉州诸军事。正始五年（公元 244 年）春，曹爽为了在天下树立威名，兴兵伐蜀。他和夏侯玄率兵十余万，自骆谷（今陕西成固县东北）入汉中，为蜀将王平所阻。加上道路险远、粮草不继，蜀大将军费祚又率大军来救，如果退路再被阻断，就有全军覆没的危险。这时候，司马懿写信给夏侯玄，要他赶快退兵。在撤退当中，由于遭费祎阻截，伤亡惨重，而关中财富，也严重损耗。为这件事，夏侯玄受到时人的谴责。

正始十年（公元 249 年）正月，司马懿乘曹爽随魏帝曹芳谒高平陵之机，带兵屯居洛阳浮桥，迫使曹爽交出政权，以侯爵返家，接着司马懿又诬曹爽谋反，杀死曹爽和他的党羽。夏侯玄虽然因"有天下重名"没有被杀，但也被夺走了兵权，改任大鸿胪，又转为太常。他因为受到贬抑，心中怏怏。

司马懿死后，其子司马师为大将军，继续秉（bǐng）政。嘉平六年（公元 254 年）二月，中书令李丰和皇后的父亲张辑密谋，打算借册封贵人（宫中女官名），天下临轩的机会，让宫门卫兵杀死司马师，由夏侯玄辅政。这件事被司马师察觉，李丰被处死，夏侯玄也被捕入狱。由于他不肯招供，廷尉钟毓（yù）就亲自审问他。他严肃地责备钟毓说："我有什么罪！你要作为公府的令史来诘问我吗？

供词你就代我去写吧!”他所说的公府令史,意思是钟毓不是以廷尉的身份,而是秉承司马师的意旨,作为他的僚属来审讯自己。这是对钟毓的极大讽刺。钟毓认为他是有崇高气节的名士,不可能使他屈服,但是又必须按照司马师的意图迅速结案,就连夜代他写好供词,流着眼泪拿给他看。他看了以后,仍不发一言,只是点了点头罢了。夏侯玄被杀后,还被夷灭三族。

王黼(fǔ),字将明,开封祥符(今河南开封)人。王黼原名甫,因与东汉的一个宦官同名,宋徽宗改赐今名。造物主对王黼颇为慷慨,使他生就一副“美风姿”“面如傅粉”“目睛如金”;还给了他“多智善佞”的聪明头脑和能说会道的口才。王黼的命运也颇佳,虽然“寡学术”,但却中了崇宁进士第。王黼中进士后,任相州司理参军,与何志共同领导编修《九域图志》。司理参军这个官并不大,野心勃勃的王黼不甘心就此沉于下僚,他无时不在做着升官梦。但是他知道,靠学术而出人头地,对于他是完全不可能的。对于武略他更是一窍不通,而且军械之道又充满危险,他也无心靠此道去猎取高官厚禄。那么,就只有通过歪门邪道去投机钻营了,而这又正是他之所长。因而,王黼刚一涉足官场,便密切注视着时局的变化,窥伺着钻营良机,寻找着得力靠山。至于编修《九域图志》,他只不过是敷衍塞责罢了,其兴趣不在于此。

何志的父亲何执中为朝廷重臣,他虽然“碌碌庸质”,但由于地位高,实际权力和影响并不小。王黼认为他可以利用,便千方百计地巴结逢迎取得何志的好感,最后终于使何志向其父推荐了他。何执中一见王黼,即为其漂亮的仪表和便捷的口辩所吸引,再加上王黼巧妙的谄媚逢迎,庸相何执中果“喜其人”,于是极力上荐王黼,使王黼很快升为校书郎、符宝郎、左司谏。

王黼略施小计,便旗开得胜,连晋官职,他不禁为自己的聪明才智而暗自得意。但这只不过是他向上爬的第一步,他岂能以此为满足。王黼利用过何执中之后,随即转移了目光,他开始寻求新的更大靠山。善观风向的王黼,经过仔细的观察和认真的思考,最后将搜索的目光停留在蔡京身上。此时,王黼了解到,张商英虽居相位,但,寖失帝意,不被徽宗所喜,后来,又听说徽宗曾于钱塘召见蔡京,并遣使赐给蔡玉环,于是便准确地嗅到了徽宗再度起用蔡京的意向。因而他决定开始新的政治投机。他先是“数条奏京所行政事”,无耻地为早已臭名昭著的蔡京歌功颂德,接着又以一副“义正辞严”的架势对张商英进行弹劾。此举投合了徽宗的心意,因而张商英随之被罢免了相职。蔡京复相后,非常感谢王黼弹张助己之功,因此对王黼大加提拔,接连授王黼以左谏议大夫、给事中、御史中丞等职。只用两年时间,王黼便从校书郎这样的小吏骤升到御史中丞这样的高位,他的第二次投机又大获成功。投机,给他带来了莫大的利益,他更加如痴如狂地迷恋上此道了。

找到了蔡京这个大靠山后，为了进一步加深蔡京对他的好感，王黼又想出了一个新主意，即谋罢何执中的官位，而使蔡京专执国政。为此，他不惜恩将仇报，上疏弹劾何执中，竟将何的“罪状”罗列至20条之多。此时，他不仅一脚踢开了何执中，而且还投井下石，其人品之卑劣，实到了无以复加的程度！而在此过程中，何执中还蒙在鼓里，“犹称黼不已”，直到他获悉真相后，才气愤地大骂王黼“畜生乃尔”！

时郑居中颇有权势，王黼看到他未来潜力很大，“复内交居中”。不过他这次投机不为得计，蔡京因与郑居中不和，看到王黼又去巴结居中，不禁发怒，结果将王黼贬为户部尚书。

清浊并包　善恶兼容

原文

持身不可太皎洁[1]，一切污辱垢秽要茹纳得[2]；与人不可太分明，一切善恶贤愚要包容得。

注解

①皎洁：光明，洁白。

②茹纳得：容忍得下。

译文

立身处事不可太自命清高，对于一切羞辱、委屈、毁谤、脏污都要容忍才行；与人相处不可善恶分得太清，不管是好人、坏人、智者、愚者都要包容才行。

事典

广选治国才　化敌为我用

清太宗皇太极(努尔哈赤第八子,生于1592年,卒于1643年)是在开国创业中成长起来的一位政治家。由于他深入实践,经验丰富,不仅文能治国,武能安邦,而且富有远见。他把培养人才和使用人才,作为一个国家强盛的根本。这一点,在大清河围城战中使他得到十分深刻的启示。他亲眼看见,明军长期被围,粮草断绝,杀马为食,马吃完了,就吃树皮挖野菜,尽管如此,仍不肯投降。这是什么原因呢?这就是因为中原汉人读书多,是非界限明确,每个人都把当亡国奴视为最大的耻辱。从这件事使清太宗认识到,马上可以得天下,但是不能长久治天下;要做到长治久安,就必须精于韬略,有一大批贤能志士辅佐朝政,这就是文治的道理。所以,从此以后,清太宗便十分重视读书,大力振兴文化教育,提高满族人的文化素质,并作出规定,诸王臣的子弟,凡年龄在8岁以上,15岁以下者,都必须读书,如果子弟不读书,就责罚他们的父母。在提倡读书的同时,清太宗开科取士,录取满、汉、蒙古族中学习优秀的人为官。

为了广选治国人才,清太宗经常对他的大臣们宣传注重人才的重要性,他说:"金银财物是宝贵的,但终归是有数的,总有用完的时候,而人的才能却不是能用金钱去衡量的。如果能得到一两个真正有才能的人为国效力,国家就会得到无穷无尽的利益。"他还告诫大臣们说:"我治理国家,以人才为根本,而你们这些做大臣的,也应该以推荐人才作为自己的神圣职责。否则,就是失职。"在用人的实践中,清太宗一贯坚持不问资历长短,不问身份贵贱,只问才学能力和品德,坚持唯才是用。如宁完我原是太宗侄儿萨哈磷的奴隶,太宗发现他是一个人才,立即提升他为参将。后来,宁完我竟一举成为清初的一位治国有方的名臣。汉官范文程原是明朝名臣,富有治国才能,太宗将其收降后,敬若神明,凡事都要征求范文程的意见后才下诏去办。洪承畴是明朝一位能征善战、有勇有谋的战将,在几次战斗中,都是由于洪承畴的指挥,明军力战清太宗所率领的清军,并使其连连失利。因此,清太宗对于洪承畴这样一个有才之将十分敬慕,并决心将其拉到自己的身边,为清廷出力。1641年,洪承畴率军13万,马4万去解锦州之围。当时,洪承畴认为自己尚未准备就绪,一时没有出战。然而崇祯帝却一天几次下诏催战,洪承畴认为圣命难违,被逼仓促出击,结果大败,洪

承畴被俘。清太宗听到俘获洪承畴的消息十分高兴，急忙下令将其解到盛京，并让明将范文程劝降，洪承畴不仅坚辞不降，而且骂不绝口。清太宗对于洪承畴这种忠贞不二的崇高品质更加敬佩，于是便亲自前去探望，将自己身上穿的貂皮大衣脱下以赐。面对此种景况，洪承畴沉思良久，深感清太宗为有识之君，于是便叩头请降（也有史书记载，清太宗是以其宠爱的妃子相许诱降成功的）。洪承畴降清后，清太宗非常高兴，曾陈百戏以表庆贺。对此，清廷诸将非常不满，说道："洪一羁囚，为何待他这样重？"清太宗闻言笑着对他们说："我们这些人顶风冒雨进行征战是为了什么？"众大臣道："欲得中原。"太宗说："既然如此，我们有了明朝这员勇敢有谋之将，就像一些瞎子在到处乱撞的时候，忽然得到了一个领路的向导，难道不值得大贺特庆吗？"文武百官听后，认为太宗讲得很有道理，个个心悦诚服。后来，洪承畴在清军入关、挺进中原、荡平江南等战斗中，均为清朝立下了汗马功劳。

好利者害显而浅　好名者害隐而深

原文

好利者逸出[1]道义之外，其害显而浅；好名者窜入[2]于道义之中，其害隐而深。

注解

①逸出：超出范围。

②窜入：隐匿。

译文

一个好利的人，他的行为超越道义范围之外，因而就用各种手段逐利，他逐利的祸害很明显，容易使人防范，后患也就不会太大；反之一个好名的人，他为了假借仁义道德来争取人们的拥戴，因此就经常混迹于仁义道德之中而沽名钓誉，他所做的坏事人们也不容易发觉，结果所造成的后患都非常深远。

事典

君臣都不轨　如狼之与狈

屠岸贾是春秋时期晋国人，出生于奴隶主贵族家庭，灵公时任大夫，景公时任刑狱的司寇。

晋灵公和晋景公是两位昏庸无道、荒淫暴虐的君主。他父子远贤臣，亲小人，只贪图享乐，不思进取。作为国家重臣的屠岸贾，不仅不去劝谏国君，励精图治，振兴晋国，反而极尽阿谀(yú)逢迎之能，为二位君主出谋划策，想方设法嬉戏纵乐，使国政荒废，民力空耗，内忧外患空前严重。

晋灵公一生荒淫无度，晚年尤甚，他用强行从民间征来的苛捐杂税，大兴土木，广修宫殿馆舍。有一次他命屠岸贾在晋都绛(jiàng)州城内建一座花园。屠岸贾受命后，找到各地的能工巧匠，精心设计，昼夜施工，很快建造了这座花园，园中筑有三层高台，中间建起一座“绛霄楼”。此楼画栋雕梁，丹楹刻角，四周朱栏曲槛，富丽堂皇，凭栏四望，市井均在眼前。园中又遍植奇花异草，因桃花最盛，每到开花之季如锦似绣，故此园名为“桃园”。竣工之后，灵公赞不绝口，心中就更加宠爱屠岸贾了。此后，灵公一日几次登楼嬉戏，或观览，或饮酒，有时还张弓弹鸟，与屠岸贾赌赛取乐。有一天，屠岸贾召来艺人在台下献艺，园外聚集了很多看热闹的百姓。灵公一时兴起，对屠岸贾说："弹鸟不如弹人。咱俩比试一下，看谁打得准。击中眼者为胜，中肩为平，要是打不中的话，用大斗罚酒。你看怎么样？"屠岸贾欣喜应允。于是，两人一个向左、一个向右，高喊："看弹！"一个个弹丸如流星般飞向人群，有人被弹去半个耳朵，有人被击瞎眼睛。顿时人群大乱，哭喊着拥挤着争相逃命。灵公大怒，命左右会放弹的侍从全都操弓放弹，一时间，弹如雨点般向人群飞去，百姓伤残无数，惨不忍睹。灵公见状，狂笑不止，连弓掉到地上都不知道。他边笑边对屠岸贾说："我登台数次了，数今天玩得最痛快。"在屠岸贾的怂恿之下，晋灵公骄奢日甚。为了进一步取悦晋灵公，屠岸贾亲自率人到全国各地挑选良家美女，只要中意即抢夺回京，送入桃园供灵公淫乐。此后灵公对屠岸贾更加宠爱了。只要身边侍者稍不如意，他们就用残忍的手段将其杀戮。有一次，晋灵公与屠岸贾饮酒，席间，晋灵公命厨师赶快做个熊掌给他们下酒。催了几次，还没端上来，晋灵公发怒，厨师只好把熊掌端来。灵公尝了一口嫌其未熟，抄起铜斗往厨师的头上一击，厨师当场毙命，灵公又用力将其砍为数段，命内侍将碎尸盛入竹篼弃于野外。

灵公这种弃国自娱、殃民自乐的行径，引起朝野上下的强烈不满，晋国的社会矛盾日益激化。可是作为一国之君的晋灵公对此却全然不顾，仍以淫乐为生，不修国政。屠岸贾则以满足主子的需求为目的，极力设法搞许多新的花样，使晋灵公在昏聩（kuì）奢靡的泥潭中越陷越深，国家也就越加贫弱不堪了。

忘恩报怨　刻薄之尤

原文

受人之恩虽深不报，怨则浅亦报之；闻人之恶虽隐不疑[1]，善则显亦疑之。此刻之极，薄之尤[2]也，宜切戒之。

注解

①虽隐不疑：对别人的坏事即使隐隐约约却也深信不疑。

②尤：过分。

译文

受人的恩惠虽然很多很大也不设法报答，但是一旦有一点点怨恨就千方百计地报复；听到人家的坏事即使很隐约也深信不疑，但是对于大家的好事再明显也不肯相信。这种人可以说刻薄冷酷到极点，过分地刻薄是做人应该严加戒绝的。

事典

齐桓公夺位　竟使杀光计

春秋初年,齐襄公姜诸儿即位时,有两个已经成人的儿子。长子姜纠,是鲁女所生,由管仲和召忽做他的太傅(老师);次子姜小白,即后来的齐桓公,是莒(jǔ)女所生,由鲍叔牙做他的老师。管仲与鲍叔牙的友谊至深,历来被传为美谈。二人分别做了姜纠和姜小白两位公子的老师后,管仲对鲍叔牙说,国君就这两个大一些的儿子,日后继承君位,不是纠就是小白,不管谁继位,咱们二人要互相举荐,共享富贵!鲍叔牙点头称是。

齐襄公与自己的亲妹妹、鲁桓公夫人文姜私通,派人害死了鲁桓公。此后,文姜无颜回鲁,便住在齐鲁交界的齐地禚镇。鲁庄公无可奈何,便在齐鲁交界的鲁地祝丘为她建造了宫殿居住。一次,齐襄公外出狩猎,想借机把文姜由祝丘接到禚地相会,鲍叔牙便建议公子小白说,"国君的淫逸出了名,国人都耻笑他,现在加以制止,还可以掩饰过去,使人们逐渐淡忘。如果再越礼来往,就会像水决了堤一样,必然酿成人祸。公子一定要劝阻他啊!"小白进宫劝谏父亲说,鲁侯之死,人们议论纷纷,男女之间的嫌疑不能不避,请父亲再思!齐襄公一听气得踢了他一脚,训斥他多嘴多舌,小白进谏失败。叔牙说:"有奇淫者,必有奇祸。"于是,陪小白一起出走莒国。

后来,襄公的叔弟姜无知与在葵丘戍边的将官连称、管至父串联搞政变,杀了襄公,无知即了君位。公子纠与管仲、召忽一起跑到鲁国的姑母家。时间不长,几个大夫发动突然袭击,把无知、连称、管至父杀掉了,一面遣人取出襄公尸体,重新殓葬,而派人去鲁国迎接长公子纠回来继承君位。

鲁庄公认为此事对两国关系至关重要,便亲率兵车三百乘,派曹沫为大将,秦子、梁子为左右副将,护送姜纠入齐。管仲提议说,公子小白在莒,距离临淄城比我们近,如果他先赶去夺了权,君臣名分已定,便不好办了。请给我兵车三十乘,赶到前头去拦住他!庄公答应了他。

果然,公子小白在莒国听说父死无君,便向莒君借了一百辆兵车,赶回齐国,路上被管仲的车队拦住。管仲上前施礼道:"公子纠是长子,按礼应该由他主丧,公子你不必辛苦这一趟了吧!"这时鲍叔牙喊道:"管仲,你退下去吧!咱们是各为其主,不必多啰嗦了!"管仲环顾了一下莒兵,个个横眉立目,摆着拼命的架势，便答应让兵车后退。不料，他退出几十步，蓦地转身弯弓搭箭向小白射来，眼看着躲避不及，小白大叫一声，口吐鲜血，倒在车上。管仲趁对方慌乱一片，赶紧率领他的兵车快马加鞭回去“报捷”了。

其实，小白没死也没伤，管仲只射中了他的带钩。他知道管仲箭法不错，怕他赶尽杀绝，便急中生智，咬破舌头，喷血诈倒，一时竟连鲍叔牙也被骗过了。管仲走远后，小白一挺而起，众人转悲为喜。于是，让小白化了装，坐在车里，抄小道赶到临淄城外。

鲍叔牙自己先进城拜访了几个有威望的老臣，说起继位之事，大家很为难。鲍叔牙说：“齐国连弑二君，不是贤能的人，不能控制局势。在这一点上，小白比纠强。况且，迎的是纠，而小白先到了，这也是天意啊！再说鲁国纳了纠，图报的胃口不会小，齐国多年之后，能满足他们的欲望吗？如果不能，跟着来的就是战争！”有人问：“不纳纠，怎么辞退鲁国呢？”鲍叔牙说：“通知他们，我们已经有了新君，他们不就作罢了？”这个意见得到群臣赞同，便以仪仗迎请小白入城即位。

大夫仲孙湫奉命去截止鲁庄公。庄公闻报大怒，来不及埋怨管仲的马虎，冲齐使仲孙湫说：“自古立子以长，再说你们也不能出尔反尔！”于是，齐鲁两国军队为“送君”和“拒送”，在乾时摆下了战场。结果鲁军大败。

齐桓公小白早朝时，百官称贺。鲍叔牙奏道：“纠在鲁国，还是个心腹大患。请让臣率兵压境。迫使鲁国除掉他！”桓公准奏。于是，鲍叔牙大军驻扎在汶水北岸原来鲁国的土地上。致信鲁庄公，大意是齐已立君，公子纠再夺就“不义”了，齐君不忍心诛戮亲兄，“愿假手于鲁国”。

出于政治上的需要，鲁国君臣最后决定满足鲍叔牙的要求，杀了公子纠，以结好齐国，为齐桓公消除了心腹之患。

从此，齐桓公小白治齐几十年，成就了春秋五霸第一霸的赫赫业绩。

金须百炼　矢不轻发

原文

磨砺当如百炼之金，急就者非邃养①；施为宜似千钧②之弩③，轻发者无宏功。

注解

①邃养：高深修养。邃，深。

②钧：三十斤是一钧。

③弩：用特殊装置来发射的大弓。

译文

磨砺身心要像炼钢一样反复陶冶，假如急着希望成功就不会有高深修养；做事就要像拉开千钧的大弓一般，假如随便发射就不会有好的效果。

事典

武术家的长寿秘诀

武术家马岳梁谈到长寿之秘诀时说:“第一是练太极拳,迄今每天仍不少于一小时。说真的,练拳实在很苦,但苦中有乐,体质是大大增强了。”

马老说:“练拳的人不一定都能长寿,还有一个练拳的方法问题。我在练拳时,气往下沉,而不是浮在上头,所以血压不高。人体有6条阳经和6条阴经,我在练习时,不光调动阳经,还调动阴经,做到阴阳平衡,所以身体这么健康。”

“第二是早睡早起。”马老说,“我的起居很有规律,步调一致,都是早晨6时起床,晚10时睡觉,已成习惯了。”

“第三是吃素,牛肉、猪肉、虾、鱼、鸡都不吃。”马老接着说,“不过,我与和尚吃素有点不一样,牛奶和鸡蛋还是吃的。鸡蛋每天吃1到2个。吃素对胃很好,减少了肠胃的负担。”

说到这儿,他的女儿插嘴说:“爸爸真的喜欢吃素。我们吃荤菜,他也不馋。他烟酒不沾,也不饱食。早餐一只鸡蛋,一杯牛奶,一小碗粥,有时吃大饼油条或面包、菜包子;中餐和晚餐吃一碗饭,吃素菜。就是在吃素之前,油腻的东西也不多吃。”

“还有一点。”马老的女儿接着说,“我爸的性格特别好,从来不发脾气。我们家与邻居的关系也很好。我爸懂推拿医术,周围的孩子如果摔伤了需要帮助,不论什么时候来敲门,他都帮助推拿。记得有个农民挑着一担一百多斤的西瓜沿街叫卖,不慎踏在一块玻璃上,足底扎伤了,鲜血流出来。我爸爸看到了,把这担西瓜全部买下来,还帮助他把玻璃碎片挑出,包扎好,使这位农民深为感动。”

宁为小人所毁　勿为君子所容

原文

宁为小人所忌毁，毋为小人所媚悦①；宁为君子所责备，毋为君子所包容。

注解

①媚悦：本指女性以美色取悦于人，此指用不正当物为博取他人欢心。《史记·幸佞列传》有："非独女以色媚，士亦如之。"

译文

做人做事宁可遭受小人的猜忌和毁谤，也不要被小人的甜言蜜语所迷惑；做人做事宁可遭受君子的责难和训斥，也不要被君子的宽宏雅量所包容。

事典

得势排异己　群贤化冤魂

在我国两千多年的封建专制社会中，宦官专权的现象十分普遍。从后汉至唐朝，到明朝达到顶峰，明末太监魏忠贤的乱政，最终使腐朽的明王朝寿终正寝。

魏忠贤(公元1568—1627年),河间肃宁(今河北肃宁)人,他年轻时极为无赖,赌博输钱,自施宫刑,改姓名为李进忠,混入宫中当了太监。后逐渐得到明熹宗的宠信。在明末朝政腐败,统治阶级内部的矛盾斗争尖锐、复杂的情况下,魏忠贤结党营私,把持朝政,误害忠良,成为中国历史上千古唾骂的罪人。

明神宗万历十七年(公元1589年),魏忠贤入宫当太监。他善于巴结、攀附,与司礼监属下的魏朝结为兄弟,又与掌管司礼监的王安关系密切。王安是光宗朱常洛在东宫时的伴读,得光宗信任,后因拥立熹宗朱由校有功,因此深得皇帝的信任。他还和熹宗的乳母客氏关系暧昧,客氏也常在熹宗面前为魏忠贤讲好话。魏忠贤逐渐得宠,权力不断膨胀,其野心也越来越大。他为了泄私愤和谋权势,对往日结怨的宫中太监,举起了屠刀。魏朝和王安很快就被魏忠贤先后害死。

魏朝是魏忠贤入宫时的引荐人,常在主持宫事的王安面前夸奖魏忠贤,所以俩人关系一直很好。但不久,俩人即因为熹宗乳母客氏发生了冲突。在当时,太监在宫中不能自己生火,为了热饭,太监常和宫女、侍从合伙。起初魏朝和客氏合伙,但不久魏忠贤就和客氏勾搭起来。客氏也比较喜欢魏忠贤,疏远了魏朝,于是魏朝和魏忠贤的矛盾就尖锐起来。一天晚上,二人在一起饮酒,发生口角惊动了熹宗,熹宗就把客氏叫来对她说:"你只说让谁替你办事就得了,我给你做主。"客氏自然向着魏忠贤。后魏朝在发往凤阳途中被魏忠贤绞死。

王安是深得熹宗信任的太监,熹宗曾有意要封其为掌印太监,王安表示辞谢。熹宗听信魏忠贤和客氏的谗言,把这一职位封给了王体乾。魏忠贤又唆使朝中私党参奏王安。把其降职到南海子净军,不久又派心腹把他杀了。这样,魏忠贤排除了自己篡权的最大障碍,夺取了宫中大权。

为了进一步把持朝政,魏忠贤便把魔爪伸向外廷。他引用私人,勾结外官,排斥、镇压异己,从而攫取大权。当时掌权的东林党人大力排斥异己,被排斥者便都投靠到魏忠贤门下,魏忠贤乘机网罗,努力壮大自己的势力。

天启三年(公元1623年)正月,魏忠贤引荐礼部尚书顾秉谦,南京礼部尚书魏广微两人为东阁大学士,入阁参与机务。不久,顾秉谦即升为首辅,替魏忠贤总揽一切要事。顾秉谦是靠巴结魏忠贤而上升的,他曾率子厚颜无耻地跪在魏忠贤脚下说:"我本想拜在您膝下为义子,又恐你不喜欢我这白胡子儿子,所以就让我儿子给您当孙子吧!"以此博得魏忠贤的欢心。

魏忠贤还大力排斥异己,吏部尚书周喜谟,曾力救因论客氏被责的言官侯震旸等,又深厌给事中霍维华谄事魏忠贤,将他外调。魏忠贤本已对他怀恨在心,见此大怒,便暗中指使给事中孙杰奏劾周喜谟党附阁臣刘一燝,受其指使,为王安报仇。结果周喜谟丢官，刘一燝也罢相。刘一燝的罢官激起了朝中许多官员的不满。这年初夏，天忽然下起冰雹来，御史周宗建认为“冰雹下的不是时候，是魏忠贤等谗佞当道才激起天变”，要求熹宗斥逐管、魏。修撰（zhuàn）文震孟、太仆少卿满朝荐也相继上疏纠劾。他们都因此被谴责、贬官。

内阁已被魏忠贤控制，其他各部一些官员不顾脸面，争相拜在魏忠贤门下，臭名昭著的有五虎、五彪、十狗、十孩儿、四十孙。这些人趋炎附势，成为魏忠贤的忠实走狗，例如五虎之一的崔呈秀就做了工部和兵部尚书。王彪也成为锦衣卫首领，成为东厂特务。就连地方上的总督、巡抚，也几乎都投靠了魏忠贤。几年之内，魏忠贤结成势力浩大的“阉党”。魏忠贤的结党营私，胡作非为激起了正直官吏的极大愤怒，随着阉党活动的加剧，倒魏的声浪也日益高涨。天启四年（公元1624年）六月，左副都御史杨涟上疏痛斥魏忠贤廿四大罪。其中有：自行拟旨，擅权专政；斥逐直臣，重用私党；违反祖制，滥袭恩荫；毁人房屋，起建牌坊；利用厂卫，陷害忠良；居心叵测，劝开内操；生活糜（mí）乱，穷奢极侈等。疏中特别指出：“宫廷之中，只知有魏忠贤，而不知有陛下；都城之内，也只知有魏忠贤，而不知有陛下。”魏忠贤也有些害怕，到皇帝面前哭诉，熹宗本是个懒于过问政事的庸君，便令王体乾将杨涟的奏折念给他听。王体乾故意撇去奏疏中的关键语句，再加上客氏在旁的多方疏解，熹宗竟将杨涟的奏本掷回，不久，杨涟和另一东林党人首领左光斗就被罢了官。一场朝官攻击阉党的斗争终于失败。魏忠贤也开始对东林党实行报复行动，他首先拿小官开刀。工部郎中万燝继杨涟之后上疏斥责魏忠贤擅权，私自营造祖坟，仿佛皇陵体制。魏忠贤大怒道：“一个小小的官儿，竟敢到太岁头上动土！若不严办，以后还了得。”随即对万燝廷杖一百，万燝被毒打而死。

天启五年（公元1625年），魏忠贤便以汪文言一案为口实，捏造罪名，对东林首领杨涟、左光斗等下了毒手。

害死杨、左之后，更大肆捕杀东林党人，将东林党周起元、周顺昌、高攀龙、缪昌期、周宗建、李应升、黄尊素逮捕入狱。七君子除高攀龙死在家中（投水自尽）外，其他六人都受尽了酷刑，死在狱中。周顺昌裸体受刑，又被重物压首而死；缪昌期十指被揸掉；周宗建被铁钉钉身，又以沸汤浇烫。其他几人也死得非常惨。

魏忠贤还指使爪牙肆意开列黑名单，按黑名单搜捕东林党人。天启五年十二月，魏忠贤索性以皇帝的名义颁布《东林党人榜》。这个官方名单开列了三百零九名东林之士。从中可以看出魏忠贤利用厂卫镇压异己，屠戮臣民的滔天罪行。

魏忠贤为了镇压异己，大力强化特务机构，东厂特务遍布大街小巷。两次大冤狱之后，凡是与被害人有关的都被特务跟踪。大狱之后，魏忠贤还以皇帝的名义命令东厂和锦衣卫严加搜查，凡有东林嫌疑的，不管真伪，先逮起来审问，穷追到底，查出主使人，格杀勿论。

魏忠贤还对不肯依附他的边防将领也排挤杀害。例如，天启初年，后金攻克辽阳、沈阳，都城南迁，辽东经略熊廷弼主张固守，再伺机反攻。握有实权的广宁巡抚王化贞因是阉党中意之人，不顾熊廷弼的反对，自率十几万大军，轻易出击，结果丢失城池四十余座。朝廷竟不分是非，将王、熊一起下狱论死。熊廷弼被斩，而王化贞因有阉党保护，反逍遥法外。

继任辽东经略的名将孙承宗督师山海关，治军有方，但因受到魏忠贤党羽的监视，十分反感。魏忠贤几次想拉拢他，他都不理，于是魏忠贤决心除掉他。天启四年，孙承宗巡视蓟昌，离北京很近，就请求进京向熹宗当面参奏。魏忠贤担心孙承宗会参奏自己，就向熹宗说孙承宗有二心。熹宗果然不准孙进京，孙承宗气愤之极，辞职而去。

魏忠贤镇压大批反对者后，趾高气扬，毒焰熏天，更加专权，人称“九千岁”。朝中诸事，都得经魏忠贤之手，方能办理。魏忠贤的亲戚也因魏而官高禄厚，侄儿、侄孙分别受封为公、侯、伯。仅天启七年（公元1627年）自春到秋的半年中，就有锦衣卫指挥使十七人已升任为左、右都督和都督同知、佥事九人。客氏的弟弟客光先，也做了都督。

魏忠贤还欺骗皇帝，掠别人之功劳为己有。天启六年（公元1626年）正月，边庭告急，后金努尔哈赤以二十万大军包围辽东重镇宁远。赖宁远道袁崇焕率部死守，用西洋大炮及火药灌石给敌军以重创，宁远才得以解围。魏忠贤却将宁远大捷之功掠为己有，袁崇焕则因没给监军的太监进献财物，反而没有得赏。

天启六年（公元1626年）六月，浙江巡抚潘汝桢提议为魏忠贤立生祠于西子湖畔。魏忠贤非常高兴，重赏潘汝桢。各地的狗官也都纷纷效法，魏忠贤的生祠遍布天下。造生祠的费用，多则几十万，少则数万。官吏们无不挪用公款，滥伐上等木料，拆毁民房。

天启七年（公元1627年）八月，熹宗病逝，没有儿子，由五弟朱由检继位，改元崇祯。魏忠贤失去了靠山，急召兵部尚书崔呈秀入内密谈，据说是预谋篡位。

但崔呈秀认为时机没成熟而作罢。

崇祯一即位,便下令客氏出宫,不准再给魏忠贤造生祠,并下令停建。于是陆澄源、钱元悫、史躬盛等官员大胆上疏揭发魏忠贤,阉党内部也开始分化。阉党杨维垣、贾继春等先后纠劾崔呈秀不守母丧,有违礼制。崇祯帝马上免去崔呈秀的官职。嘉兴贡生钱嘉征上疏列举魏忠贤十大罪状。

崇祯元年(公元1628年)十一月,思宗传旨"魏忠贤凤阳安置",但此时魏忠贤的威风还没倒,束装上路时,还有随从数百人。魏忠贤一离朝,弹劾他的奏疏如雪片般飞至思宗案前。于是思宗又发旨,命锦衣卫拿魏忠贤回京法办。魏忠贤意识到末日到了,当夜上吊自杀。其家产没收,其党羽也都处刑论罪。

崇祯二年,思宗钦定逆案,把魏忠贤及其党羽分别定罪。还为东林党官员恢复名誉,各予封赠。

谗言如云蔽日　甘言如风侵肌

原文

谗夫毁士,如寸云蔽日,不久自明;媚子阿人①,似隙风②侵肌,不觉其损。

注解

①媚子阿人:媚子是善于逢迎阿谀的人,阿人是谄媚取巧曲意附和的人。

②隙风:墙壁和门窗的小孔叫隙,从这里吹进的风叫邪风,相传这种风最易使人身体受伤而得病。

译文

用恶言毁谤或诬陷他人的小人，就像点点浮云遮住了太阳一般，只要风吹云散太阳自然重现光明；用甜言蜜语或卑劣手段去阿谀别人的小人，就像从门缝中吹进的邪风侵害肌肤，使人们不知不觉中受到他的伤害。

事典

宣帝信谗言　良臣遭祸端

西汉宣帝在位时，起用了一批贤臣，进行勤俭治国，国势一度繁荣昌盛，汉宣帝也因此被认为是汉朝的一个开明君主。但就是这样一个开明君主，在用人问题上依然犯过一些明显的错误，给兴盛的国势带来了很大的损失。

当时的京兆尹张敞，治理国都长安很有成绩。张敞为官清廉，从不贪污受贿，为人也很正直，不以势欺人。张敞还有一个特点，就是从不摆官架子。他经常穿上便衣，拿着扇子，在长安街上溜达，好像欣赏风景的诗人似的。在夫妻生活上，张敞也很体贴，他有时候早晨起来，瞧见夫人在梳妆就顺手拿起笔替夫人画画眉毛。张敞为官多年，看透了宦海沉浮，因此他行动非常小心谨慎，从不愿得罪别人，也不想踩着别人的肩膀往上爬，他只希望安分守己地过日子，不遭到别人的陷害就可以了。但官场有时并不像人们所希望的那样清明，就在张敞小心翼翼，安分守己的时候，已经有人在宣帝面前告发他了，罪名是"行动风流、轻浮，有失大臣的体统"。原来虽然张敞小心翼翼，从不得罪人，但他的京兆尹的职位让一些人眼红。京兆尹是京师里的最高地方官，地位高，待遇好。这些人对张敞的京兆尹的位置非常眼红，但又挑不出张敞在为官上的毛病，因此只好从家庭内事上对他进行诽谤。汉宣帝听到这些流言后，就把张敞召去审问："有人告你替媳妇画眉毛，有没有这事儿？"张敞只好辩解说："闺房里面，夫妇之间，比画眉更风流的事儿还多着呢，难道画画眉就是什么大不了的事吗？"汉宣帝听后对张敞很不满意。虽然暂时没办他的罪，但留下了后来撤他职的种子。

那些对京兆尹眼红的人见不能直接将张敞扳（bān）倒，只好耐心地等待时机。张敞有一位朋友叫杨恽，当时被封为平通侯。平通侯杨恽为人廉洁无私，喜欢仗义疏财，与张敞颇为投缘。可惜杨恽为人过于正直，锋芒过于外露，往往别人不敢说的话他敢说，别人不敢批评的他敢批评，因此得罪了一些人。这些人向汉宣帝告发说："杨恽曾经说过秦朝宠信小人，杀害忠良，以至亡国，要是秦朝能够信任大臣，也许今天还是秦朝的天下。过去的跟今天的比起来，都是一个鼻孔出气。杨恽这么诽谤朝廷，失去臣下的体统，应当办罪。"于是汉宣帝就将杨恽贬为平民。杨恽对宦海升迁早已看淡，于是在老家买了一些田地，自得其乐地过着日子。有些人对杨恽的这种行为很看不惯，认为杨恽应该在家省察自身错误，不应该不仅毫不反省，反而还怡然自乐。恰好这时发生了一次日食，这些人立即借题发挥，向宣帝告发说这次日食完全是因为杨恽不肯悔过促成的。宣帝居然还听信了这种谗言，立即将杨恽杀了。

本来杨恽的行为与张敞毫无关系，但那些早就想扳倒张敞的人立即抓住这个在他们看来来之不易的机会，以此为借口向宣帝进谗，说张敞是杨恽的好朋友，杨恽的行为受到张敞的很大影响，因此应该将张敞革职。汉宣帝早就对张敞心存不满，于是立即满足了这些人的要求，将他革职贬为平民。

张敞和杨恽两人，一个安分，一个正直。虽不能说是贤臣，但至少可以说是良臣。但就是这样两位良臣，却一个被杀，一个被革职。由此可见，在专制独裁的封建制度下，即使很开明的君主，有时也免不了滥罚滥杀。

戒高绝之行　忌褊急之衷

原文

山之高峻处无木，而溪谷回环则草木丛生；水之湍急处无鱼，而渊潭停蓄[①]则鱼鳖聚集。此高绝之行，褊急之衷[②]。君子重有戒焉。

注解

①渊潭停蓄:渊潭是深渊,停蓄指水平静不流动。

②褊急之衷:狭隘到极端的心理。

译文

高耸云霄的山峰地带不长树木,只有溪谷环绕的地方才有各种花草树木生长;水流特别湍急的地方并无鱼虾栖息,只有水深而且宁静的湖泊鱼类才能大量繁殖。可见过分的清高行为和过分的偏激心理,也跟高山峻岭和湍急的河流相同,都不是容纳万物生命的地方,有德君子必须严加戒除这种心理。

事典

子思拜相

子思将要出任鲁国穆公的相大夫。就去拜见老子,老子听说此事就问子思说:"现在先生将要辅佐君主治政,不知有什么打算?"

子思说:"我将按照自己的性情,再参照君主的道德辅政,将不会有什么大的闪失。"

老子说:"恐怕不能顺着先生的性情去处事吧!如是这样,先生的性情过于刚健,傲然于不肖的小人。而且不会招致闪失,这样的处事类似君主,不像是一个君主的臣子。"

子思说:"人无才德才成为不肖,不肖予人以傲然,被人看不起也理所当然。从事君主之事,行君主之道,听君主之言,哪会出现闪失呢?假如仁道不行,君命不受,也就不能够辅佐君主行事,不事君是真正的没有闪失。"

老子接着说:"先生没有看见过牙齿吗?牙齿虽然坚固硬朗,末了终因相互辗(zhǎn)磨而损坏;舌头呢,始终柔软和顺,终了不因它的使用而衰敝。"

一个人脾性褊(biǎn)急,或行事偏激,就会使心理失去平衡,产生不良情绪,损害身心健康。

冷静观人　理智处世

原文

冷眼观人，冷耳听语，冷情当①感，冷心思理。

注解

①当：持，处理。

译文

要用冷静的眼光去观察他人的行为，要用冷静的耳朵去细听他人的言语，要用冷静的心情去处理事物，要用冷静的头脑去思考事理。

事典

机械模仿必碰壁

鲁国的施氏有两个儿子，一个爱好学文，一个热衷于军事。学文的得到齐侯的赏识，学武的在楚王殿下谋取了官职。他俩的官爵让亲朋好友们感到荣耀。

施家的邻居孟氏也有两个儿子，所学的东西和施家的儿子相同，但却处于贫困状态中。孟家的儿子很羡慕施家的富裕和显赫地位，于是便上门去求教谋取功名的方法，施家二子就将自己的情况据实告诉了他们。

孟家的一个儿子听了介绍后，就来到秦国，想以自己掌握的学术来讨秦国欢心，以求任用。秦王说："当今群雄割据，诸侯竞相争天下。经用的只是兵马粮草，假如以什么仁义来治理我国，那是自取灭亡的途径。"为示惩戒之意，秦王指使手下人对孟氏这个儿子施以宫刑，然后才放他回家。

孟家另一个儿子去了卫国。他想以兵法来获取卫侯的重用。卫侯对他说："我国是弱国，处在大国的挟胁中。我们对大国是侍奉，对小国却又需安抚，这是我们卫国的求安之道。假如依仗军事韬略，那我们离灭亡的日子也就不远啦！今天如果就这么放你回去，你再去别的国家将造成对我国的极大祸害。"卫侯说罢，就命人砍断了他的双脚，这才把他放回鲁国。

孟家二子狼狈归家后，孟氏父子捶胸顿足地到邻居施家责怪他们。施氏见状，正色言道："大凡顺应时势者昌盛，错过时机者就会败亡。我们所学的内容相同，然而之所以你们没获得和我们一样的成功，就是错过了时机啊。抓住机会，应付事变，及时行动，而不受任何一个方面所局限，这就是智慧。智慧和谋略欠缺的话，即使你博学多才有如孔子，到哪里也还是照样碰壁。"

任何盲目的行为，都将给自己带来祸事。

量宽福厚　器小禄薄

原文

仁人心地宽舒，便福厚而庆长[1]，事事成个宽舒气象；鄙夫[2]念头迫促，便禄薄而泽短，事事得个迫促规模。

注解

①福厚而庆长：福厚是福禄丰厚，庆长是福禄绵长。庆是福禄吉祥，《易经·文言》篇中有“积善人家存余庆”。

②鄙夫：鄙陋之人。

译文

心地仁慈博爱的人，由于胸怀辽阔舒畅，所以才能享受长久的福分，这是因为事事都采取宽宏气度的缘故；反之心胸狭窄的人，由于眼光短浅，以致所得到的利禄都是短暂的，这是因为凡事都只顾眼前的缘故。

事典

优柔失霸气　寡断误良机

当项羽率军到达函(hán)谷关(今河南灵宝市西南)的时候,守关的秦军已被刘邦的军队取代了。原来刘邦乘项羽与秦军主力激战时,采取避实击虚的战略方针,已在一个月以前攻克武关、占领咸阳,并且派兵守卫函谷关,以阻止项羽军队进入。

项羽大怒,立即下令攻关,汉元年(公元前206年)十二月,项羽的四十万大军攻破函谷关,进抵戏西(今陕西临潼附近),驻军新丰鸿门(今陕西临潼区东),并准备再对刘邦实施一次大的进攻。

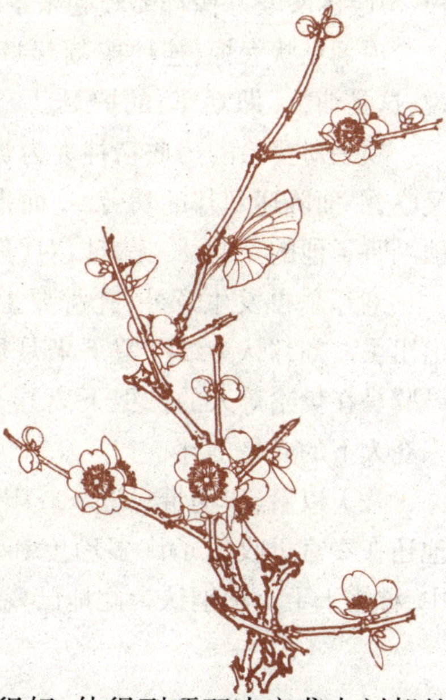

谋士范增对项羽说:“刘邦在山东的时候,贪财好色,可进关以后,既不要财物,又不掠妇女,说明他正在收揽人心,可见他野心不小,我们必须抓住时机把他消灭掉。”项羽颇不以为然。

当时,项羽拥兵四十万。刘邦只有十万人,驻在灞上(今西安市东灞上以西的高原上)。两军相距四十里,双方实力悬殊,形势对刘邦不利。

项羽的叔父项伯和刘邦的部将张良关系很好,他得到项羽决定袭击刘邦的消息后,连夜偷偷跑到灞上去给张良通风报信,劝其赶快离开危险之地。张良却替刘邦拉拢项伯,引荐项伯同刘邦会面。刘邦殷勤设宴招待项伯,并相约结为儿女姻缘,一再表白自己入关以后并无异图,专等项羽前来接收,派兵守关也只是防备发生意外,刘邦希望项伯把这个意思转告项羽,并美言其间。项伯答应回去后照办。并嘱咐刘邦第二天一早就到楚军营帐进见项羽,以释误会。

项伯回营后,把刘邦的申述告诉了项羽,劝项羽不要去攻击刘邦,好好接待一番,言和为是。项伯替刘邦说了许多好话,终于使项羽改变了进击刘邦的决定。

次日清晨,刘邦便带着张良、樊哙(kuài)等将领和一百多名骑兵到鸿门来进见项羽,谢罪,解释,以求宽谅。项羽设宴招待,暗地里,双方剑拔弩(nǔ)张,这就是历史上著名的"鸿门宴"。

宾主入席坐定后,宴席上的气氛仍非常紧张。席间,范增几次朝项羽使眼色,并且把他佩带的玉玦举了三次,示意赶快下决心除掉刘邦。项羽却因为对刘邦的隔阂已经消除,便默然不动。范增急了,忙起身出去找到项羽的堂弟项庄。要他进去敬酒,然后假装舞剑助兴,伺机行刺。项庄领悟,就进去给刘邦敬酒,经请示项羽同意后,在筵席前舞起剑来。后人留传的"项庄舞剑,意在沛公",源出于此。项伯一眼看出项庄舞剑的用意,也拔剑起舞,借以掩护刘邦。

坐在东面的张良一看情形不对,连忙跑到军营门口找到樊哙,说明情况危急。樊哙立即一手执剑,一手持盾,闯进帷帐向西而立,两眼怒视项羽。由于气极,樊哙的头发好像都要竖起来了,眼眶也要睁裂了似的。

项羽见状大惊,连忙按剑起身,询问樊哙来干什么?张良在一旁代为回答说,这是沛公(即刘邦)的护卫。

项羽对樊哙的勇敢精神大为赞赏,赐给他美酒、猪肘。樊哙也不在乎,又喝又吃,一面陈述刘邦的功劳,一面指责项羽听信谗言,要杀有功之人,太无道理。项羽听了他的一番话,无言以对,只得让其入席就座。

刘邦恐再发生意外,托辞要上厕所,离开了筵席,并招呼张良、樊哙跟他一道出去。刘邦认为继续留下来是很危险的,他吩咐张良等一会向项羽辞谢,自己骑马在樊哙等人的护卫下离开了鸿门。范增知道后,又失望又气愤,断言将来夺天下的必是刘邦。

几天以后,项羽带兵进入咸阳,大肆屠杀,处死秦降王子婴,烧毁了阿房宫。他还在秦宫里收集了许多珍宝和美女,准备携归彭城。曾有说客劝他定都关中,称霸天下。项羽认为此地已残破不堪了,决计以富贵返回家乡。

喜忧安危　勿介于心

原文

毋忧拂意[1]，毋喜快心[2]，毋恃久安，毋惮[3]初难。

注解

①拂意：不如意。
②快心：称心如意。
③惮：恐惧，害怕。

译文

不要为一点点不如意的事而发愁，不要为短暂的快乐而高兴，不要由于长久的安定生活而有所依赖，不要由于一件事情一开始的困难而畏缩不前。

事典

慎到驳相如

蔺相如在渑池秦赵会盟上，挫败秦王的威势为赵取得荣耀，回赵后因功封为相国。他同大将廉颇同心协力，使赵国稳定了一时。

有一次，他遇到慎到，说起往事以为秦虽强大却不足畏惧。他讲："人们皆讲秦国强大，秦王威势如虎碰不得，我抚摩过这个老虎的额头，又拍过这个老虎的肩膀，看来也不过如此。"

慎到听了很不以为然，他对相如说："不错，先生真不愧有天下独到的胆量。不过我曾听说，在赤城的高山有一方勾连悬崖峭壁之间的石梁，石梁光滑似玉，其宽一尺左右，而且像龟背一样是拱形的，梁下是万丈深渊。石梁囟（xìn）泉水浸润，苔藓披盖，又没有青藤杂草可供攀持，很难通行。一次有个山里人背着柴薪过桥，但见他快捷如飞，倏然而过，看到的人无不啧啧有声。其时，有一人对负薪的山人说，此梁通常不能行走而你却能通堵塞，尚何不回去再打个来回。山里人至此站立而视，两足颤颤巍巍，移步不前，现在且头昏目眩。先生当年对待秦王，之所以如此，犹如未见石梁之险。没有见过惊涛骇浪，过长江巴峡不觉寒栗；没有触犯过王法，看到牢狱而不惧怕。假使现在再让先生去摸老虎屁股，我想先生未必再有胆量。既是如此，也没有什么可以向我慎到炫耀的了。"

过满则溢　过刚则折

原文

居盈满者，如水之将溢未溢，切忌再加一滴；处危急者，如木之将折未折，切忌再加一搦①。

注解

①搦：压抑。

译文

生活在幸福美满的环境中，就像已经装满的水缸，千万不能再增加一滴，因为一旦增加之后就会立刻流出来；生活在危险急迫的环境中，就像已经快要折断的树木，千万不能再施加一点压力，否则树木就有立刻折断的危险。

事典

负富强之资　逞无厌之欲

隋炀帝做了皇帝后，马上撕去矫饰的面纱，暴露出纨(wán)绔(kù)子弟、风流天子的奢侈淫逸的丑恶面目。他凭借文帝攒下的基业，“负其富强之资，思逞无厌之欲”。

文帝刚死，炀帝便广选美女，充盈后宫。除了皇后外，他在后宫设置了贵妃、淑妃、德妃三夫人，品正第一；顺仪、顺容、顺华、修仪、修容、修华、充仪、充容、充华九嫔，品正第二；十二婕妤，品正第三；十五美人、才人，为世妇，品正第四；二十四宝林，品正第五；二十四御女，品正第六；三十七采女，为女御，品正第七，共计一百二十四人。六品以下，炀帝随意而置。在全国数十座行宫中也均有数目不等的设置。至于宫女、侍婢无计其数。唐初太宗李世民曾两次放出隋宫女各三千人，选用美女之多由此可见一斑。这些后妃嫔御，都是以美容丽饰得封，仅以陪炀帝游玩、宴乐、侍寝为职事。

京师中文帝虽建有大兴宫及后来建筑华美的仁寿宫，但远远满足不了炀帝的欲望，因此以后又建筑了显仁宫和西苑。苑内建有十六院。十六院各由一位四品夫人主持，炀帝轮番行车，各院竞献美酒佳肴，曲意侍奉，艳诗淫词，对饮调笑，炀帝尽兴方退。炀帝尤其宠幸僧、尼、道士、女官(女道士)，谓之四道场。每日罢朝之后，便在“苑中林亭间盛陈酒馔”。敕令颇受宠幸的燕王杨俄、梁公萧巨，与文帝的嫔御们为一席，僧、尼、道士、女官为一席，帝与诸宠姬为一席，席间略相连接，互相劝饮，"酒酣散乱，靡所不至"，甚至经夜不息，"以是为常"。炀帝每日要由美女陪寝。他的幸臣可自由出入宫禁，淫乱于内，"至于妃嫔、公主皆有丑声"，炀帝都习以为常。"又引少年，令与宫人秽乱，不轨不逊，以为娱乐。"月圆之夜，苑内别有一番景致，炀帝便率妃嫔宫女数千人骑马夜游赏月，并亲自创作了《清夜游曲》。嘚嘚的马蹄踏着万点银光，浩荡的马队映照在如镜的池水中，宫女们吹奏歌唱着悦耳的《清夜游曲》。怡然自得的炀帝骑马走在前面，乐不可支。这种活动往往通宵达旦。月缺的夜晚，炀帝则命人从民间征收萤火虫，夜间放出来，照亮岩谷，尽兴游玩。

炀帝还经常与群臣在西苑水上宴饮，并命学士杜宝根据古代七十二件水事撰《水饰图经》，再命人造出模型，有弹奏演唱的歌妓乘坐的画舫，有士人才子宴乐的游船，人物手足自动，栩栩如生，手操各种乐器的艺妓还能演奏出悦耳的音乐，供宴饮时欣赏取乐。

天天在东都宴饮游乐，久而生厌，炀帝令人取来"天下山川之图，躬自历览"，以求胜地营造宫苑，备随时游幸。他即位后，营建没有停止过，巡游也未停止过。大业元年八月游江都，次年四月还东都；大业三年四月北巡，九月还东都，大业四年三月幸汾阳宫，到僵岳，北巡长城；大业五年正月西巡河右，出张城，九月还京，十一月到京都；大业六年三月游江都；次年二月去涿郡；此后连续发动三次侵伐高丽的战争；大业十一年五月幸太原，巡北塞，十月还东都；第二年七月游江都，直到大业十四年(公元618年)被杀。

炀帝每次巡游，随行人员常有十几万人，有时还由兵将几十万人护卫，所有需用，皆由所过州县供给。给人民增加了很重的负担。有时为了一时之兴，不惜动用千百万人。大业三年北巡回来路过太原，听说御史大夫张衡家乡很美，便要一游，当即命开直道九十里，直达张衡家门。巡游中，令沿途州县献美食，好的加官晋爵，孬的训斥指责，甚至免官，因而大小官吏竞献美食，人民备受敲诈勒索。

在炀帝的巡游生涯中，规模之大，声势之壮的莫过于三游江都。江都是扬州的治所，大业初隋炀帝曾改扬州为江都郡，即今天的扬州。炀帝任扬州总管时曾领略了无限风情，即帝位不久便筹划去江都游玩，并定江都为行都。

大业元年八月，短短几个月，通济渠开成，游船可直达江都；御道修好，骑兵可沿途护卫；宫苑造就，炀帝可与妃嫔休息淫乐；黄门侍郎王弘、上仪同於士澄完成君命，去江南采木造游船数万艘，并招募了水工牵船，称之为殿脚，齐集东都。清晨，旭日东升，庞大的船队从洛口起锚出发。炀帝的乘船名为龙舟，高四十五尺，宽五十尺，长二百尺，上下四层。上层为正殿、内殿和东西朝堂；中间二

层造一百二十房；下层给宦官内侍居住。上三层用金玉装饰，富丽堂皇，光彩夺目。牵引龙舟的殿脚为一千零八十人，皆穿锦衣彩袍，把像龙须一样的两根青丝大绦拉向运河两岸。船上还装有漾彩，专有殿脚女在运河两岸挽引。皇后的乘船名为翔螭（chī）舟，规模稍小于龙舟。装饰则相同，由九百名殿脚牵引。妃嫔的乘船叫浮景舟，有九艘，各由二百名殿脚牵引。贵人、美人、才人及十六院夫人的乘船叫漾彩舟，有三十六艘，各由一百名殿脚牵引。官人的乘船是朱鸟舫、苍螭舫、白虎舫、玄武舫各二十四艘，飞羽舫六十艘，青凫舸、凌波舸各十艘。诸王公主及三品以上官吏的乘船是五楼船五十二艘。四品官及僧、尼、道士的乘船是三楼船一百二十艘。五品官和各国使官、番官的乘船是二楼船二百五十艘。装载羽仪、服饰、百官供奉物的船二百艘。六品以下九品以上官的乘船是黄舫二千艘。另有平乘、青龙、艨（méng）艟（chōng）等各五百艘。八棹、舴艋各二百艘，由十二卫兵士乘坐。共计游船五千余艘。除卫兵自己挽船外，共用殿脚八万多人。仅挽漾彩的殿脚女就有九千多人。船队经过五十天才从东都发尽。浩荡的运河上，舳舻相接二百余里。烈日当空，旌旗如林，漾彩飘扬，船队像飞舞的彩带向南缓缓飘去。夜晚，灯火辉煌，光照川陆，船队又像一条火龙在大地上漫游。运河两岸御道上则行进着二十万骑兵护卫船队。马蹄声、号子声、嘶鸣声、琴瑟声，此起彼伏。

然而，沿途百姓可遭了殃。“所过州县，五百里内皆令献食。多者一州至百舆，极水陆珍奇”。食物多得使炀帝及后妃嫔御们都吃腻了，临行时将剩余的山珍海味、珍馐佳肴全部扔进河中或埋进土里。

就这样，庞大的船队在运河上折腾了两个月，于当年十月到达江都。

炀帝故地重游，欣喜若狂，他和嫔妃们住进华美的宫殿，日日出游于苍山秀水之间，天天淫乐在朱槛玉栏之中，说不尽的风流倜傥。就这样，仍未满足炀帝的欲望，总觉得衣服不够华美，仪仗不够威风，他还打算从陆路回东都，要向人民显一显威风。大业二年二月，炀帝下诏，令吏部尚书牛弘等议定舆服、仪卫制度，以开封府仪同三司何稠为太府少卿，克期造成送江都。

牛弘、何稠等人接旨后，便“博览图籍，参会古今”，穷尽智思，日夜营造。“衮冕画日、月、星、辰，皮弁用漆纱为之。又作黄麾三万六千人仗，及辂(lù)辇车舆、皇后卤簿，百官仪服，务为华盛，以称上意”。役使工匠十几万人，花费金银钱帛以亿计。所用的金玉及禽兽的骨角、齿牙、皮革、羽毛等，皆限令州县贡送，“征发仓促，朝命夕办，百姓求捕，网罟(gǔ)遍野，水陆禽兽殆尽，犹不能给，而买于豪富蓄积之家，其价腾踊”，“翟鸡尾一，值十缣，白鹭(lù)鲜半之”。人民为之倾家荡产。

炀帝见到华美艳丽的舆服、仪仗，非常高兴，每当出去游玩，羽仪填街溢路，后妃花团锦簇，百官前呼后拥，绵延二十余里。有了这么威风的仪仗，炀帝便率众于大业二年三月从陆路离开江都，四月回到东都。

大业六年，宏伟壮丽的江都宫全部建成，有回雁宫、回流宫、九里宫、松林宫、大雷宫、小雷宫、春草宫、九华官、光汾宫、枫林宫，还有成象殿、水精殿、永巷、流珠堂等，殿阁鳞次栉(zhì)比，掩映在红花绿树之中，亭台错落有致，络绎于清泉曲流之上。阳春三月。炀帝又带着大队人马兴致勃勃地来到江都，直到次年二月，要率军侵伐高丽，才恋恋不舍地去了涿郡。此后，炀帝忙于对高丽的战争，杨玄感起兵又将他的游船焚烧殆尽，因而一连几年都未能再去江都。大业十一年，炀帝北巡时在雁门遭突厥始毕可汗围攻，惊悸不已，回东都后，又见中原烽火烈燃，行止极不安全。便又筹匦(guǐ)游江都。下诏江都再造游船“数千艘，制度仍大于旧者”。

第二年七月，江都将新造龙舟等送到东都，炀帝马上率文武百官、后妃嫔御离开东都，此次幸江都欲多住些时日，又命建造宫殿多处。还在观音山上修造了迷楼，炀帝游乐其中，心旷神怡，高兴地对左右说：“使真仙游其中，亦当自迷也。”并作了《迷楼歌》：“宫木阴浓燕子飞，兴衰自古漫成悲。他日迷楼更好景，宫中叶艳变红辉。”炀帝三次来江都，给江都人民带来了巨大的灾难，建造宫苑，人民穷于劳役，穷奢极欲，百姓苦于贡纳。炀帝接见江、淮郡官，专问送来什么礼物和食品。江都郡丞王世充献了铜镜、屏风等贵重物品，被升迁为通守，历阳郡丞(小郡)赵元楷献了山珍异味，荣迁为江都郡丞(大郡，且近侍皇帝)。因此，各郡官吏竞相盘剥人民，以便献上美食宝器而得到升迁。人民“外为盗贼所掠，内为郡县所赋，生计无遗；加之饥馑无食”，只好“采树皮叶，或捣槁为末，或煮土而食之”，这些东西吃光后，“乃自相食”，惨状空前。炀帝还命王世充在江、淮民间挑选美女。王世充四处搜寻，选得很多，江都宫中都容纳不下了，分送东京及各地宫中，给江、淮妇女和百姓家庭带来了无尽的灾难和不幸。

炀帝北巡南游，劳师动众，使人民起义如火上添油，越燃越烈。他第三次来到江都后，隋朝已经风雨飘摇，他只能在惊慌中度日，再也没有能够返回东都。

恶不可即就　善不可即亲

原文

闻恶不可就恶[1]，恐为谗夫[2]泄怒；闻善不可即亲，恐引奸人进身。

注解

①就恶：立刻厌恶。

②谗夫：用流言来陷害他人的小人。

译文

听到人家有过错或做了坏事，不要马上就起厌恶之心理，必须经过自己一番冷静的观察，判断一下传话的人是否有诬陷、泄愤的意图；听到某人有善行做了好事，也不要立刻就相信来亲近他，必须经过自己一番冷静的观察，以免被那些奸人作为谋官的手段。

事典

劝谏有良谋　施政随己愿

春秋时,孔子的弟子宓子贱奉命去治理鲁国的县城直父。宓子贱担心鲁国君主听信谗人的坏话,使自己不能实行自己的主张,便在告辞上任的时候,向鲁国君主请求带上君主身边的两个官吏跟自己一起去。

到了直父,当地的官吏都来朝见。宓子贱让那两个官吏书写。官吏一动笔,宓子贱就从旁边不时地摇动他们的胳膊肘,使官吏写得很不好,宓(mì)子贱为此而大发脾气。这两个官吏对他这种做法既讨厌又愤恨,就告辞请求回去。宓子贱说:"你们写得很不好,你们赶快回去吧!"两个官吏回去以后,向鲁国君主禀报说:"不能给宓子贱这个人书写。"鲁国君主说:"为什么?"官吏回答说:"宓子贱让我们书写,却不时地摇动我们的胳膊肘,写得不好就大发脾气,直父的官吏都因宓子贱这样做而发笑,这就是我们所以要告辞离开的原因。"鲁国君主长叹说:"宓子贱是用这种方式对我的缺点进行劝谏啊。我扰乱宓子贱,使宓子贱不能实行自己的主张,这样的事一定多次发生过了。假如没有这两个人,我几乎又要犯错误了。"

于是鲁国君主就派自己所喜欢的人去直父,告诉宓子贱说:"从今以后,直父不归我所有,归你所有。凡是对直父有利的事情,你自己决定去做吧。五年以后再报告施政的要点。"宓子贱恭敬地答应了,这才得以在直父开始实行自己的主张,而且把直父之地治理得很好。

乐极生悲　苦尽甘来

原文

世人以心肯[1]处为乐，却被乐心引在苦处；达士以心拂[2]处为乐，终为苦心换得乐来。

注解

①心肯：肯是可的意思，引申为顺，心肯就是心愿满足。

②心拂：拂就是违背，心中遭遇横逆事物。

译文

普通人都认为能满足心愿就是一大快乐，然而却常常被快乐引诱到痛苦中；一个胸怀旷达眼光长远的人，由于平日能忍受各种横逆不如意的折磨，最后终于在艰苦奋斗中换来真快乐。

事典

顺玛倒闭　其因太贪

顺玛银行，驰名世界的印尼国际金融机构，历经令人瞠目的迅猛拓展后又使人费解地迅速倒闭了。从 1979 年建立到 1992 年底倒闭，仅仅十多年的时间。

谢涵实,是印度尼西亚第二富豪谢建隆的长子。1979 年,他以父亲借给他的 2.5 万美元为资本,筹资在菲律宾属下太平洋群岛中的化奴亚杜岛建立了顺玛国际银行。1980 年初,谢涵实动用 30.5 亿印尼盾在香港建立了顺玛国际资金(金融)公司,随后与印尼总银行合营。1982 年又用 9.5 兆印尼盾收购了菲律宾北部开云总枢纽的一家国际金融公司。同年,他又用 60.5 亿印尼盾在德国设立顺玛商业银行。之后,他返回印尼,创立了哇庇·顺玛租赁公司,后改名顺玛·亚斯德拉多边金融公司。

1988 年,当印尼椰城亚贡银行债台高筑,面临危难之机,谢涵实收购其 55%的股权,并改名为顺玛银行。他还在椰城、马辰、巴厘岛各买下一家旅馆,总共花费了 130 亿美元。在新加坡,他用 592 万美元购买了一批新联资产业组织。他还与回教神学会合营人民贷款银行,先后共设 9 家,拟再设 200 多家。之后,他又以 85%的股份与法国社会公共银行合资设立顺玛社会公共银行,同时创立多种保险业务类企业。到 1989 年,该银行跃升为印尼民族私营银行的第 10 名。

1989 年的下半年,顺玛集团出现资金短缺的恶兆。谢涵实下令属下各企业检讨改善。1990 年,印尼政府针对国内经济困境,开始执行紧缩政策,政府银行贷款骤减,对国外贷款也严加限制。顺玛银行一时陷入停顿状态。老父谢建隆于 1990 年 1 月,不惜重金请来前印尼著名咨询顾问机构 SGV 负责人乌多谋及两位万国银行专家带领由美国请来的专业人员整顿顺玛集团。乌多谋等上任后,决定首先从改革领导层开始,坚持革除该企业中的一大批生手——谢涵实的嫡(dí)亲及朋友,引起谢涵实的强烈不满和高层行政管理人员的抵制。整顿一时陷入僵局,乌氏等人见如此大的阻力,只好愤而离去。印尼总银行总裁木易士指出:印尼总银行已经获悉,顺玛银行因行政管理不当,造成经营上的严重困难。由于大量资金集中投资于房地产,贷款拖欠严重,造成其财政周转的极度困难。顺玛银行在 1991 年共损失 5910 亿印尼盾,被列入不健全之列。印尼总行为了解决其困难,批准其不必照常例每月将其财政汇报公诸报刊,利用被给予的机会于 12 月间呈交其机构重组计划。借此机会,谢涵实决心整顿的公司管理机构,调整经营战略。设立顺玛主体股权有限公司,由谢涵实之妹尤迪任总裁,主要负责经营投资事宜,同时另设顺玛国际有限公司,主要从事国际金融经济业务;顺玛金阳有限公司,经营其他业务。并一改往日“四面出击”的方针,重点放在金融、房地产、矿产、电讯业务几方面。

此后,顺玛银行虽有短暂复苏的迹象,但仍步履维艰。尤其令人费解的是,处于危难之中的银行却仍为外强中干之举。1992 年 6 月,为了迅速发展以图企业东山再起,在缺乏科学论证的情况下放出 14 兆印尼盾的贷款,其中半数为下属企业占用,还有 2 兆为谢涵实亲信占用,致使顺玛银行负债率再度上升。据统计,到 1992 年 12 月,银行债务竟达 16 兆印尼盾。

印尼总行要求顺玛银行改善管理,限期自 1992 年 11 月 12 日后的 9 个月时间内进行自我整顿,付清一切债务,倘若逾期,将按有关规定吊销其营业执照。

为使顺玛起死回生,谢建隆于 1992 年 5 月,在他本人创立瓣亚斯德拉国际公司股东大会上宣布:他将拥有的 76.15%的股份部分转让出售以为顺玛集团"输血"。他又找到在森林、木材、夹板、高化工领域首屈一指的巨头彭云鹏请求支持。

1992 年 12 月,谢建隆、尤迪等联名上书印尼总行请求转让忠效·崇高基金会的股票等事宜,获得总行的批准,但前提是须获得苏密物洛或金水公司的赞同。但苏密特洛回绝了谢老的要求,使他的最后一线希望破灭了。

财经部长马林、国务秘书部长穆迪约诺、印尼总银行行长木易士和总监司长甫迪约诺等看到苏密特洛的回复后立即召开紧急会议,通过了第 1253/KMK/01/1992 号规定书,于 1992 年 12 月 14 日吊销了顺玛银行的营业准字,并按有关法律规定处理后事。

一个银行界的巨人,就这样倒下了。

一个华裔财团中的强人倒下了!

那么,如此庞大的巨人为什么瞬间便垮掉了呢?首先,我们来分析谢涵实。他曾说:"我不能停下来,停下来就是我的失败;我也不能过分思考,过分的思考会使我优柔寡断。"他只知道扩大、再扩大,他看中的只是自己所辖企业的数量和规模,而根本不考虑这些企业如何运转或干些什么。他经营的领域涉及房地产、建筑、机械、化工、计算机、矿产、农业等几十种行业。然而,他的资金大量的是贷自国家金融机构或与他人合作而来,如果经营得当可能会成为伟业,但谢涵实不是稳扎稳打的人,也从未体验过创业的艰辛,靠投机,是不能建立长久事业的。

作为谢门长子,从小就养成了一种为所欲为的性格。当他迅猛扩张时,遭到了弟弟埃德赢的反对,但谢涵实对此不以为然。后来,顺玛集团进行了整顿,使之行为有所收敛,但他不肯承认自己的战略和管理出了问题,只承认自己某些决策是错误的,性格有些急躁,对妹妹尤迪出任顺玛主体股权有限公司总裁大为不然,利用手中被保留下来的权力继续体现自己的意志,不断去拓展基业,使本已精疲力竭的顺玛集团元气耗尽,也使老父谢建隆几次充当"救火队员"。企业界有人指出,如果没有谢家老父的神通,十个谢涵实也倒下了。谢涵实的刚愎自用、独断专行不仅害了自己,害了顺玛,也害了谢建隆,几乎将谢家奋斗几十年的结晶一朝荡尽。

谢涵实不仅一次次耗费巨资买下已濒临倒闭之境的亲朋好友公司，而且把他们安置在顺玛集团的重要位置，形成了一个强大而顽固的近亲集团。他们不谙商务，缺乏经验，更不去为公司的发展思考、谋划，只知唯谢涵实是从，进而共同把顺玛推向深渊。他们虽是商界的平庸之辈，在内争中却显得有奇才。当乌多谋被请来整顿公司时，这些人先是指责乌氏怀有不可告人的目的，有搞垮谢建隆之嫌；后又设置重重障碍，不与乌氏合作。更可悲的是，当谢涵实自身难保时，还千方百计庇护那些实为顺玛蛀虫的人。他们利用大厦将倾之机拼命填满自己的口袋，纷纷向顺玛银行索求贷款，致使 2 兆印尼盾的款项无法收回。当顺玛集团董事会及有关人士提出变卖那些合资经营的旅馆以弥补银行之亏空时，遭到这些权贵人士的阻挠，致使所有的整顿步骤均无法奏效。新闻媒介一再指出，谢家豢养的一批亲友权贵已形成难以遏制的势力，是他们拖着顺玛这辆伤痕累累的巨型火车不断下滑。如果不下狠心摘除这一"肿瘤"，它们就会成为顺玛的"癌变源"。果然被言中。公司任人唯亲，感情用事，恪守"只有亲和友，才是最可靠的合作者"的致命信条，最终导致企业的破产。

从企业管理方面看，顺玛集团等级森严，董事长除了重要会议外很少与中下层管理人员、职员接触，他几乎不与人交流想法和意见，以致管理制度中实际存在着断层。谢涵实以"强将手下无弱兵"为信条，督促经理们的工作。令他们不要过多地思考，更多地去看，结果是，经理们忙得团团转却不知目标何在，更无暇去思考本部门的工作。集团的账目管理混乱，资金缺乏有效的制约机制是有目共睹的。董事长经常大批大批地调动资金，根本不考虑公司的财力和资金现状，置预算计划于不顾，置有关财务制度于不顾，无法使资金得到合理、有效的利用。

顺玛的迅速发展期是 80 年代，也是印尼经济大发展时期。80 年代末，印尼经济出现危机，政府也采取了紧缩政策。以往，私营银行一旦出现危机，国家银行就会接手以保持金融业的稳定。然而，就在顺玛危机迭起、即将倾覆时，印尼总银行却于 1992 年颁布条例，宣布不再对陷入困境的私营银行进行官方资助或将其国有化。顺玛成为该条例的第一个受害者。

虚圆立业 偾事失机

原文

建功立业者，多虚圆[1]之士；偾事[2]失机者，必执拗之人。

注解

①虚圆：谦虚圆通。

②偾事：败事。《礼记·大学》中有："此谓一言偾事。"

译文

能够建大功立大业的人，大多都是谦虚圆通类型的人；凡是惹是生非遇事坐失良机的人，必然是那些性格倔强不肯接受他人意见的人。

事典

居安不贪逸 镇乱安黎庶

郭子仪在年轻时就立志要做一个保家卫国、统兵作战的将帅。

郭子仪最初做左卫长史（皇帝禁军幕府中的幕僚长）。因屡立战功，多次被提升。公元749年（天宝八年）做到天德军使（驻地在今内蒙古乌拉特前旗西），兼九原(今内蒙古乌拉特前旗北)太守。这时,唐朝廷对外还没有大的战事,几十年间相对太平。在这样的环境里,由于缺乏外界压力。没有危机,久而久之,人们开始安于逸乐,贪图物质享受,整日只知吃喝玩乐,唐朝政府更是有过之而无不及。唐玄宗李隆基与宠妃杨玉环夜夜笙歌,醉生梦死,全不见了昔日励精图治,重整山河的雄心。只有郭子仪等少数人尚能居安思危,经常想到会发生战事。他一面操练兵马,一面守卫祖国的疆土。公元755年,安史之乱爆发。

安禄山从起兵到占领长安,前后只用了几个月的时间。他进兵如此迅速,充分暴露了唐政府的腐败无能和不顾国家和人民安危的面目。安禄山每到一处,烧杀抢掠,凌辱妇女,拉夫抽丁,强迫壮年男子服劳役,使得广大劳动人民家破人亡,流离失所,田园荒芜,生产破坏,很多地方都成了"人烟断绝,千里萧条"的荒原。叛军进入长安后,屠杀人民,抢夺财物,烧毁房屋,把一座古老的文化名城糟蹋得不像样子。叛军的残暴罪行,激起人民无比愤恨,各地人民奋起反抗,河北一带的人民自动组织起来,坚决打击叛军。有些地方的官员和人民一起,共同抵抗,留下了可歌可泣的动人事迹。如常山(今河北正定)太守颜杲(gǎo)卿,最先在河北起兵,一连收复17个县城,牵制了叛军很多兵力。

安禄山听说颜杲卿反对他,十分恼怒,立即派部将史思明夺取常山。颜杲卿被围困六七天,终因粮饷断绝,援军未到,失败了。史思明抓住颜杲卿,把他押送到洛阳去见安禄山。颜杲卿一见安禄山,就破口大骂:"你这个叛贼,我恨不得将你碎尸万段!"残暴的安禄山喝令把他捆到柱子上,割掉他的舌头,凌迟处死。颜杲卿嘴里喷着鲜血,还是骂不绝口,就这样壮烈地牺牲了。

人民的反对和一些地方官吏的抵御,给唐军收复失地创造了有利条件。玄宗逃往四川以后,肃宗(李亨)在灵武(今宁夏灵武)即位。肃宗为了收复长安,化险为夷,转危为安,决定任郭子仪为朔方节度使,并把朔方军作为反攻的基本队伍。为了加强朔方军的实力,肃宗又指定李光弼协同郭子仪作战。

郭子仪和李光弼原来都在安思顺手下做部将,两人的才能不相上下,职位也相同。当郭子仪受命代替安思顺做朔方节度使时,李光弼不服,决定马上离去。忽然接到皇帝的手谕,要他同郭子仪同心协力平定叛军,李光弼只好遵奉王命,留了下来。郭子仪把朔方的兵马分给李光弼一半。郭、李两人共同表示:一定要同心协力,奋勇杀敌,报效国家。史思明占领常山后,原来被颜杲卿所收复的州县,又全部陷入叛军手中,河北一带的叛军又强大起来了。为了挫伤叛军的锐气,郭子仪一面派李光弼迅速向常山进军,一面亲率大军从背后袭击叛军。

李光弼一连收复了7个县城,又把常山城包围得水泄不通。史思明陷入重围,他带领两万精锐的轻骑,企图突围逃命。李光弼分兵四路,从四门杀进常山城去。只听战鼓雷鸣,人喊马嘶,打得叛军东逃西窜,互相践踏。史思明惊慌失措。带领败军退守恒阳(今河北灵寿)。李光弼乘胜追击,两军在恒阳相持40个昼夜。后来叛军退出恒阳,李光弼的军队进入恒阳城内。叛军就回军把李光弼的兵马困在城中。李光弼被围困后,请郭子仪火速援助。郭子仪便率领轻骑1万多人,星夜赶来。郭李大军内外夹击,史思明被打得落花流水,损兵折将,元气大伤,只好收拾残兵败将逃往范阳。安禄山听说史思明吃了败仗,恼羞成怒,扬言不消灭唐军,决不罢休。当即选拔最精锐的骑兵两万人来迎战,又命令部将牛廷玢出兵助威。叛军仗着人多势众,来势汹汹,不可一世。为了打击叛军的气焰,郭子仪召集大小将领商量对策,他指出:叛军作战专靠增加兵力,叛军跋山涉水,远道而来,疲于奔命。根据以上分析,郭子仪决定采取固守阵地的战术,等到叛军疲惫时,再以优势兵力,一举歼灭它。

两军开始接触,打了十几个回合,不分胜负。唐军杀掉一名怯阵后退的将领,士气大振,个个奋勇,人人争先,打得叛军只有招架之功,没有还手之力。叛军边战边退。郭子仪、李光弼乘胜猛追,一直追到博陵(今河北定县)。博陵不但有高大的寨墙和深广的壕沟,而且地形险要,易于防守。叛军在这里扎营下寨。郭、李屡攻不下,便领兵退驻恒阳。史思明又从范阳赶来。郭子仪一面深沟高垒,据险坚守,积极做好准备,一面采取“敌来则守,敌去则追;昼则耀兵,夜袭其营”的作战方针,不给敌人喘息的机会。几天以后,叛军果然士气沮丧,疲劳不堪。但唐军却得到了充分休息,兵强马壮,斗志高昂。郭子仪认为消灭叛军的时机到了,马上分左右两翼向叛军冲杀。这两翼大军像两把锋利的尖刀,刺向敌人的两肋,叛军弃甲抛戈,四散溃逃。唐军大获全胜,共杀死叛军4万人,活捉5000人,缴获战马5000匹。在混战中,史思明左冲右突,仓皇逃命。突然,一支飞箭射中了他,从马上跌了下来,鲜血迸流。他散发跣足,狼狈地又逃回博陵,再也不敢出来挑战了。这时,河北几十个州县纷纷杀死叛军守将,迎接唐军。从此,郭子仪的名字也就传遍了四方。

唐朝称长安为西京,洛阳为东京,首都设在长安。长安是唐朝的政治、经济和文化的中心，是一个非常繁华的都市，工商业发达，交通方便。天宝初年，居民有三十多万人。长安分东西两市，有很多达官贵人的住宅区，以及万商云集的商业区。洛阳是陪都，在政治和军事上也很重要。安禄山的叛军占领长安和洛阳后，使整个局势急转直下，唐王朝危在旦夕。人民受尽蹂（róu）躏（lìn）和剥削，生活非常困难，洛阳附近竟发生了人吃人的惨剧，人民渴望唐军早日打回来，从当时的情况看，收复两京对挽救危局具有重大的政治意义。在郭、李二人收复河北失地的同时，肃宗派不懂兵机的房琯去收复两京，结果惨败在叛军手下。

处世要道　不即不离

原文

处世不宜与俗同①，亦不宜与俗异；做事不宜令人厌，亦不宜令人喜。

注解

①与俗同：俗指一般人。

译文

人生在世的一切言行，既不能跟一般人同流合污做事，也不要自命清高标新立异故意与众不同；尤其是做事时既不可以处处惹人讨厌，也不可凡事都曲意奉承博取他人的欢心。

事典

明眼交益友　互尊达共识

作为一个领导者，尤其是新时期的企业家，一定要树立领导者的良好形象，即正直、廉洁、能干、果断和自信。这样，下属才会信任你，才会向你掏心里话，才会心情愉快地工作，而你的任何一个指示，都会及时贯彻到底，这无形中就树立了领导的权威。否则，一旦你的形象被破坏了，你的权威也就坍塌了。于企业，岌岌可危；于本人，声名扫地。

台湾投资多种企业的张国安在这方面见多识广，经验丰富。对于因一念之差走入歧途，断送自己美好前途的人，他看得太多了。因此，他做人一贯谨慎小心，与人交往，一定不让人觉得吃亏，不让人觉得他做人失败。

1966 年前后，台湾摩托车工业发展迅速，摩托车制造厂相继建立。张国安面临决断，究竟是封锁自己一手培植的卫星厂以抵制新设的摩托车厂呢？（卫星厂此前专为张国安一手创建并任总经理的三阳公司供应摩托车零配件。）还是准许卫星厂同时供应竞争对手的零件呢？张国安经过认真考虑，选择了后者。这是因为三阳公司所需毕竟有限，卫星厂扩大供应将有利于他们降低成本，提高质量，也有利于他们打入国际市场，应从整体出发，把卫星厂视为全台湾摩托车工业所共有。日后的事实证明，这一决断不仅为台湾的摩托车工业，

也为台湾汽车工业的发展创造了条件。张国安深知尊重别人非常重要,因为尊重别人的人也会受到别人的尊重。所以他热心参与公共事务,为社会服务,绝不做危害社会的事情。

他担任职业训练监理委员会主任委员达11年之久,一手建成设施完善、先进的台湾中区职业训练中心,做了许多实际工作,他多次赴日考察,专注于日本中小工业。日本政府做了大量的扶持工作,使中小企业成为日本经济奇迹的支柱之一,留给他深刻印象。他不断呼吁并向当局建议,经济施政和技术引进、人员培训等等,应以中小企业为中心,以便促进台湾经济向更高层次发展。张国安的业余爱好也富有情致。为了缓解日常的精神压力,他时常忙里偷闲吟诵古诗。他也喜爱对联,认为对联对仗工整,寓意深刻。一副对联"幸有两眼明多交益友,恨无十年假遍读奇书",颇能说明他的心情。他还爱好古代文物,搜集刺绣和古代家具。他也爱草木,经常在芬芳葱茏的草木之间徜徉和思考问题。

母校台北工专为表扬他献身经济建设事业所作的巨大贡献,选他为杰出校友;台湾机械工程师学会为表彰他对机械工业作出的贡献,颁给他奖章。他认为这是社会给予他的最大荣誉,使他备受鼓舞。他曾说:"我相信我在有生之年,还会做出更多有意义的事情。今天我经营企业已经不再纯粹是为了赚钱,经营企业对我已经变成一种社会责任,也是我努力的目标。"

第四卷

静中见真境　淡中识本然

原文

风恬浪静[①]中，见人生之真境；味淡声希[②]处，识心体[③]之本然。

注解

①风恬浪静：比喻生活的平静无波。

②味淡声希：味指食物，声是声色。比喻自甘淡泊，不沉迷于美食声色中。

③心体：指心的深处，也就是人性的本质。

译文

一个人在宁静平淡的安定环境中，才能发现人生的真正境界；一个人在粗茶淡饭的清苦生活中，才能体会人性的真实面目。

事典

内心无欲可纾祸

刘备的大舅子麋竺,字子仲,是东海人氏。祖上世代经商,家资巨富,经常往来洛阳。有一次,他从洛阳归来,离家数十里,见路旁有一妇人,模样俊俏,看上去像个新媳妇。那妇人见了麋竺的坐车,要求搭乘。麋竺允诺,两人同车,麋竺目不斜视,这样行了二十多里。俟后,那妇人下车告辞。临走,对麋竺说:"我是天使,奉命去烧东海麋竺的家,见你秉性纯正,深以为感,所以将实情告诉你。"

麋竺听那妇人的话,大吃一惊,请求她不要去烧。那妇人说:"我奉天命,不可违抗,你家非烧不可,你只有赶快回去,我慢慢走来,中午之后家中必遭火灾。"麋竺无奈,只得匆匆地朝家里赶,到家后急忙叫家人把财物搬到户外。时到中午,大火果然燃起。

躁性偾事　和平徽福

原文

性躁无功平和徽福[1]:性躁心粗者一事无成,心和气平者百福自集。

注解

①徼福：徼，求。《左传·昭公三年》："徼福于太公"。

译文

性情急躁粗心大意的人，做什么事都不容易成功；性情温和心绪平静的人，由于做事考虑周到而容易成功，所以各种福分也就自然到来。

事典

汪猷教授的养生之道

汪猷(yóu)教授谈到养生之道，说："影响人类寿命的因素比较复杂，包括老死的自然规律、遗传基因、社会环境、自然环境、家庭环境、工作环境、卫生条件、营养条件、居住地区等等。但从总体来看，不外乎客观和主观因素两种。不管客观情况如何，提高适应客观环境的能力是至关重要的，也可以说是长寿之源。但是，提高适应客观环境的能力并不是说要逆来顺受，忍气吞声。"

怎样提高适应客观环境的能力呢？汪老说："以工作环境来说，有顺境和逆境两种。顺境与逆境是客观存在的，而如何对待它就是主观上的问题了。逆境困难重重，烦恼多；顺境高兴的事多，心情比较舒畅。但也不见得会一帆风顺，也会有不顺心的事。同时，有了名利，对个人也是个考验。这说明，在顺境和逆境面前，都要用大脑皮层控制自己的情绪，做到喜怒哀乐有节制。情绪的变化会引起呼吸、血管、肌肉、内脏和内分泌等的生理变化，有碍人体的健康，所以控制自己的情绪很重要。遇到不对头的事，要分析原因，找出解决问题的办法，去适应变化了的客观环境。至于牵涉个人名利的事，不要斤斤计较，自我烦恼。古人说'达观随遇兮'，是令人深思的。"

"生活也要有节制。"汪老说，"我不吸烟，不喝酒，饮食有节，起居有常。业余时间，喜欢阅读古典诗词，挥笔作诗。面对纷至沓来的荣誉和褒奖，我更是束之高阁。"

守口须密　防意须严

原文

口乃心之门，守口不密，泄尽真机；意乃心之足[①]，防意不严，走尽邪蹊[②]。

注解

①意乃心之足：形容心灵统帅意识。

②邪蹊：指不正当的小路。

译文

嘴巴是心的大门，假如大门防守不严，家中机密就会全部泄露；意志是心的双腿，假如意志不坚定，就会走入邪路。

事典

巧语饰失言　封王驭韩信

楚汉相争的时期，刘邦被项羽的军队包围在荥(xíng)阳，项军攻城十分猛烈。荥阳随时都有被攻破的危险。这时，刘邦手下的大将韩信已经把齐国平定，刘邦给韩信写了一封信，要他火速派兵来援救。

几天后，韩信的使者带来书信。刘邦拆开一看，竟然是写着韩信请求封他为假王的内容，不禁大怒，当着使者的面骂了起来："这小子太不知趣了！"刚骂出口，张良和陈平不约而同地在暗中用脚尖踢了踢他的脚，并附在他的耳朵边低声说："现在汉军处境不利，怎能禁止韩信称王呢？不如趁机封他为齐王，做个顺水人情，以免发生变乱。"刘邦恍然大悟，急中生智地接着骂道："大丈夫平定诸侯，当王就该当真的，干什么要做假王呢？真是太没出息了！"接着就派张良为使者，去封韩信为齐王。

韩信打下齐国后，谋士蒯(kuǎi)通曾经怂恿他叛汉自立，韩信正在犹豫不决，他的使者回来后，报告了见到刘邦的情况，紧接着张良宣布了封王的命令，使他放弃了自立为王的念头，很快派出了大军，去解荥阳之围。后来，项羽多次派人来劝说韩信反对刘邦，他都没有动摇。

不忧患难　不畏权豪

原文

君子处患难而不忧，当宴游而惕虑[①]；遇权豪而不惧，对茕独[②]而惊心。

注解

①惕虑：惕是忧惧，虑是谋思。警惕忧虑。

②茕独：孤苦伶仃的意思。茕指没有兄弟，独是没有子孙。《周礼·秋官》有："凡远近茕独，老幼之欲有复于上。"

译文

君子虽然生活在恶劣环境中也不忧愁，可是当他参加宴饮游乐时却能知道警惕，以免使自己在无意中误入堕落迷途；君子即使遇到有权势地位而蛮不讲理的人也绝不畏惧，但是当他遇到孤苦无依的人时却具有高度的同情心。

事典

惩霸除恶豪　安良抚民心

在漫长的封建社会中，普通百姓上受政府的政治统治和经济剥削，下遭乡里恶霸的欺凌。因此，历史上有长远政治眼光的统治集团，为巩固其统治，一方面要使政治压迫和经济剥削保持在一定限度之内，另一方面也要把惩治豪强作为国家的要务。正是由于这个原因，我国古代历史上留下了许多惩霸安良的事例。北宋真宗时期，胡顺之的事迹便是其中之一。

胡顺之，字孝先，原州临泾（今甘肃镇原）人。少年笃学，以登进士第入官。初授试秘书省校书郎，任浮梁县（今江西景德镇境内）令。胡顺之的家乡在宋代地处西北部边境地区，也是属于天高皇帝远的地方，自少年时代，胡顺之即目睹豪强横行乡里，百姓苦而无告的惨状。所以，在他任官以后，即抱定遇恶必惩的目标，以为国泰民安尽自已的微薄之力。

浮梁县内有一个叫臧有金的恶霸，平素极为豪横，从来不肯交纳租税。家中畜养了几十条恶狗，旁人一旦走近其家门，辄遭犬咬。又环绕自家院墙密植橘柚之树，使人不可入。他家的租税，每年都是当地的里正出资代输，以前的县令虽亦知情，但是谁也不敢加以绳治。

胡顺之到任之后，里正即来告代臧氏输租之事。他最初还猜想，可能是里正嫉妒臧氏之富有，想让他这个县令替他出气，岂有“王民不肯输租者”，因此他命令里正到期照常督收。等到收税之时，里正来告不能督办。胡顺之即派县衙的差役，前往臧家收税，又是空手而归。胡顺之不得已只好派县里更高的职员——押司录事前去收缴，结果仍是白跑一趟。胡顺之愤怒地说：“看来臧家的租税，非得县令亲自督缴了！”于是亲自率领里正、衙役，载柴草前往臧家宅院，以柴草塞臧宅之门，令衙役放火焚之。臧氏人见状纷纷逃窜，胡顺之令衙役四处拦捕，然后驱赶至县衙，对臧家十六岁以上的男子，尽行痛杖。并对臧家的人说："我焚烧了你家的宅院，又杖打了你们父子兄弟，你们可去府衙告我胡顺之无道。"臧家之人自知理亏，又慑(shè)于胡顺之的威严，没人敢到府里投诉。从此以后，"臧氏租，常为一县先"，充当里正的乡民遂免代为输租之苦。

在宋代，各级衙门都有相当数量的胥(xū)吏。皆选富民充任，王安石变法以前，胥吏皆无俸禄。其中不少人不肯白尽义务，常借公务之便捞取钱物，到基层巡察便是他们一贯借用的手法之一。胡顺之所在的浮梁县，也常受府衙胥吏的搅扰。

有一次胡顺之听说府里的教练使要到本县来，便暗中派人监视其行踪。发现这个身为胥吏的教练使竟先去接待正式官员的驿舍，向管理驿舍的吏人索要供给之物。这个教练使吃喝完毕方至县衙，谒见县令，神色甚为倨傲，胡顺之迎至衙中让坐，教练使即毫不谦让地坐了下来。

这时候，胡顺之才慢条斯理地问他："教练使是什么官呀？"那人回答说："本人是州里的吏职。"胡顺之接着问："既然是吏职，那应该入驿舍吗？"教练使踌躇地说："途中没有邸店，所以暂借驿舍歇脚。"胡顺之又问他："应该接受驿吏的供给吗？"来人回说："来时未带刍粮，故而受其供给。"胡顺之见他非分享用国家财物，还蛮有理由，就又质问说："你应该与朝廷命官坐着谈话吗？"教练使这才站起身来谢罪。

为了惩治这个恶吏，胡顺之将他收械系狱。关在暗室之中，环室内放了十桶粪尿。教练使不堪其臭，一日偶见胡顺之从狱旁经过，即大喊："县令为何不问我的罪案？"胡顺之笑着说："请教练使不要见怪，这几天县里正好公务很忙，没能抽空问你的案子。"关了十天，才将教练使提出审问，断为杖二十之罪。教练使不服，说："我是州吏，有罪，也应受杖于州。"胡顺之笑着回答："教练使久为州吏。难道不知国家法律规定，杖罪不必解送州衙？"遂喝令衙役执行杖责。自此，府吏再也不敢到县里扰乱。

其后，胡顺之调至青州(今山东益都)为幕僚。青州大姓麻士瑶，暗结朝中高级宦官,家中藏匿兵械,服用器物模拟尚方,州县久被其凌蔑,而不敢发其奸。适逢麻士瑶杀了他侄子麻温裕,麻温裕的母亲到州里告状。州中众官皆面面相觑,不敢前去捕捉。唯胡顺之自告奋勇,领了檄文,率衙役径至麻家,将其族党尽行捉拿归案。朝廷降诏鞫问,麻士瑶论死,其子弟坐罪流放者有百余人,称霸一方的麻氏遂得以铲除。胡顺之也因此名闻于朝廷,宋真宗特召其至京师,授予著作佐郎之职。

浓夭淡久　大器晚成

原文

桃李虽艳,何如松苍柏翠之坚贞?梨杏虽甘,何如橙黄橘绿之馨冽?信乎!浓夭不及淡久,早秀[①]不如晚成也。

注解

①秀:植物吐穗开花。

译文

桃树和李树的花朵虽然艳丽夺目,但是怎比得上一年四季永远苍翠的松树柏树那样坚贞?梨和杏的滋味虽然香甜甘美,但是怎比得上橘子和橙子经常飘散着清淡芳香?的确不错。容易消失的美色远不如清淡持久的芳香,同理一个人少年得志远不如大器晚成。

事典

吃语诵《周易》 中年成将才

吕蒙，三国时东吴大将。他少年时，好武不好文，十五六岁时，便随他那身为孙策部将的姐夫邓当开始了戎马生活。他南征北战，冲锋陷阵，立下了不少功勋。后来邓当死后，他接任别部司马代领邓当部，31 岁又当了中郎将。但由于他识字甚少，一直被人视为一介武夫而已。孙权很喜爱他，为让他胜任更重要的职位，劝他快识字，多读书，尤其要读《孙子》《六韬》《左传》等。吕蒙不以为然，认为当今战事不断，军务繁忙，无暇苦读。孙权批评他，并说："我不是让你坐下来专门读书，只是希望你见缝插针，多学些知识。至于事务繁忙，难道比我还忙吗？我少年时读过《诗》《书》《礼记》《左传》和《国语》，只是没有读过《易》。自我主事后，就抽空弥补，并自以为受益匪浅。再说，当初汉武帝在打天下时，还手不释卷。曹操也常说，自己虽老，但酷爱读书。与你相比，你还有何理由不用功呢？"

一席话把吕蒙说得开了窍，他从此开始了用功苦读。虽然未曾"头悬梁，锥刺股"，也用不着"凿壁偷光"，但仍制订了一个读书计划，把一切可以利用的机会，通通用在学习上。而且，学起来全神贯注，不知疲倦，很快就读完了孙权向他推荐的书，又博览了其他很多书。据史书记载，他读书之多，知识面之广，超过了一般儒生。有一次，他可能夜间读书太久，次日议事时竟坐在那儿打起呼噜来。忽然，他在酣睡中诵起了《周易》，众人大为震惊。他醒后，众人谈及刚才的事，他说："刚才梦见了伏羲、周公、文王，他们同我讨论历代帝王的成败、日月贞明的道理，精穷奥妙，未该其旨，所以只背诵其文罢了。”众人面面相觑（qù），敬叹吕蒙的苦读精神，并将此说成“吕蒙呓语诵《周易》”。

过去，鲁肃因为吕蒙缺少文化知识，有时也看不起他。后来，鲁肃代周瑜为奋武校尉，前往江陵，路过了吕蒙的驻地浔阳。吕蒙在招待他时问：“取荆州当用何计？”鲁肃总以为他有勇无谋，不愿同他谈论兵韬谋略，便随口说了声“届时另议”。吕蒙很失望，责备鲁肃说：“您现在身负重任，又与文武双全的关羽为邻。虽说孙刘联合，但毕竟只是策略而已。关羽是勇猛的熊虎，如何防备万一出现的祸患，必须早做安排，哪能届时另议！”接着，他又提出了五项谋取荆州的策略。不但计策奇妙，而且表述得生动具体，惊得鲁肃木然许久，最后抚摸着他的肩膀说：“我以前只知道您作战勇猛，哪想到您还智谋周全。看来，您今非昔比，再也不是‘吴下旧阿蒙’了。”

后来，孙权采用吕蒙之计，攻下了曹操的皖城。不久，吕蒙又智取了长沙、零陵、桂阳三郡。鲁肃死后，吕蒙代鲁肃领兵屯陆口。当关羽率军进攻樊城时，他又趁机奇袭南郡，杀关羽，夺荆州，为东吴立下了许多大功。

乐贵自然真趣　景物不在多远

原文

得趣不在多，盆池[1]拳石[2]间烟霞俱足；会景[3]不在远，蓬窗竹屋下风月自赊。

注解

①盆池：以瓦盆贮水、植荷、养鱼。

②拳石：指园林假山。唐代白居易《过骆山人野居小池》诗：“拳石苍苔翠，尺波烟杳眇。”《旧唐书·阳惠元传》：“凡历三朝，殆二十年，国家不敢兴拳石撮

土之役。”亦指供陈设用的玲珑岩石。清代孔尚任《桃花扇·传歌》:“这是蓝田叔画的拳石呀!”

③会景:美景。

译文

具有真正生活乐趣的休闲活动不在多,只要有一个小小的池塘和几块奇岩怪石、山川景色就已经齐全;领悟大自然景色不必远求,只要在竹屋茅窗下静坐让清风拂面、明月照人,心胸自然觉得旷达辽阔。

事典

子綦领略自然之旨趣

子綦(qí)是楚庄王的弟弟,住在南部,人们称他南郭子綦。一天,他静坐于案旁,仰面朝天,呼吸吐纳,悠悠然仿佛灵魂出窍的样子。

子綦的学生颜子游在一旁伺候,见状便问:“老师你怎么啦?人的躯体可以像枯木一样,但是思想会像死灰那样静止吗?你今天静坐神情和往常大不一样。”

子綦回答说:“子游,你的问题提得很好。你知道吗?刚才我确实觉得自己消失了。子游,你见过人籁,但你可曾知道地籁,又可曾知道天籁?”

子游说:“请老师教我。”

子綦说:“大地之气称之为风,它有时不发作,一旦发作,其声四起像万籁齐鸣。你看那崇山峻岭中百年大树上的孔穴,有的像鼻子、像嘴巴、像耳朵,有的像凹坑、像圆圈、像臼穴,又像深深浅浅的池子。它们发出的声音好像湍急的流水,像疾驰的箭毛镞,像大声的呵斥,像细细的呼吸,像怒吼,像哭泣,像山谷的回响,又像小鸟的叽喳。有领唱,有和声,徐徐清风是悠扬的轻声,呼呼长风是澎湃的高音,当大风停止时,孔穴中的声音也悄然而止。你难道没看见风涛中大地万物随之摇曳晃动时的情景吗?”

子游说:“原来地籁是从大地上成千上万的孔穴中发出的声音,就像人们吹笛从长长短短的竹管中所发出的声音。那么请问天籁是什么?”

子綦说："天籁与人籁、地籁相比，虽有万种不同，但它的发作和停止也是靠它自己，谁也无法替代。"

心静而本体现　水清而月影明

原文

听静夜之钟声，唤醒梦中之梦①；观澄潭之月影②，窥见身外之身③。

注解

①梦中之梦：比喻人生就是一场大梦，一切吉凶祸福便是梦中之梦。

②澄潭之月影：虚幻之月，由此可悟一切事物皆虚幻。

③身外之身：肉身以外涅槃之身，前身为虚幻，后身为真身，此指人的品德、灵性。

译文

当夜阑人静听到远远传来嘹亮的钟声时，可以唤醒人们虚妄中的梦幻；当从清澈的潭水中观察明亮的月夜倒影时，可以发现我们肉身以外的灵性。

事典

博学能多才　闲谈作《梦溪》

在中国科技史上，沈括是一位多姿多彩的杰出人物，他"博学善文，于天文、方志、律历、音乐、医药、卜算无所不通，皆有所论著"，包罗万象的科学巨著《梦溪笔谈》就是他毕生刻苦治学所取得的伟大成果。

沈括（公元1031—1095年），字存中，杭州钱塘县（今浙江杭州）人。其父沈周官至太常寺少卿、分司南京。至和元年（公元1054年），沈括终父丧后，承袭父荫入仕，担任过县主簿、县令等职，主持兴修水利、修复圩田，开始显示出非凡的才能。在担任沭（shù）阳（今江苏沭阳）主簿时，他督导疏通了常年淤积的沭水，修"百渠九堰"，不仅根治了水患，而且开辟出良田七十万亩。在宁国（今安徽宁国）县令任上，他被派到万春圩进行实地考察。当时万春圩被洪水冲毁已经有八十来年，虽然有人提出过修复的建议，但屡遭反对，未能实现。沈括对修复工程的可行性进行了详细的勘察和调查，批驳了反对者的种种谬说，并绘制了"万春圩图"，为修复工程提供了科学的依据。在他的建议和参与下修竣的万春圩规模宏大，圩堤宽六丈，高一丈二尺，长八十四里，圩堤两侧还种植了数以万计的桑树。圩内有田十二万七千亩，沟渠纵横，可抗旱排涝，常保丰收。在修复万春圩的工程中，沈括所具有的深厚科学素养的卓越见识，给人们留下了深刻的印象。

嘉祐八年（公元1063年），沈括考取进士，后出任扬州司理参军，治平三年（公元1066年），他奉令初任馆阁编校。这时，他充分利用馆阁丰富的藏书，刻苦自学，深入钻研，很快在比较艰深的天文学领域取得成果。有一位上司问他：

"日和月的形状是弹丸,还是团扇?"他回答说:"日、月之形如丸。何以知之?以月盈亏可验也。月本无光,犹银丸,日耀之乃光耳。光之初生,月在其旁,故光侧而所见才如钩;日渐远,则斜照,而光稍满。如一弹丸,以粉涂其半,侧视之,则粉处如钩;对视之,则正圆,此有以知其如丸也。"他对日、月食的原理,对日、月轨道交点逆着月亮运行方向移动的学说,也都有精辟见解。大约在熙宁五年(公元1072年),他以精通天文被擢升兼提举司天监,成为国家天文台的长官。上任后,他果断裁撤不学无术之徒,大胆起用布衣出身的天文数学专家卫朴,加强天象观测,开展科学实验,主持编修了新历法《奉天历》。接着,他又系统钻研历代天文学说,但不盲从和迷信古人,用自己的研究成果改造了"浑仪""浮漏"等观测仪器,并撰写了《浑仪议》《浮漏议》和《景表议》等三篇重要的科学论文。

在王安石实行变法期间,沈括担任过判军器临、翰林学士权三司使等要职,积极支持和参与变法。他还主持过边务和出使契丹,担任过地方官吏。在繁忙的政务中,他从来没有放弃自己热爱的科学事业。无论走到哪里,他都随时随地进行观察研究,天体、星象、气象、物候、动植物、地质地貌都是他观察与研究的对象。有一次,他奉使河北,仔细地观察了太行山的地层,发现有许多贝壳和砾石,而横亘石壁中有如带状,他推断这一带原是远古的海滨,河北平原是河流冲积而成的。他还曾上雁荡山,观察了峭拔险怪、高峻独立的雁荡诸峰,提出了水蚀地形的卓识。他在观察了石油的采集和使用后,断定"此物后必大行于世",认为"石油至多,生于地中无穷,不若松木有时而竭"。他在一个新雨初霁的黄昏,观察出现在小涧上的彩虹。他没有亲历恩州武城出现的龙卷风,但事后进行了细致的调查。他观察事物不仅细致,而且勤于思考,力图究其原委。从对指南针的多次观察比较,他发现指南针不是完全向南,而是稍微偏东。沈括的这一发现,是世界上最早的地磁偏角纪录。他还对凹面镜照物体成倒立像做了深入的研究和实验,详细说明了是由于光线穿过小孔或焦点时形成光束的道理。沈括对医药也时时留心,他所收集的良方,都是亲眼看到它的效用,道听途说的都不录入。在长期的科学工作中,他养成了重视实践、在实践中学习的优良学风,这在封建社会尤为难能可贵。正是这种优良学风,带领他走进了科学的殿堂,取得了辉煌的成果。

元丰五年(公元1082年),西夏攻陷永乐城(在今陕西米脂境内),知延州安抚使沈括以"措置乖方"之罪被贬为均州团练副使,随州(今湖北随州)安置。从此,沈括退出了北宋政治舞台。直到元丰八年(公元1085年),新即位的宋哲宗宣布大赦令,他才得以秀州团练副使移秀州。在这里,他专心从事《天下州县图》(又名《守令图》)的编绘,元祐三年(公元1088年),他把绘制好的地图献给朝廷。获得"任便居住"的自由,于是便迁居到他早年购置的润州(今江苏镇江）梦溪园。《梦溪笔谈》就是在这个秀丽的花园里完成的。

《梦溪笔谈》是一部综合性的学术著作，沈括在《自序》中写道："予退处林下，深居绝过从，思平日与客言者，时纪一事于笔，则若有所晤言，萧然移日，所与谈者，唯笔砚而已，谓之《笔谈》。"全书分为故事、辩证、乐律、象数、人事、官政、权智、艺文、书画、技艺、器用、神奇、异事、谬误、讥谑、杂志、药议十七目，凡六百零九条，内容极为丰富，按现代科学分科，涉及自然科学的天文、气象、数学、地质、地理、物理、生物、化学、医药、冶金、水利工程、建筑、农学等和社会科学的文学、史学、考古、语言、音乐、艺术等。它不愧是中国科技史上的一座丰碑。

世间之广狭　皆由于自造

原文

岁月本长，而忙者自促；天地本宽，而卑者自隘；风花雪月[①]本闲，而劳攘[②]者自冗。

注解

①风花雪月：原指诗中描绘的自然美景，后指内容空洞，辞藻华丽的诗文，也指爱情之事与花天酒地的荒淫生活，可作褒义词，也可作贬义，根据语境而定。

②劳攘：形容心情烦躁不安。金代董解元《西厢记诸宫调》卷一："张生闻语，转转心劳攘。"明代杨柔胜《玉环记·韦皋思忆》："日月有盈亏，人事有番掌，青天问不应，搔首空劳攘。"

译文

自然界的岁月本来是很悠长的，可是那些奔波忙碌的人却觉得时间很短促；自然界的天地本来很辽阔，可是那些心胸狭窄的人却把自己局限在小圈子里；春花秋月本来是供人欣赏调剂身心的，可是那些熙熙攘攘的人却认为这是一种多余无益的事。

事典

伍子胥奔吴

伍子胥因父亲伍奢被楚平王杀害的株连，仓促从楚出逃。这天他摆脱荆楚的追捕，登上太行山面向郑国领地感叹：

“郑国地势险要，百姓也有见识，可惜君主是个平庸的人，不足以同他共谋大业。”

伍子胥不见其君便朝许国而去。

许国是个弱小的诸侯国，伍子胥见到它的君主许公，向他讨教何去何从。许公畏惧邻近的楚国，闭口不置可否，只是离座朝东南方向吐了一口唾沫。伍子胥会意，拜道：“谢君主指点。”随后，他告别许公投奔东南吴国的阖闾。

伍子胥出许，到了长江的岸边被阻，这时正见一个艄公撑船而来，准备撒网捕鱼。伍子胥请求老人渡他过江。老人打量一番以后，便摇船将他送到对岸。伍子胥感激地问老人的姓名，老人不肯留名。伍子胥解下随身的佩剑呈给老人，并说道：“这是一柄价值千金的宝剑，献给您老以资答谢吧！”

老人拒绝，他说：“按

照荆楚的悬赏规定，凡能抓获伍员者，除赐公卿爵位。执白圭朝见君主可享受万户的俸禄之外，还得万两黄金的奖赏。从前白圭由此经过，我都没有拿他邀功晋爵。现在你给我千金宝剑又有什么用处呢？"

伍子胥闻言，伏地施以大礼，一拜再拜别去。

伍子胥到吴，他辅佐阖闾谋取王位，以计谋除了王僚，日益显贵。但他时时没有忘记渡江的老人，常常差人到江边寻找，却始终没找到老人。因对老人深深的怀念和敬仰，他每次吃饭都要祷告，祈念这位可敬可爱的江上渔夫。

知道自己该怎么去生活的人，他便可以得到别人没有的、最宝贵的东西。

天地万物　皆是实相

原文

鸟语虫声，总是传心之诀；花英草色，无非见道之文。学者要天机清澈，胸次玲珑①，触物皆有会心处。

注解

①玲珑：光明磊落。

译文

鸟的语言和虫的鸣声我们虽然听不懂，但却是它们表达感情的方法；花的艳丽和草的青葱我们固然都能看到，但是其中还蕴藏着大自然的奥妙文章。所以我们读书研究学问的人，必须使灵智清明透彻，必须使胸怀光明磊落，如此跟事物接触，才能收到豁然领悟之效。

事典

务光不沾世俗杂务

务光是夏朝末年人，相貌奇特，与众不同，他的双耳竟长达七寸。平时爱好弹琴，喜欢吃蒲韭根。时逢夏桀当政，民不聊生，成汤想趁机取代夏王桀的天子地位，于是就来找务光商量谋划灭夏的大事。务光对此表现很冷淡，他一口回绝成汤，说："这不是我关心的事。"

成汤心犹不甘，问道："那谁可帮我出谋划策呢？"

务光答道："我不知道。"

务光想了一下说："去找伊尹吧，此人能尽力克制自己的感情来忍耻辱，别的方面，我可就不知道了。"

成汤用伊尹的谋略，率领商军推翻了夏朝的统治，建立起强大的商王朝。他派人找到务光，要与务光共享得来的天下。成汤说："智慧的人出谋划策，勇武的人驰骋疆场，仁和的人安邦定国，这是自古以来的道理，先生何不顺其道而行？现在劳先生做国相，来辅佐我的儿子治理天下吧。"

务光听罢，当即推辞道："废掉当今主上，可算不义；改朝换代中杀了这么多人，可算是不仁；他人去做受人责难的事后，却由我来坐享其成，这又是不廉了。我听说，不义的话，就不应该接受这种俸禄。没有道义的年代，更不能去当官。又何况君言如此尊敬我，让我居新朝高官之痊（quán）呢？我不忍长久地看到这种情况存在了。"务光拒绝了商朝要他出任为官后，就把大石缚在自己的身上而投于蓼水。他用这种方法把自己与世人隔绝开来。

传说，过了四百多年，在高宗在位时，务光又与武丁邂逅，武丁为其声名所折服,很想叫务光出任国相之职,没料到务光又婉拒了。武丁不肯罢休,又派人以马车去专程迎务光到都城,手下使臣苦于完不成任务,在劝说务光出任时已带有逼迫的味道了。为躲避纠缠,务光奔于浮梁山。

抛弃了世俗杂务,便获逍遥人生,这便得人生真味。

观形不如观心　神用胜过迹用

原文

人解读有字书,不解读无字书;知弹有弦琴,不知弹无弦琴。以迹用①,不以神用,何以得琴书之趣?

注解

①迹用:运用形体。

译文

人们只懂得解释和阅读有形文字的书,却不懂得阐明和研究大自然中的无形书;人们只知道弹奏普通的有弦的琴,却不知道欣赏大自然无弦的琴的美妙琴音。也就是只知道运用有形迹的事物,而不懂领悟无形的神韵,这种庸俗的人又如何能理解音乐和学问的真趣呢?

事典

吴野洲的养生之道

吴野洲先生谈到养生之道，说："我的身体健康与绘画是连在一起的。画画能够修身养性，排除烦恼与杂念。绘画的时候，思想很集中，心是很静的，能够达到陶冶性情的效果。画画是要动脑筋的，想画得好一点，更是要动脑筋。我的脑子一直比较清楚，与绘画时动脑筋很有关系。我力求进入新的境界，便不断地开动脑筋，使我的脑子得到了锻炼，至今记忆力还很好。"

吴老说："绘画还使我的身体得到锻炼。增强了体质。我没有学过气功，但有人说我绘画就是练气功，看来有一定的道理。几十年来，我天天笔耕墨耘，常常是上午画，下午画，晚上还画，直至翌日凌晨二时才入寝。绘画的时候，研墨、展纸，到站着上下左右地挥毫，看似节奏缓慢，实际上随着绘画时姿势的变化，手指、手腕、手肘、肩膀和腰腿等全身各个部位都在运动，增加了全身各个系统的生理功能，从而达到强身健体，延年益寿的目的。"

心无物欲乾坤静　坐有琴书便是仙

原文

心无物欲，即是秋空霁[①]海；坐有琴书，便成石室丹丘[②]。

注解

①霁：天放晴。

②石室丹丘：此处引申为神仙居住的地方。

译文

一个人内心假如不被物欲蒙蔽，他的情绪就会像秋天的碧空和平静的大海那样开阔；一个人平日闲居无事假如有琴书陪伴消遣，就会使他的生活像神仙一般的逍遥自在。

事典

英雄虽忠义　难过美人关

洪承畴乃明末有名的大臣，文武双全。明廷派他任统帅领兵到关外抵御清兵，锦州一战，不幸兵败被俘。

清太宗皇太极久有吞并中原的野心，苦于无合适人选做开路先锋。俘获洪承畴后，大喜过望，决意劝降他做入侵中原的开路先锋。于是派说客辩士，劝洪承畴投降。但洪承畴深明大义，坚决拒绝，并绝食明志。

太宗帝非常赞佩他的忠义，更欲争取他，特下手谕，说谁能劝降洪承畴者将受上赏，但无一人成功。太宗听洪承畴的随从说洪最喜欢美女，便设美女计，搜罗全国美女，但无一美女被看上眼。

太宗已无计可施，无精打采地回到宫中。皇后博尔济吉特关心地问究其因。太宗便把劝降洪承畴、洪承畴拒绝的事向皇后说了。

皇后说："威迫不来，利诱不行吗？怎会有不投降的傻瓜？"

"难，难，难，"太宗摇头说，"什么方法都用过了。使用美人计也不行，他越来越强硬。唉——"

皇后沉思好一会，就把自己的计谋告诉太宗。太宗起初不同意，后来抚摸

着在怀里的、两眼汪汪的皇后说:“为了国家前途,由你去干吧!但要小心,绝不能让任何人知道!”

皇后特别打扮一番,黄昏时,秘密出宫,避开看守,独个儿到了禁闭厅,见了洪承畴。

“此位是洪将军吧?”她细声问道,声如出谷黄莺。

“你是什么人?”洪承畴闭目危坐,一副威然不可侵犯的样子,忽听声喉婉转的女人声音,不觉把眼睁开,眼前是个美人儿,比前些日子送来的美女要美上十倍,仍问道,“谁叫你来的?有什么事?”

她深行一礼,向前走了一步说:“我知道洪将军是忠心耿耿的,绝食明志,深为钦佩。”说时嫣然一笑,又说,“我来此,是想拯救你脱离苦海的!”

“什么!你还想劝我投降?”洪承畴又装起威武来了,“嘿!我是铁石心肠。请早闭上嘴!”

但她并不介意,媚眼一抛,继续说:“将军!我虽为女子,但颇识大义,对将军这种英勇行为、忠心和殉节精神是钦佩的,怎忍夺将军之志呢?”

“那你来干什么呢?”洪承畴问。

“唉,将军!我不是说来救将军的吗?”她的话充满着同情,“将军不是正在绝食等死吗?绝食要等上七八日才能死,那种滋味是很难受的。我是佛门信徒,慈悲为怀,怎忍将军受此痛苦呢?所以煎好一壶毒药送来给将军。若不怕死,请饮这药。”说着将随身带来的一壶药递上去。

“好好!我饮,死且不怕,何怕毒药!”洪承畴被她又捧又怜的摇荡之下,已身不由己,立刻接过壶张口就喝,不料心情激动,心跳加快,气粗急短,竟咳嗽起来,溅满美人衣襟。洪承畴连忙道歉。她却若无其事,拿起香帕边擦边说:“将军视死如归,英雄英雄,不过,将军阳寿未尽哩!”

“我立志一死。”他又拿起壶一饮而尽。

“不过,你现在既已为国殉了节,身丧异域,你的家人必哭望天涯,深闺少妇定枕边弹泪。这些将军岂能闭眼不顾呢?”她又说。

洪承畴被勾起了心事,痛苦万分,想到药已下肚,死就在眼前,不禁泪如泉涌,长叹不已。

她知他已心动,又用话挑他:“将军可谓忠贞不渝,但在我看来,却是傻瓜。

你身为国家栋梁，明廷对你寄予厚望，你轻于一死，对国何益？如果是我，我必为渐图恢复，忍辱一时。将军已服了毒，我不再多说，免得增加你的痛苦。请将军自酌。”她一边说，一边使出全身解数，媚态撩人。弄得洪承畴虽然等死，但血流加快，欲火上升，神魂颠倒。

“我两人既然相遇，亦是一段缘分。你死后有何话，我一定转告你的家人。”

洪承畴眼泪流了出来，她再次掏出香帕替他拭去。一阵香粉气，美色娇态，向洪承畴袭来。他不由得顺势抚着她的玉臂，这时他欲火难忍，已把死置于脑后，一把把她搂住。他在死之前也要风流一下，做个风流鬼。

于是她半推半就，即成巫山云雨。

洪承畴所饮“毒药”，却是长白山特产老山人参汁，掺进催情药。

就这样的一个威武不屈的英雄，万民景仰、飨过国祭的大明经略大臣、显赫将军洪承畴，最后竟然拜倒在美人的裙带之下，为清军入侵中原、统一全国死心塌地，竭尽了全力。可见裙带魔力，远胜过武力许多。

万象皆空幻　达人须达观

原文

山河大地已属微尘，而况尘中之尘；血肉之躯且归泡影，而况影外之影。非上上智[①]，无了[②]了心。

注解

①上上智：最高的智慧。

②了：明白、明了。

译文

就整个宇宙的无限空间来说，我们居住的地球只不过一粒尘埃，可见地球上的小小生物和无边的宇宙一比真是小得可怜；就漫长绵延无限时间来说，我们的躯体只不过犹如短暂的浪花泡沫，可见那些比生命更短暂的功名利禄，如果和万古无尽的时间来比真像过眼烟云。一个没有高尚智慧的人，是无法明白彻悟这种道理的。

事典

秦失看淡生死

公文轩见到右师后很惊讶地问道："你怎么只有一只脚？是先天如此的，还是后天致残的？"

右师回答说："是天生的，不是后天致残。老天爷让我生出来如此，就好像人的相貌一样后天是无法改变的。"

荒野沼泽中的野鸡，走十步才能找到一口食物，走百步才能喝到一口清泉。但是它们都不愿被人饲养在鸡笼里，不愿接受那毫不费力便可享受的食物和清水。老子去世时，秦失前往吊唁，他在灵柩前大哭三声后就转身走了。老子的弟子们十分不解，走上前去问他："你是我们老师的朋友吗？"

秦失回答说："是的。"弟子们又问："你刚才吊唁时，为何显得如此冷漠？"

秦失回答说："哎，我原以为你们和老子一样，都是超凡脱俗的人，现在看来并非如此。我刚才吊唁时，看到四周哀鸣哭泣者，年老的好像失去了子女，年轻的好像丧失了母亲。他们此刻在此所为，并非真有无尽的哀伤要痛哭，也并非真有无数的悲伤要倾诉。如此悲痛死亡，惋惜生命是违背自然规律的，忘记了死生有命的道理，古人称之为逃避天命的行为。老子的生是应天命而来，死是顺天命而去。生死顺应自然，他人的哀乐都是与老子无关的，这就是古人所谓上天对凡人所施予的解脱。"

蜡烛会燃尽，但火种却不会因此而绝灭，它会世世代代延续下去，永不熄灭。

泡沫人生　何争名利

原文

石火光中争长竞短，几何光阴？蜗牛角上[1]较雌论雄，许大[2]世界？

注解

①蜗牛角上：比喻地方极小。典出《庄子·则阳》，"戴晋人对梁惠王说：'您知道有一种名叫蜗牛的小动物吗？'梁惠王回答：'知道。'戴晋人又说：'蜗牛的角上有两个国家，左角上的叫触国，右角上的叫蛮国。这两个国家经常为争夺地盘而发生战争。每次战争后，总是尸横遍野，死亡好几万人，取胜的国家追赶败军，常常要十多天才能回来。'惠王说：'呀！这都是您瞎编的吧！'戴晋人说：'请允许我来为您证明。您的想象在无广阔的宇宙中有边界吗？'惠王说：'没有。'戴晋人说：'您的想象在宇宙中任意驰骋，而一回到现实中，您能够到达的地方却只限于四海九州之内。拿现实的有限与想象的无穷相比，岂不是若有若无，微不足道吗？'惠王说：'你说得对。'戴晋人说：'在我们所能够到达的领域里有一个魏国，魏国迁都大梁后才有梁国，有梁国才有梁王。梁王与蛮氏，有

什么不同吗?’惠王想了想说:‘好像没有什么不同。’戴晋人走了以后,梁惠王情绪低落,好像丢失了什么。”

②许大:多大。

译文

人生就像用铁器击石所发出的短暂火光一闪即逝,假如在这种短暂的时光中去争名夺利究竟有多少时间?人类在宇宙中所占的空间就像蜗牛触角那么小,假如在这狭小的地方去争强斗胜究竟有多大世界呢?

事典

无义伐高丽　隋朝危四伏

隋炀帝大兴土木,使阶级矛盾激化,隋政权岌(jí)岌可危。但炀帝无视这些,反而认为经过自己的一番治理,帝国巩固,政权稳定,隋朝已是“统一寰(huán)宇,甲兵强锐”“风行万里,威动殊俗”的富强国家,因而“慨然慕秦皇、汉武之功”,向周边少数民族地区大肆扩张,甚至穷兵黩武,发动大规模侵伐高丽的战争。

大业元年三月,刘方奉命率军大战林邑(地处今越南中部的古国),四月攻占其首都,林邑王逃亡。隋军士兵肿足而死者十分之四五,刘方亦在归途中病死。

这年八月,契丹(游牧于辽河上游的古族)侵扰营州(今辽宁朝阳市),炀帝命韦云起发突厥(古族名)兵将其击败,获男女四万余人。

大业三年三月,炀帝派朱宽、何蛮等人海访琉球(今台湾),次年又派朱宽去抚慰,大业六年正月,又派张镇周等率军万余进驻琉球。招抚不从,隋军“蒙犯瘴(zhàng)疠(lì),馁(něi)疾死者十之八九”。

大业三年四月,炀帝北巡,出动“甲士五十余万,马十万匹,旌旗辎重,千里不绝”,借以炫耀武力,震慑突厥等少数民族。并命宇文恺等制作了可坐千余人的大帐;“上容侍卫者数百人,离合为之,下施轮轴,倏(shū)忽推移”的观风行殿;“周二千步,以板为干,衣之以布,饰以丹青,楼橹悉备”的行城;后又造了触绳能连发弩箭,敌近能自动报警的行宫“六合板城”。这些,“胡人惊以为神,每望御营,十里之外,屈膝稽颡(sǎng),无敢乘马”。出巡几达半年,耗费无计其数。

这年十月,炀帝命吏部侍郎裴矩掌管西域事,时地处西域要冲的吐谷浑经常骚扰,使商路堵塞。第二年七月,裴矩游说铁勒击败吐谷浑,炀帝派安德王杨雄、许公宇文述乘机追杀,斩三千余人。俘王公以下二百人,男女百姓四千人。大业五年,炀帝亲率大军再征。隋军撤退经大斗拔谷(今甘肃民乐县东南甘、青二省交界处扁都口隘道)时,兵卒冻死过半,马驴冻死十分之八九。

炀帝对周边的经营,在某些方面有一定的积极意义:如派人去台湾,密切了台湾与祖国大陆的联系;开通西域商路,加强了中西经济、文化的交流,然而,由于炀帝好大喜功,兴师动众,也给人民带来巨大的负担。如他为了保护西域商路,经常屯戍转输。弄得西京诸县和西北诸郡人民家破人亡,“百姓失业,西方先困”。

隋炀帝被一系列成功冲昏了头脑,更加歇斯底里,又连续发动了三次大规模侵伐高丽的战争。

高丽是邻居隋朝东北的强国,隋朝统一全国后,其国王高汤“治兵积谷,为守拒之策”。开皇十八年(公元 598 年)又兵侵辽西,文帝下诏征伐,但无功而还,高丽遂扩张至辽河,并曾侵扰营州,炀帝狂傲暴烈,又以天朝大国自居。如何容得下高丽的扩张。大业三年,炀帝北巡,在突厥启民可汗帐中见到高丽使者,便威胁他回国告知国王高元:要诚心归顺朝贡,不然,将率领大军巡行高丽。高元不理,炀帝遂发动了战争。

高丽地远路遥,炀帝做了长时间的战争准备。第二年,命开通永济渠,漕运直达涿州,以运送军需物资,又命大造军械兵器。第三年,在涿郡建临朔宫,作为亲临指挥的行宫。“课天下富人买武马,匹至十万钱”。第五年,又在全国各地征调部队和民夫。

战争尚未开始,军民已被弄得疲惫不堪,元弘嗣督造战舰极为严酷,诸州役丁“昼夜立水中,略不敢息,自腰以下皆生蛆(qū),死者十之三四”。民夫往涿郡运送军需,往还于道路者数十万,“昼夜不绝。死者相枕,臭秽盈路,天下骚动”。往泸河、怀远二镇运米的牛车都不能返回,民夫大半死亡。六十多万名车夫,二人运米三石,仅够二人途中充饥,无米可交,只好逃亡。炀帝又“扫地为兵”,农民大都被征为兵士,致使广大农村“耕稼失时,田畴多荒”。“百姓穷困,财力俱竭”,“相聚为群盗”。炀帝征兵严急,“四远奔赴如流”,举国仓皇应命。大业七年秋,“山东、河南大水,漂没三十余郡”。炀帝不但不抚恤,反而征役更急,人民忍无可忍,山东邹平人王薄首先在章丘县界长白山举兵起义,随后,起义军蜂起，“不可胜数，徒众多者至万余人，攻陷城邑”。隋炀帝不顾人民的反抗，仍然一意孤行，坚持发动战争。

大业八年正月，年关刚过，炀帝便下诏要各路大军“总集平壤”。出军，这天，炀帝在蓟城北郊祭祀马祖，亲授节度，然后号角齐鸣，第一军高举战旗向东北进发。此后每日发一军，每军相距四十里，连营渐进，经过四十天，二十四路大军才从涿郡出发完毕，首尾相距九百六十里。炀帝亲率的内、外、前、后、左、右六军随后出发，又绵延八十里。同时，水军由来护儿统领从东莱出发，浮海前进，舳(zhú)舻(lú)相接数百里。出兵共计一百一十三万三千八百人，号称二百万，再加上成倍的转运军饷的民夫，总共达四百万人以上。大军鼓角相闻，旌旗蔽空，军容之盛，前所未有。

刚愎自用的炀帝不信任诸将，于东下前告诫诸将：“凡军事进止，皆须奏闻待报，勿得专擅。”因而使诸将失去了许多战机，大军进到辽水，经过一番苦战，才得以过河，包围了辽东城。这时炀帝又约束诸将说：“高丽若降，即宜抚纳，不得纵兵。”辽东城将被攻破，高丽军便声言投降，隋军驰报炀帝，等接旨回来，城内又做好了守城准备，这样反复了好多次，炀帝仍然不省悟，反而责备诸将不尽力，扬言要杀他们。但各城仍然久攻不下。这时，水军进到离平壤只有六十里的地方，并大败高丽军。来护儿骄傲起来，轻率地带领四万大军进攻平壤，被高丽伏兵击败，他仅率士卒数千人逃到船上，不敢久留，仓皇撤退。宇文述、于仲文率陆军三十万五千人经过艰苦奋战，终于渡过鸭绿江，向平壤推进。可是，兵士要自带武器粮食，每人负重三石以上，无奈只好弃粮而行。宇文述下令“遗弃米粟者斩”。军士便偷偷地挖坑埋掉，因而大军行到中路，粮食就快吃光了。再加上高丽大将乙支文德采取诱敌深入的策略。高丽人民四面抄袭，隋军饥困交加。隋军进到离平壤只有三十里的地方，乙支文德遣使诈降。宇文述见士气低落，不可复战，便下令退军，高丽军乘机追击。七月的一天，隋军撤到萨水。半渡时遭高丽军痛击，右屯卫将军辛世雄战死，诸军溃逃，一天一夜急奔四百五十里。只有两千七百人逃过了鸭绿江，资储器械“失亡荡尽”，战争最后失败，炀帝只好撤军。

然而，隋炀帝并未接受教训，他把责任全部推到诸将身上，受降使者刘士龙被杀,于仲文被囚致死,宇文述被削职为民。返回东都后,又遂即筹划了再征高丽。

大业九年正月,炀帝下诏征天下兵马集结于涿郡,并招募骁勇卫士。二月,恢复宇文述等人官职,集朝臣共议再征高丽。三月,炀帝从东都出发,四月到辽东,命宇文述、杨义臣率大军进趋平壤。水军则仍由来护儿统领,稍后出发。

水军尚未出发,隋朝内部却大动干戈,不仅起义烽火遍地燃烧,就是统治阶级内部也四分五裂,杨素的儿子礼部尚书杨玄感乘炀帝远在辽东之机,从黎阳起兵围攻东都。这时,炀帝正率军即将攻破辽东城,听到杨玄感起兵的消息,吓得他手忙脚乱,连夜密令诸将回救洛阳。开始,高丽军不敢追击,后发现隋军是狼狈撤退,便在辽水袭击其数万后军,杀死数千人。再征高丽又以失败告终。

镇压杨玄感后,炀帝仍抱“拔海移山”之志,于第二年二月集百官再议征伐高丽。这时,隋朝危机四伏,百官知不可再战,但迫于炀帝淫威,数日无敢谏止者。炀帝遂下诏“复征天下兵,百道俱进”。三月,炀帝到涿郡,七月到怀远镇。由于士兵厌战,进军路上纷纷逃亡,炀帝杀掉一些逃跑士兵以衅鼓(以血涂鼓),仍不能禁止。所征士兵也大都不按时到达。七月,来护儿率水军在毕奢城击败高丽军,将逼平壤,高丽王高元见国内困弊,很恐惧,急忙遣使求降。炀帝遂借梯下台,下令班师,回朝后召高元入朝,又被拒绝,炀帝大怒,即“敕将帅严装,更图后举”,但因国内已无法收拾,“竟不果行”。

知机其神乎　会趣明道矣

原文

会得个中趣，五湖之烟月[①]尽入寸里[②]；破得眼前机，千古之英雄尽归掌握。

注解

①烟月：指自然景色。

②寸里：心里。

译文

人间不论任何事物，只要能领悟其中的乐趣，那么三江五湖的山川景物，就等于都纳入我的心中；人间任何道理，只要能看穿眼前的机运，那么所有古往今来的英雄豪杰，都会成为我的好友任由我效法。

事典

达庄先生谈道

当太岁从卯过渡到辰的那一年,大地万物开始生长后,转眼又到了深秋。

达庄先生同一些客人交谈。其中有一个人说:“我出生在远古的年代,成长在周文王与武王时期,活动在成王与康王盛世。我熟读六经,如今大道的纲要与我的那一套有很大差别。在此我很想听听你的教诲,启发启发我。”先生说:“你所感到疑惑的东西是什么呢?”客人说:“天道重视生命,地道重视贞洁。圣人以天地之道来修养自我,建立各种名目,吉凶有所分别,是非自有规范。同一个物体,把万物当成同一个概念,这恐怕是制造混乱,而他自己还以为很真诚。”

先生悠闲地摸了摸琴,低头微笑,又仰天吸了一口气,然后谈了他的看法:“大道的极端,混成一体,而没有分别,无论是得是失都默默无闻。伏羲把绳子打个结头表示某种记号,神农氏教会百姓进行耕种,违反这一套方法就不能生存,遵循这一套方法就能生存。造瓦的转轮十分坚固,而制造的方法则是同一的。要追求清静与寂寞,就必须排除心中的杂念去耐心等待,不必去分辨什么善与恶,不必去争论谁是谁非。故从相反的角度去观察万物往往能获得真实的情况。一旦吉凶与事物挂起钩来,那么心中自然会产生一得一失的念头。大家纠集在一起,形成宗派。然后互相辩论,彼此攻击。以前齐国的豪杰,晋国的士大夫,都曾经闭着眼睛鼓起勇气来分别宣扬自己的学说了。他们都认为一百年的寿命难以达到,而平时坎坷岁月,感到生命无常。他们都追逐名利,不择手段。因此这些人往往不能得到很好的结局而自我伤害,原因是受到世俗的制约。”

极端空寂 过犹不及

原文

寒灯无焰，敝裘无温，总是播弄[1]光景；身如槁木，心似死灰，不免堕在顽空。

注解

①播弄：颠倒翻弄。《元曲·梧桐雨》中有："如今明皇已昏眊，杨国忠、李林甫播弄朝政。"

译文

一盏微弱的孤灯失去了火焰，一件破旧的大衣失去了温暖，人生到这步田地也未免太煞风景；人的肉体像是干枯的树木，而心灵也犹如火种熄灭的死灰，这种人等于是一具僵尸必然会陷入冥顽空虚中。

事典

享受与节制

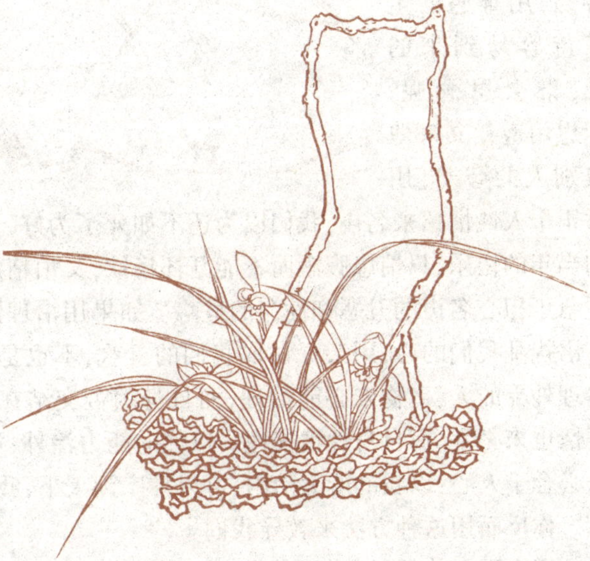

公孙侨，字子产，任郑国宰相，专政三年国家就得到治理，善良的人服从他的感召，作恶的人害怕他的禁令。

子产有一个兄长叫公孙朝，又有一个弟弟叫公孙穆。公孙朝好酒，公孙穆好色。

公孙朝屋内聚集有千种美酒，积累的酒曲成堆，从百步外望他家的大门，酒浆的气味，直冲入鼻子。当他迷醉于酒的时候，就不知道世道的安全与危急、人间的悔恨与宽宏，也不知道家中有无财产，九族之间的亲密与疏远和存亡的悲哀与欢乐，虽有水火灾难及战争同时出现在面前，但他都一概不知。

公孙穆的后园一并排列着数十间房屋，住满了经他选择来的美女。当他迷恋于女色的时候，摒弃了与亲人的团聚，断绝了与朋友的交往，躲避在后园中，夜以继日，三个月出来一次，还觉不满意。

为此，子产日夜忧愁，于是就去请教邓析，说："古人说'治理自身能达到治家，治家能达到治国'。可我家中却乱了，我将用什么方法来挽救我的兄弟呢？请你告诉我。"

邓析说："你何不用性命的珍贵去开导他们呢？"

子产听了邓析的话，就对兄弟俩说："人之所以比禽兽高贵，是因为人有智慧，而统率智虑的又是礼义，礼义达到则声名地位都有了，如果情感冲动，沉溺于个人的嗜好欲望，则性命就危险了。"

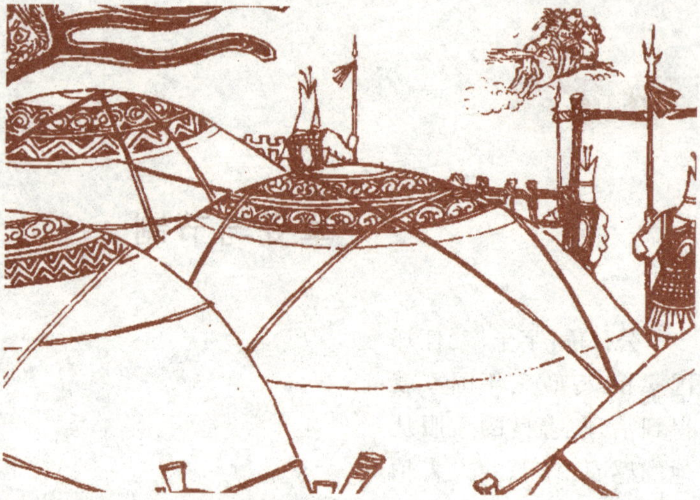

公孙朝、公孙穆说："这些道理我们知道已久，选择也很久了，岂能等到你说了以后才认识呢。人生是难得一遇的，而死却很容易，用难遇的生等待容易到来的死，谁会思念呢？而想用遵礼义来博得别人的夸奖，用矫正个人性情招来名声，我们以为还不如死了为好。为了尽情享受一生的欢乐和当年的快乐，只怕患腹泻而不能开怀畅饮；又怕精疲力竭而不能肆意纵情，更不急于担心名声的丑恶和性命的危险。如果用治理国家的才能夸耀事物，想用言语扰乱我们的心，用荣禄讨取我们的喜欢，不也是很卑鄙和可怜的吗？善于治理外界的人，事物未必能治理，而自身困苦交结在一起；善于治理内部的人，事情也未必乱，而自身性情安逸。以你的能力治外，可以暂时在一国内通行，但未必合于人心；以我的能力治内，可以推广到天下，我们常用这种方法来开导别人。你反而用这种方法来教导我们了？"

子产听了他的兄弟一番言论后，感到茫然了，无话可以回答他们。

享受与节制，若能把握好其分寸，则能养生；如果任意强调某一方，都是害生的行为。

得好休时便好休　如不休时终无休

原文

人肯当下休，便当下了。若要寻个歇处，则婚嫁虽完，事亦不少。僧道虽好①，心亦不了。前人云："如今休去便休去，若觅了时无了时。"见之卓矣。

注解

①僧道虽好：僧是指僧人，道是指道士。好是美、善，此处指清静无外人干扰。

译文

人不论做什么事，到达应罢手不干时，就要下定决心结束。假如犹疑不决想找个好时机，那就像男女结婚虽然完成了终身大事，以后家务和儿女夫妻间的问题还很多。人们别以为和尚道士好当，其实他们的七情六欲也未必全除。古人说得好："现在能罢休就赶紧罢休，如果说找个机会罢休，恐怕就永远没罢休的机会。"这真是一句极高明的见解。

事典

贪赃昧求赂　谋叛死余辜

北魏显祖献文皇帝拓(tuò)跋(bá)弘,十七岁当太上皇,二十三岁便被杀。但他还是留下了七个儿子,其中拓跋宏即位为帝,另外六个以后陆续被封了王。他的第二个儿子叫拓跋禧,被封为咸阳王。冯太后和高祖拓跋宏对先帝的几个孩子寄予了很高的期望。在他们小的时候,就专门为他们设置了学馆,选忠信博闻之士,担任他们的老师。在拓跋禧还很年轻的时候,就任他做冀州刺史。这期间,当地人对他的反映还很不错,曾经有三千人上书,希望拓跋禧留在那里为官。但太后和高祖给了他更高的官职:让他做司州牧,都督司、豫、荆、郢、洛、东荆等六州军事,还赐帛两千匹、粟五千斛。因为他是大弟弟,食邑三千户。其余的几个弟弟则食邑两千户。

在平定汉阳的战斗中,拓跋禧因为攻克了南阳而立功,增加了侍中正太尉的官衔。

高祖发现拓跋禧贪财,就经常告诫他,所以有高祖在,他的行为还比较收敛。

太和十四年(公元490年)冯太后去世。太和二十三年,高祖在军中病重,让十六岁的太子元恪即位为帝,并让拓跋禧等六人辅政,称为顾命宰辅。安排完后事,三十三岁的北魏高祖拓跋宏便去世了。

拓跋禧没有了管束,便肆无忌惮地开始了聚敛财富的活动。他虽然是顾命宰辅之首,但却不管正事,什么事情都不肯表明态度。却在暗地里大肆收受贿赂,恩威并施,从中取财。在他的威逼利诱之下,号称“八座”的朝中八位最高大臣,建议给他增封一千户,他假作不接受,但是背地里,他却“贪淫财色”,不遗余力地聚敛财富。他有几十名姬妾,还嫌少,还不断地聘娶新的姬妾,以满足他的淫欲。这些姬妾们都穿着最贵重的衣服，乘坐着最豪华的车辆，为了满足他的奢侈生活，还在暗中要求人家给他“送礼”。

在他的疯狂聚敛之下，他的财富急骤膨胀，他家有奴婢上千人，田产、盐池、矿山、铁冶，不计其数，遍布各地，这些他都让奴才替他经营。

他的这些行为引起了世宗元恪的警惕，在他即位的第二年，便把元(拓跋)禧等人召到光极殿，向他们宣布，他已经成年，可以独立掌政，不需要宰辅了。为了安抚这些顾命宰辅，元恪给他们安排了高官，元禧被拜为太保领太尉。

世祖的行动，让元禧非常不安，便请几个人到家里来商量反叛的事，但一直研究到天亮，也拿不定主意。元禧只好说：咱们回去谁也不要说出去，然后就散会了。

但是那几个参加商量的人害怕招祸，不敢隐瞒，便向世祖揭发了这件事。而元禧还以为不会有事，自己到府邸躲避去了，结果只有束手被擒。

受刑前，他还想同爱妾和女儿说几句告别的话，谁知那爱妾却骂道：“正是因为你贪财好色，搞了这么多的婢妾，才使你贪爱财物，畏罪造反。都到了这一步，还有什么好说的！”

他被处死后，老百姓还编了歌讥讽他。

他的家财大部分被分给了世祖宠幸的大臣，一部分分给了宫内外的百官。就连那些未入流的低级官吏也分得了一些，多者百余匹，少者十匹。

而他的几个孩子却穷得经常吃不上饭，靠人家赈济过活。

冷静观世事　忙中去偷闲

原文

从冷视热[1]，然后知热处之奔驰无益；从冗[2]入闲，然后觉闲中之滋味最长。

注解

①热:指名利权势。

②冗:忙,繁忙。刘宰《走笔谢王去非》:"知君束装冗,不敢折简致。"

译文

当一个人从名利场中退出来以后,再冷眼旁观那些热衷于名利的人,才发现在名利场中的奔波劳碌生活毫无意义;当一个人从忙碌不堪的工作环境中抽身回到闲适的生活环境中,这时才会发现在安逸悠闲生活中的滋味最悠长。

事典

冷静察敌情　沉着败明军

韦银豹,广西古田县(今永福县境)凤凰塞人。其父是明朝中叶"古田壮人起事"的领导者,后被俘遇害。韦银豹接过父辈手中的义旗,继续战斗。

正德十三年(公元1518年),韦银豹率领起义军攻下古田县城,附近农民纷纷响应,起义队伍迅速壮大,先后攻下洛容县、灵川、省会桂林,然后挥师长驱直入湖南省境,又克城步县,继而进攻武岗的新寨。韦银豹越战越勇,队伍也越来越壮大。很快就成为威胁明王朝统治的一支重要力量。逼得明穆宗不得不紧急召集群臣商议对付之策,擢(zhuó)用江西按察使殷正茂为都佥御史,负责围剿义军。明廷先从湖南、浙江、福建、广西纠集兵员十四万之众,搜刮民脂民膏,积四万多两白银以备军饷,妄图一举消灭义军。

韦银豹面对这种既严峻又危急的形势,冷静地分析了敌我双方的有利和不利因素,敌众我寡,但敌人大多数是远道而来,既疲乏又不熟悉地理。所以,韦银豹决定不要四面出击,采取一口一口地吃掉敌人的办法来消灭明军。主意有了,韦银豹指挥若定,主动收兵退回古田根据地,集中兵力,沉着应战。以相对优势于敌人的兵力,先打垮了参将梁高、卢奇率领的一万三千多首犯之敌,然后，又大败总兵俞大猷（yóu）、参将王世科所率之部。接连失利，让官兵为之心惊肉跳，从而使明军不敢贸然进犯义军。

广狭长短　由于心念

原文

延促[1]由于一念，宽窄系之寸心。故机闲者[2]，一日遥于千古；意广者，斗室宽若两间。

注解

①延促：延，延长、伸长。促，短、短促。

②机闲者：忙中偷闲的人。

译文

时间的长短多半是出于心理感受，空间的宽窄多半是基于心中的观念。所以只要能把握时机懂得忙里偷闲，即使是一天的时间也比千年还要长；只要意境高超心胸旷达，即使是一间小小的房子也犹如天地那么大。

事典

徐无鬼解惑魏武侯

徐无鬼因女商的介绍拜见魏武侯，武侯似抚似慰地问："先生受苦了，此番来不会是经受不了山林的清苦才下山见我的吧？"徐无鬼说："我有什么劳苦要你抚慰的呢？我是来慰劳大王的。大王因要满足嗜好欲望，心生喜好和憎恶，而性命被搅得疲惫不堪，所以我来慰问你的劳苦。"武侯惘然，无言可答。顿了一会，徐无鬼又说，"我还要告诉大王，我懂相术，擅长相狗与相马，能从狗的外形体态观察判别狗的优劣。下等品类的狗，只求果腹饱肚子，习性如同野狸一般；中等品类的狗意气高扬，其性总是抬着头看太阳；上等品类的狗，像是忘了自身的形体存在。至于我的相狗本领不如我相马的本领。相马很有讲究，视其高矮一定合于绳墨规矩，体拱弯曲必须合于钩弧；该方则方，该圆则圆。这样的马固然全国少见，但还不如天下的良马。天下的良马自然成材，似静又似动；似息歇又似奔腾，像是忘掉自身的存在。但奔跑起来，超轶绝尘，不知有所止境。"武侯听到这里有点高兴，他笑了起来，不似先前那般惘然。徐无鬼告别武侯，同女商一起离宫。途中女商问徐无鬼："先生说了些什么使大王那么高兴？往常我们也同国君高谈，大到天、书、礼、乐，细到韬略兵法，侍奉大王有功的人不可胜数，从未见过大王开过笑颜。你告诉我究竟讲些什么？"徐无鬼说："我只是告诉他我会相狗、相马而已。"女商诧异地问："真是这样吗？"徐无鬼说："你大概没有听过有关越地流放人的事吧！他们讲刚离国时，遇见乡人十分高兴；离家去乡十多天，看见国中的故物倍有感情；在国外待了一年多，看见家乡的人会欣喜万分。离国去家越久，思念之情越深。大王很久很久没有听到亲切的语言，尚且谁也没有用真心诚挚的语言同他相谈说笑呢！我想这是他高兴的原因吧！"

栽花种竹　心境无我

原文

损之又损[1]，栽花种竹，尽交还乌有先生[2]；忘无可忘，焚香煮茗，总不问白衣童子[3]。

注解

①损之又损：减少。老子《道德经》中有："为学日益，为道日损。损之又损，以至无为。"

②乌有先生：典出《史记·司马相如》中的"乌有先生乌有此事齐之为难"，司马相如《子虚赋》以子虚、乌有先生、亡是公仨虚构人物为主角，这就是通常所说的"子虚乌有"。

③不问白衣童子：据《续晋阳秋》"陶潜常于九月九无酒于宅东篱之下，菊丛之中摘菊盈把，坐于其侧，未几，望见白衣人至，乃为王弘送酒，即便就酌，醉而后归。"所谓"不问白衣童子"是说并不问送酒的白衣人是何许人，比喻已经进入完全忘我的状态。

译文

对于生活中的物质欲望要减少到最低程度，每天种些花竹培养生活情趣，把一切世间的烦恼都忘到九霄云外；当你的脑海中已经了无烦恼而呈真空状态以后，每天就面对着佛坛烧香，手提水壶亲自烹茶，自然就会使自己进入忘我的神仙境界。

事典

伯山甫得道

有个叫伯山甫的人，是雍州人氏。平时在华山修炼，精思守一，服饵成为他生活的主要内容。他还经常回乡去探望自己家里的亲人，都已过了二百多年，可是伯山甫看上去还是一点都不显老态龙钟。

伯山甫每次去别人家，进屋后，往往就知道人家先世祖辈以来的善恶功过，就仿佛是亲眼看见一般。他也能预知未来的吉凶好坏，没有不被他说中和应验的。有次回家后，见外甥女年老衰朽，伯山甫就将带有的丸药给了她。伯山甫的外甥女在服药时，年龄已逾七十，是古稀之人，可她在吃下伯山甫的药后，居然逐渐变得年轻起来，最后竟由老还少，变得貌如桃花，在肤色上与少女都没有区别。

后来，汉朝派遣使者经过西河城东之地，汉使见到有位女子正在用鞭子抽打一个老翁。只见这个老翁头发雪白，低头长跪受罚，毫无半点反抗之意。使者感到奇怪，就问其中缘由。这个女子说："这是我的儿子，以前我的舅舅伯山甫，曾以神方教我，我觉得很有效，才叫这违逆小儿服食此药。谁知他就是不肯吃这种神药，以致到现在衰老成这副模样，看上去比我差远了，我实在是气不过，这才用鞭子教训教训他。"

知足则仙凡异路　善用则生杀自殊

原文

都来眼前事,知足者仙境,不知足者凡境;总出世上因,善用者生机,不善用者杀机①。

注解

①杀机:害人损物的危机。

译文

凡是对现实生活环境,能感到满足的人就会感受神仙一般的快乐,不感到满足的人就摆脱不了庸俗困境;总括人间万般事物的因由,假如能善于运用就处处充满生机,假如不善运用就处处充满危机。

事典

柏矩哭囚尸

柏矩是老子的弟子,一天他对老师讲:"老师,我请求您同意我出去周游天下。"

老聃看看他说:"依我看就免了罢!你说的天下,就同这里一样,何必远行。”

柏矩听不进，执意要远游。

老聃不再多讲就问他：“你打算先去哪里？”

“弟子想从齐国开始。”

老聃不语。

柏矩到了齐地，正好看到一具被处死刑的尸体暴于街市，他忙上前将尸体调理一番，然后脱下自己的外衣覆盖尸体，接着仰天大哭，并诉说：“我说死鬼啊死鬼！天底下的灾难怎么会被你碰上呢！当真的说，不要去做强盗，不要去杀人。而他们哪会知道天下有荣辱之分，就会生出各种弊端；有了财富积累，争斗会由此而生。现在弊病已起，争端不绝，人们穷困不已，想要不出现你这样的人，谁能办得到？现在的世道不如古代时候，那时治理百姓的人，将所得归功于民，所失归咎于己；把对的予以百姓，错的留给自己，遇到百姓受损害，就私下责备自己。而眼下呢？他们掩饰事情真相，愚弄老百姓；碰上麻烦的事情，不尽心克服，却要处罚他人。这等于要人们去走一条力所不及的远道，还责怪人们不力，除此之外，当民众智穷力竭时，他们又作虚假的东西来敷(fū)衍(yǎn)，久而久之，人间怎会不弄虚作假。心力不足就作假，智慧不足则欺骗，财力不足就行盗。而今出现尔等行径，究竟责怪谁才算公平呢？”

不亲富贵　不溺酒食

原文

有浮云富贵之风，而不必岩栖穴处①；无膏肓泉石之癖，而常自醉酒耽②诗。

注解

①岩栖穴处：指居住在深山洞穴中。

②耽：沉溺，爱好而沉浸其中。《韩非子·十过》："耽于女乐，不顾国政则亡国之祸也。"

译文

一个能把荣华富贵看成是浮云敝屣的人，根本就不必住到深山幽谷去修养心性；一个对山水风景丝毫没有太大癖好的人，如果能经常喝酒吟诗也自有一番乐趣。

事典

沈麟得道

沈麟，字廷瑞，筠阳人，唐代吏部侍郎沈彬的第二个儿子。沈麟自幼好学，及长尤喜道家虚寂妙理。沈麟孝敬父母，父亲沈彬去世后，沈麟结庐为舍，在墓房守孝三年，以栖聚墓旁反哺母鸟的乌鸦为伴，丁忧以后，嗜酒好诗。

一次，有司审理案件。沈麟醉醺(xūn)醺地走进衙内，吏役见了同他开玩笑地讲："沈麟啊，什么时候成道呀？"沈麟也不示弱，随手在案几上写下了一首诗。沈麟自此，往来玉笥(sì)山浮云林之间，栖野露宿，修成仙风道骨。

南唐保大中期，沈麟到玉笥山精思院，在静室内修炼吐纳养生之术，若干年后负有诗真之名。

北宋太宗雍熙二年正月有个皂山道士曾昭莹造访玉笥山沈麟。半路上遇见一个道人，问道："道长前往何处？"

道人说："暂到玄都，然后再去庐山。"说着将随身的两卷《度人级》交给曾昭莹，临走吟道："云片随天阔，泉声落石孤。"

曾昭莹见其谈吐不俗，甚是惊讶。别后就赶程到精思院去拜访沈麟，不料道徒告之不久刚出游。曾昭莹便取出经卷和诗文示于沈麟弟子，众弟子都认识这是沈麟的读物，曾昭莹便惆怅下山，半路遇到自己的弟弟，将拜访沈麟不遇事说了一遍，并将上山遇道人的情节也说了。其弟笑着说："你已见到沈麟了。"

恬淡适己　身心自在

原文

竞逐[1]听人，而不嫌尽醉；恬淡适己，而不夸独醒。此释氏[2]所谓“不为法缠[3]，不为空缠，身心两自在”者。

注解

①竞逐：竞争。
②释氏：佛祖释迦牟尼的简称。
③缠：扎束困扰。

译文

别人争名夺利与我无关，我也不必因为别人的醉心名利而就疏远他；恬静淡泊是为了适应自己的个性，因此也不必向别人夸耀“世人皆醉我独醒”。这就是佛家所说：“即不被物欲所蒙蔽，也不被空虚寂寞所困扰，能做到这些就能使心悠然自得。”

事典

老聃驳孔子

孔子打算把他的书保存于西周王室的典库，子路帮他出点子说："听说曾任周室管理典库的史吏老聃，已经退隐归乡，先生要藏书，我们顺道之际何不先听听他的意见呢？"

孔子猛然省悟，连连称好。

这天，孔子就带着他的书籍拜访老聃，不想老聃当着孔子的面不言与否。孔子急忙翻检自己的书籍加以解释，老聃才不客气地打断他的话说："你讲得太烦琐了，我很希望听些至关紧要的。"

孔子说："好，好，这些书的紧要之处在于它们讲的都是仁义之道。"

老聃听后反问道："请问先生，仁义之道是人的本性之道吗？"

孔子点头称是，并接着说："君子不仁，则不能有他的事业成就；君子不义，也就不能立身于社会。仁和义是君子的处世品性，也是人的本性，离开了和背离了仁和义又能做些什么呢？"

老聃又问："那么仁义，是怎样体现的？"

孔子答道："中正没有偏私，公允而乎人情，这便是仁义的实在含义。"

老聃不以为然地说："噫嘻！此莫非笑话，你说没有偏私和公允的人不嫌迂阔吗？要求别人没有私，就是允许自己有私。按先生所要求的，天下的人都不失去教养和有着仁义的本性。这同天地已经存在，日月已经发光，星辰已经有序，禽兽已经成群，树木已经成林而否定它们存在有什么两样？所以先生还是仿照自然规律行事，顺着自然法则进退，不必违背人性去标榜或鼓吹什么人性之外的仁义。你要将宣扬仁义之类的书籍送到周室借以远播，这同擂鼓吹号去追捕逃亡的人，鼓声越大，逃亡的人越跑得远有什么两样？你越是鼓吹仁义，仁义就离你越远，岂不是反而蛊惑人心，迷乱人的本性？"

守正安分　远祸之道

原文

趋炎附势[1]之祸，甚惨亦甚速；栖恬守逸之味，最淡亦最长。

注解

①趋炎附势：攀附权贵。

译文

依附于有权有势地位的人固然能得到一些好处，但是为此招来的祸患却最凄惨而又最快速；能安贫乐道栖守自己独立人格的人固然很寂寞，但是因此所得到的平安生活时间最久趣味也最浓。

事典

居官守正气　威武不能屈

明神宗是一位历史上有名的浪费、贪财的皇帝。为了搜刮钱财，他派出了大批以宦官充任的矿监税使，到全国各地搜刮民脂民膏，形成了一场遍及全国的掠夺狂潮。面对这些凭借钦差皇威，凌虐有司，欺凌百姓的阉宦，一些正直的官吏挺身而出，不怕打击报复，坚持裁抑矿监税使，堪称威武不能屈。在湖广

（今湖北、湖南两省）地区，就有这样一位“居官守正”的地方官何栋如。

何栋如（公元1572—1637年），字充符，一字子极，号天玉，无锡人。万历二十六年（公元1598年）何栋如考中进士，出任湖广襄阳府推官。

次年七月，何栋如赴任，途经黄州府时，听到因遭湖广税务监丞陈奉的诬告，荆州府推官华珏、黄州府经历董任重被逮解进京，襄阳知府李商澜、黄州知府文炜、荆门知州高则巽（xùn）降调处分的消息。这使初涉宦海的何栋如感觉到前途的凶险。

万历二十八年（公元1600年），何栋如处理完长沙、宝庆两府及均州刑狱，回到了襄阳，正好遇上了“刘自强案”。刘自强系陕西木材商人，他与其他商人一起运货过境时被陈奉所设的税卡截住，税吏因未能勒索到孝敬钱物，便撺掇陈奉出面行文给新任襄阳知府卢学礼，要他以漏税的罪名将他们全部拘禁起来。陈奉是明神宗派往全国各地的矿监税使中最为暴横的，“每托巡历，鞭笞官吏，剽劫行旅”，并且倚仗神宗的宠信，肆意诬陷打击任何敢触违他的官吏，不可一世。但何栋如了解到“刘自强案”的真相后，明知山有虎，偏向虎山行，当即借职权之便，提审并释放了刘自强等众木商，由此结怨于陈奉，被指斥为“强项府佐，阳欺阴藐”。

七月末，陈奉自承天府（治所在今湖北钟祥市）抵达襄阳，开始了同何栋如短兵相接的较量。

一进府衙，陈奉就借巡按的名义传见合府官吏，并规定知府以下的佐贰杂职一律对他行单膝下跪的揖拜礼，想以此来折辱何栋如。但何栋如为匡护法规，毫不示弱地对巡按说：“理官系天子吏，中贵人安得檄？”仅向陈奉投递了自己的名帖，拒不进见。

第二天，陈奉又命何栋如将襄阳县各项钱粮登记造册，限于次日早晨面呈。一日之内多次遣人持票催促，票上还直书“推官何栋如”的名讳字样。在回信时，何栋如针锋相对地写道：“推官之设，专为巡按御史理刑，其他钱粮，衙门不得一概公委，此高皇帝令申也。今税监虽宠荣，不过朝廷一扫除职，安得以钱粮相委？且直呼本厅之吏，是何法纪！姑以听人指使，不深究。”陈奉阅后，恨得咬牙切齿，但急切间却奈何他不得。

十月十日，因卢学礼膺陕西按察副使新命，何栋如代理知府，他下令在襄阳全城实行戒严，使得陈奉等在襄阳无法存身，只得狼狈窜回武昌。事后，恼羞成怒的陈奉草就《楚臣上下朋谋，展舒甚难》一疏，参劾栋如等，差心腹送往京师。

十二月二十二日，奉陈奉之命前往谷城的数名参随即荆州卫指挥王某，因开矿一无所获，带兵闯进县衙，殴打主簿，刀劈库门，抢走所存钱粮。这种野蛮的洗劫激起了全县士民的公愤，县民关上城门同他们拼斗。结果，除王某与两名参随觅船逃脱外，余众多葬身江底，擒获的二十五人则被押解到襄阳府衙。经何栋如亲自审讯，拟按强盗劫库律判处斩决。但巡抚、巡案、提刑按察使等唯恐得罪陈奉，迟迟不予批复；甚至还劝说何栋如改写供状，从轻发落。陈奉也移文要求释放在押人犯，均遭到何栋如的严词拒绝，何栋如还上疏揭露陈奉在湖广横行不法的劣迹，分别递呈内阁、户部、都察院，以及东厂、司礼监等衙署。

但是，神宗听信陈奉的诬陷，在万历二十九年（公元 1601 年）将何栋如逮捕入京。自此，何栋如身陷囹圄长达三年，但他对自己的坚持毫不后悔，在他所写的《楚事记略》中，何栋如豪迈地说："好官，亦何不可做；狱，亦何负于人耶！"

获释后，何栋如回到南京饮虹桥家中，度过了十七年的悠居林泉的恬淡生活。天启元年（公元 1621 年）再度被起用后，尽心国事并力图收复被清兵攻陷的广宁，从而遭到阉党的掣（chè）肘，壮志未酬，反遭谣陷，再度下诏狱，被遣戍滁（chú）阳，直到明毅宗即位，魏忠贤伏诛后，方得以平反，归卧南京，直到谢世。

与闲云为友　以风月为家

原文

松涧边携杖独行，立处云生破衲[①]；竹窗下枕书高卧，觉时月侵寒毡[②]。

注解

①衲：和尚穿的衣服，此处指宽大的长袍。

②毡：用毛所制的毡子。

译文

在满是松树的山涧旁边，拿着手杖一个人很悠闲地散步，这时从山谷中浮起一片云雾，笼罩在自己所穿的破旧长袍上；在简陋的竹窗之下读书，疲倦了就枕着书呼呼大睡，等一觉醒来月光照亮了我冰冷的毛毡。

事典

雀台听乐声　礁石留“衮雪”

曹操，生活在汉魏之间，他不仅有丰富的军事才能，使他在三国争霸中取得上风，更在文学、书法、音乐等方面为后人留下了不朽的财富。

曹操在文学的发展长河中,是占有一席地位的。明学者胡应麟说:“自汉而下,文章之富,无出魏武者。集至三十卷,又《逸集》十卷,《新集》十卷,古今文集繁富当首于此。”这话是毫不过分的。

据后人考证,曹操流传在世的著作有十九种之多。这些著作,内容形式均颇具特色。曹操的诗,更使他名扬四海。

他的诗,是汉乐府民歌的现实主义精神的再体现。反映了当时强烈的社会气息。这其中有写汉末董卓之乱和军阀混战所带来的国家倾颓、社会残破等现象的《薤露行》《蒿里行》。

有抒发曹操自己雄心壮志的作品《观沧海》《龟虽寿》等,像“老骥伏枥,志在千里;烈士暮年,壮心不已”“秋风萧瑟,洪波涌起。日月之行,若出其中;星汉灿烂,若出其里”等名句,是多么的脍炙人口。

他的诗,内容充实,感情饱满,气势磅礴,读来振奋人心,这是一种风格,这种风格就是后世所说的“建安风骨”。

建安风骨为文学竖起了一面旗帜,对中国古代文学的发展产生了积极的影响。

曹操在书法方面,更是一位有建树的人物,他最擅长于草书,亦工隶篆。西晋的张华在《博物志》中说:“汉世,安平崔瑗(yuàn),瑗子寔(jiǎn)、弘农张芝、芝弟旭并善草书,而太祖亚之。”崔瑗父子、张芝兄弟都是汉代大书法家,这些人的作品被后人誉为“神品”,而这里将曹操的草书与之相提并论,可见其在当时的影响。唐张怀瓘在《书断》中将此前的书法家分神品、妙品、能品三类,曹操被列入妙品中“章草八人”之一,评语为“尤工章草,雄逸绝伦”。这更为曹操善书提供了有力的证据。曹操的书法,不仅有史记载,更有明迹留存,原陕西勉县东的河内礁石上刻有“衮(gǔn)雪”两字,就是曹操在一次西征中经褒河看到连绵不断的水流而写的,现此礁石存于陕西汉中博物馆。

曹操的音乐才能也是很杰出的,他对音乐有着极浓厚的兴趣。《曹瞒传》中记载:“太祖好音乐,倡优在侧,常以日达夕。”曹操当时在邺城建铜雀台,虽有政治军事方面的作用,但更主要是用来赏乐。铜雀台设鼓乐声伎,俨然为当时的音乐机构,这对汉魏时期的音乐起了集大成之作用,更为以后的音乐奠定了基础,南朝王朝虔在论“清商乐”时就说:“今之清商,实由铜雀,魏氏三祖、风流可怀。”曹操在音乐方面,发展了雅乐,但主要贡献还是来自民间的俗乐。《宋书·乐志》说:“《但歌》四曲。”出自汉世,无弦节,作伎,最先一人唱,三人和。魏武帝尤好之。“所谓《但歌》,是当时一种不和乐的徒歌,相当于现在的清唱”。曹操喜欢这种“无弦节”的俗乐,他所创作的乐府诗,正是为了配合这些俗乐来演唱的。《魏书》上说:“太祖登高必赋,及造新诗,被之管弦,皆成文章。”可见,曹操的音乐爱好和造诣，对激发其诗歌创造的欲望，推动其诗歌创作起了不小的作用。

《三国演义》中，曹操是一个典型的疑心重、气量小的人物。其中讲述了“才华稍有过之，必杀之”。其实不然，曹操很注重才华。在文学创作方面，他十分注意网罗文人学士，形成了一个“邺下文人集团”；对这些文人除分别委以重职外，还充分尊重他们的创作才能，鼓励他们从事文学创作，从而促成了建安文学的繁荣局面。《后汉书》中记载，曹操由于爱才，竟以高官厚禄待仇人。说当时大书法家梁鹄与曹操有仇，后被曹操抓到时，曹操反而委他以高职位，对他的书法更是喜爱有加，竟挂在堂前和帐中，以便慢慢欣赏。曹操亦注重交际。当时有名人物，如蔡琰、阮璃、祢衡都曾蒙曹操青睐。他与王九真、郭凯等围棋好手，也甚有交往。曹操对医药、方术之士也十分偏爱，如左慈、华佗、甘始等。这些，都是曹操唯贤是用方面的表现，并非世人所说的“曹操没肚量”。

曹操是多才多艺的，他的知识领域几乎覆盖了当时社会知识的全部。他这样的博学，与他丰富的社会实践和刻苦勤奋的学习精神是分不开的。《三国志·武帝纪》中记载：曹操少时机警有权数，不治行业，好飞鹰走狗。虽然，这时期他不可能什么也不学，但看来他的发愤和成功主要是在成年之后。曹丕在《典论·自叙》中说“雅好诗书文籍，虽在军旅，手不释卷，每每定省从容，常言人少好学则思专，长则善忘，长大而能勤学者，唯吾与袁伯耳”。看来，曹操是真正做到了活到老，学到老。

曹操所处的时代已离我们远去，一千多年的风风雨雨，任意改写了曹操的形象。我们一定要用历史唯物主义的眼光，去看一代伟人的真实所在，看到他的才华，他的智慧。

隐者高明　省事平安

原文

矜[①]名不若逃名趣，练事何如省事闲。

注解

①矜：夸大、炫耀。

译文

一个喜欢夸耀自己名声的人，倒不如避讳自己的名声显得更高明；一个潜心研究事物的人，倒不如什么也不做来得更安闲。

事典

张荐明谈玄

天福四年己亥九月的一天，晋高祖召见精通老庄之学的张荐明，问道："可以用道家的学说治理国家吗？"

张荐明答道："道，它是针对万物变化的精微玄妙而言的，行道使之有德当察阴阳两仪入手，善于行道而有得者，在于由静而观动，锲而不舍。不出户可知天下，不窥窗外而见天道。据此便可以治理天下。"

高祖听后，深感此话大有道理，就将张荐明请入内殿，拜他为师，聆听他讲解《道德经》。

去思苦亦乐　随心热亦凉

原文

热不必除，而除此热恼，身常在清凉台上；穷不可遣[①]，而遣此穷愁，心常居安乐窝[②]中。

注解

①遣：排除，排遣。任昉《出群传舍哭范仆射》："欲以遣离情。"

②安乐窝：指舒适的处所。

译文

要想消除夏天的暑热根本不必用特殊方式，只要消除烦躁不安的情绪，那你的身体就宛如坐在凉亭上一般凉爽；要想消除贫穷也不必用特殊方法，只要能驱逐为贫穷而愁的错误观念，那你的心境就宛如生活在极乐世界一般快乐。

事典

治心与治政

楚悼襄王向他的宾客庞子问政,他说:“治理天下政事的人,他会有真正的治国之道吗?”庞嫒说:“大王难道没有听说过名医俞跗(fū)是如何治病的吗?他发现有病的人会刻意为病人医治,并且手到病除,病魔鬼怪见到他就趋避。楚王君临天下,施政治国,用有才能的人。这道理好比医病,不一定喜欢名声大的大夫,而是使用对自己病情了解的老医生。”

楚悼襄王说:“好,你说得对,不妨再讲下去。”

庞嫒说,“大王是否听说魏文侯问扁鹊的那件事,事情是这样的:魏文侯问扁鹊,‘先生兄弟三人,兄弟三个中谁的医道最优异?’扁鹊说:‘我的大哥医道为最,二哥仅次于大哥,我是三人中最差的。’魏文侯说:‘你能否讲得详细点?’扁鹊说:‘大哥治病,观察人的神色和气色,以防治为主,不待神色气色异状形于外表,就着手为病人治疗,使之痊愈。他医病大都是往来亲友谈笑之间,所以他的名声如同诊断治于不病一样,不出家门。二哥治病,没有大哥那样的本事,他要观察病人毫毛之间的征象,就是说当病已经出现很轻微的病兆时,就对病人治疗。至于我扁鹊,既没有大哥的本事,也没有二哥的本领,只会就病医病,一定要病情发展到从气色、毫毛影响到血脉、肌肤表征可见,才对症下药予以治疗。这是表面学问,做的人、行的人也很多,我不过善于把握这种表面学问而不同于他人,所以名声也大,传布于天下的诸侯之间。’”

魏文侯听得津津有味,并赞扁鹊:“说得有理。”庞嫒说:“就这个故事而言,如果来个换位,让擅长医道的扁鹊代替管子去治国。大王一定会说齐桓公不会获得霸业的成功。这个道理就在于此,当未意识到有病,但病已在无可名状之时就着手医治,使它不变为有形的祸患,就容易取得成效,这是弭之无形的自然之道。对此之道,有能耐的医生可以化而导之,平庸的医生昧然不识,终生误人、害人,受害的人即使不死,但他的精神必致重大的创伤。”

楚悼襄王很受启发地说:“讲得好,我想我治政不免会为民为国造致疮(chuāng)痍(yí),但又有谁会见于秋毫而为我治政呢?”

修养定静工夫　临变方不动乱

原文

忙处不乱性[1]，须闲处心神养得清；死时不动心[2]，须生时事物看得破。

注解

①不乱性：指本性不乱。《大学》中有："好人之所恶，恶人这所好，是谓指人之性。"

②不动心：指镇定、不慌乱、不畏惧。据《孟子·公孙丑》篇："孟子曰：'否！我四十不动心。'注：礼，四十强而仕，我志气已定，不妄动心有所畏也。"

译文

要想在事务繁忙时，也能保持冷静态度而不致心慌意乱，那就必须在平时培养清晰敏捷的头脑；即使面对死亡也毫不畏惧，必须在平日对人生有所彻悟。

事典

冯婕妤从容镇定

西汉建昭年中,一次,汉元帝来到关押猛兽的地方看斗兽,后宫的嫔妃也都一同前往。斗兽正表演到精彩的时候,突然,一只大熊冲破围栏,跑出场外,朝汉元帝扑来。汉元帝身边的嫔妃吓得一片尖叫,四散逃走。这时,冯婕妤挺身而出,冲到大熊身边,用身体挡住了熊。汉元帝此时也醒悟了过来,在左右随从的保护下逃到了安全的地方。大熊见前面有人阻挡,也停住了脚步。后来,汉元帝问冯婕妤说:"遇到了猛兽,人们都逃走,你为什么反而站在熊的面前呢?"冯婕妤说:"猛兽向前扑时,遇到人就会停住,我怕大熊扑到您那儿,使您受到伤害,所以向前站到了它的面前,挡住了它。"

居安思危　处进思退

原文

进步处便思退步,庶免触藩①之祸;着手时先图放手,才脱骑虎之危②。

注解

①触藩:进退两难。据《易经》"大壮卦:羊触藩,不能退,不能遂。疏:'退谓退避,遂谓进往'"。

②骑虎之危:比喻做事不能停下的危险。据《隋书·独孤皇后传》:"当周之

宣帝崩，高祖居入禁中，总百揆，后使人谓高祖曰：‘大事已然，骑虎之势不得下，勉之。’”

译文

当你的事业正飞黄腾达顺利进展时，就应该早早有个抽身隐退的准备，以免将来像山羊角夹在篱笆里一般，把自己弄得进退维谷想抽身也抽不出来；当你刚开始做某一件事时，就要先策划好在什么情况之下应罢手，以后才不至于像骑在老虎身上一般，因无法控制而招来危险。

事典

白龟托梦

宋国的君主宋元君，在半夜里梦见一个披头散发的人站在宫室的曲门外面向他哭诉：“我原是宰路渊的守司，作为清江的使者到河神伯那里去，途中被一个叫做余且的渔夫捕获了，望大王救我一命。”

元君惊醒，觉得奇怪，即刻叫人为他详梦。详梦的告诉他托梦的是宰路渊的守司，乃是一只神龟。元君问捕鱼的当中有没有叫余且的。左右回答说有这么一个人，以打鱼为生。元君要他们天明领余且来见他。

次日，元君上朝问余且：“近日打鱼，捕到什么没有？”“昨日我捕到一只大白龟，它的直径约有五尺左右。”余且答道。“能不能把它献给本王？”“可以。”龟被献上，元君一看果然神奇，心里犹豫起来，是杀掉它呢，还是放它一条生路？思虑良久，最后他命卜人决断。卜人告诉他：“据占的判断，杀白龟用作占卜的神器大吉。”

元君从言，杀白龟占卜，前后共占了七十二次，每占都很灵验，没有一次失误。

孔子知道这件事以后，说：“神龟能够托梦向宋元君求救，而不能够避免余且的网罗；它的智慧能够使七十二次的占卜应验无误，却不能算准宋元君非但不能救它，反使它不免能避被刳的厄运。看来，万物虽然能够居静以尽其所能，而不能够经营于外而求其周全，智慧有穷尽的时候，神明也有不及的地方，唯有忘形神知虑，任物冥合造化方能相安。”

理出于易　道不在远

原　文

禅宗曰："饥来吃饭倦来眠①。"诗旨曰："眼前景致口头语。"尽极高寓②于极平，至难出于易；有意者反远，无心者自近也。

注　解

①饥来吃饭倦来眠：王阳明诗："饥来吃饭倦来眠，只此修去玄更玄，说与世人浑不信，却由身外觅神仙。"

②寓：寄，寄托。《管子·小匡》："事有所隐，而政有所寓。"

译　文

禅宗有一句佳言："饿了就吃饭，困了就睡觉。"而作诗的秘诀是："将眼前的景致用最平易的语言来表述。"因为世间极高深的道理，往往是产生于极平凡的事物中；极美的诗是出于无心的真情流露，可见有意者远于理，而无心者近于真。

事典

邹忌淳于髡论道

阴阳家邹忌挟着古琴去游说齐王,齐王待之以礼。邹忌说:“琴瑟可以比拟于政治,所以我以琴瑟谈论称霸的事业。”齐王十分高兴,将邹忌留在宫中,专辟一个房间同他纵论天下大事,三天三夜不歇,最后拜他为相大夫。但是,稷(jì)下学宫的一些学者,平时就轻视邹忌。于是淳于髡、慎到等人结伴诘难邹忌。两下相见,淳于髡说明来意:“先生是个善于辞令的说客,我等略有不解之处,请教于你。”邹忌谦虚地说:“我愿意聆听大教。”淳于髡说:“琴瑟,如果得到它,它就是完整的,而且能以它的文明而昌盛;如果琴瑟丢失,那随它而来的一切,也就不存在了。”邹忌说:“我当敬领先生的所教,将格外自珍自重,不使它离开我。而且勤操多练。”淳于髡说完,田骈说:“猪油涂在棘轮的轴上,轮轴能够自如地滚动;但是,猪油涂在方形的孔眼里,则无济于事。”邹忌说:“我领教了先生所言,非圆而方,滞碍来自左右棱角,我应当注意为政的左右两侧。”接着环渊发言:“良弓是用胶汁黏滞以前的树干而成,但胶不可以用作补首罅(xià)漏。”邹忌答道:“我懂了先生的意思,日后广开言路,自沉于百姓之间,观察民间所需。”接下来接舆讲了:“珍贵的狐皮大衣,即使是旧了或者破了,是不可以用狗皮、羊皮补缀的,是不是这样?”

邹忌答道:“我明白先生的意思了,辅佐大王一定要选择有德有才干的君子任事,不使不肖奸佞之徒干政。”

动静合宜　出入无碍

原文

水流而境无声，得处喧见寂之趣；山高而云不碍，悟出有[1]入无[2]之机。

注解

①有：指有形的、具体的事物。

②无：指无我的境界。

译文

江河的水虽然一直不停地在流动，但是两岸的人却听不到水流的声音，这样反倒能发现闹中取静的真趣；山峰虽然很高，却不妨碍白云的浮动，这景观可使人悟出从有我进入无我的玄机。

事典

杨国亮教授的养生之道

杨国亮教授谈到养生之道时说："我没有什么特别的遭遇，我生活很平静、很平稳，可以说是一帆风顺。我的生活非常有规律。几十年来，我每天在什么时间里干什么事，都做了很好的安排，计划性很强，就像一部机器那样有规律地运转着。"

杨老起居有序：每天清晨6时起床，晚上10点就寝，中午睡个午觉，几十年如一日。长期以来，他从事教学与科研工作，担任华山医院皮肤科主任等职，还常常受卫生部和有关方面委托举办训练班、进修班，多次应邀参加国际性会议，工作千头万绪，但他安排的科学，效率也高。不开夜车，工作再繁忙，中午也要睡一会儿，哪怕只有半小时，他说："各人的作息时间安排不一样，我觉得自己这样的安排能够养精蓄锐，保持充沛的精力，就坚持下来了。"当谈到有些人想睡睡不着，受尽失眠的折磨时，他说："睡不着觉的原因很多，每个人可以做具体分析，找出主要原因。一般说来，起居定时以后，形成条件反射，容易睡得着。同时，睡觉的时候就要一门心思睡觉，把一切都抛开。不要在睡觉时想工作，特别是不要想不如意的事，否则肯定会影响睡眠。"

在饮食方面，杨老也有规律，他不吸烟，不嗜酒，不饮咖啡，不喝茶。他认为带兴奋作用的食物，对身体有害无益。他也不吃补药，说是本来健康的身体。进补后会增加负担，适得其反，杨老在紧张的脑力劳动过程中，注意劳逸结合，动静结合。在读书和写作告一段落之后，他总要到室外去散散步，一次约莫半小时；或是在室外踢踢腿，弯弯腰，打打拳。如今，他在家读书、看报之余，每天要在外面散步一两次，每次半个多小时。

执着是苦海　解脱是仙乡

原文

山林是胜地，一营恋[1]便成市朝[2]；书画是雅事，一贪痴便成商贾。盖心无染著，欲境是仙都；心有系恋，乐境成苦海矣。

注解

①营恋：沉迷留恋。

②市朝：市是交易场所，朝是君臣谋划政事之处。此处有庸俗喧嚣之意。

译文

山川秀丽的林泉本来都是名胜地方，可是一旦沉迷留恋在这里而不走，就会把幽境胜景变成庸俗喧嚣的闹区；琴棋书画本来是骚人墨客的一种高雅趣味，可是一旦产生贪恋的狂热念头，就会把原本风雅的事变成俗不可耐的市侩。所以，一个人只要心地纯洁丝毫不为外物所感染，即使置身物欲横流的花花世界也能建立自己快乐的仙境；反之一旦内心产生邪念而迷恋声色物欲，即使置身山间的快乐仙境也会使精神坠入痛苦深渊。

事典

痴迷求仙术　命丧黄泉路

秦始皇嬴政在统一中国后的第三年,开始了全国性的大巡游,足迹几乎踏遍了全国各地。他多次巡游的原因有二:一是政治因素。他对刚刚统一的天下是否巩固不放心,想亲自走一走,看一看,以便采取相应措施,同时也可炫耀皇帝的功德和威风。其二则是个人心理因素。他是一个有神论者,对神仙世界的存在坚信不疑,并梦想有朝一日自己也能成为长生不老的仙人,跨入美不胜收的神仙境地。于是,神仙家蜂拥而至,方士们撒出弥天大谎,那奇妙的大海便成了秦始皇心驰神往的追求所在。他总以为神仙就在东海,要见神仙,就得多去沿海之滨。所以他四次大巡游,都是到沿海地区,一临碣石(今河北昌黎北),两登成山(今山东成山角),三次来到琅邪和芝罘,这些地方都是传说中的冲仙登岸点。

巡游中,秦始皇每到一地,都派大批方士去寻找神仙,求取长生仙药。其中比较活跃的方士有翰终、徐市、卢生、侯生、石生等巧言似簧(huánɡ)、鬼话连篇的吹牛能手。这些人抓住秦始皇求仙若渴的心理,像哄骗孩童一样对秦始皇大加欺骗。他们说海中有三座神山,名叫蓬莱、方丈、瀛(yínɡ)洲。三神山离海岸不远,有人去过,仙人和长生药都在那里。徐市给秦始皇上书,谎说自己与仙有缘,能取到仙药,要求秦始皇沐浴斋戒,虔诚等候,遂造大船二十只,带领几千名童男童女和大批粮食、金银财宝,远渡东海去求仙人换取长生药。

然而,大自然是毫不留情的,一次,秦始皇在泰山山腰遭到暴雨的突然袭击,只好躲在一棵大树下避雨。因为刚刚在泰山举行完告祭上天的封禅大礼,他不便对山神发火,于是,封避雨的大树为五大夫,快快下山。秦始皇听说周朝的巨鼎沉没在泗水之中,路过彭城(今江苏徐州)时,就斋戒祭祷水神,想把周鼎打捞上来,结果一千余人泅没水底寻找,连个影子也没见。还有一次,秦始皇乘船到相山祠,又遭到大风袭击,几乎把船掀翻,他问随行博士官湘君是什么神?博士官回答是尧的女儿,舜的妻子。秦始皇闻言大怒,认为自己功兼三皇五帝,尧女舜妻算什么东西,竟敢兴风作浪,于是命令三千刑徒伐光湘山上的所有草木,一把火把它烧成了秃山。

秦始皇的最后一次大巡游，是从咸阳出发的，他首先来到南方的云梦（今洪湖、洞庭湖一带），在九嶷（yí）山祭祀了虞舜，然后顺江东下，由丹阳（今安徽当涂东）登陆，来到钱塘（今浙江杭州），打算由钱塘江南渡浙江（今富春江）上会稽山，由于水流湍急，于是绕道向西一百二十里，才渡江登上会稽山，在山上祭祀了大禹。舜和禹是五帝中的二帝，传说死后分别葬于九嶷和会稽。以往秦始皇并不把五帝放在眼里，连上天和祖先也很少有祭祀，现在却赶到南方连祭二帝，似乎他已经意识到，尽管自己这位皇帝功盖千古，恐怕最终也难免一死。

祭罢大禹，秦始皇在会稽山刻石留念，后经吴中北上，秦始皇一行渡江后，一直沿着海边向北，又来到琅邪。他总想能在海边有所收获，遇见仙人或得到仙药，所以总靠着海岸走，却仍一无所获。方士徐市等人入海求仙，历经数载，耗资甚多，恐遭到谴责，就又对秦始皇明说，蓬莱仙药是可以取到手的，只是海中的大鲛鱼常捣乱，不能靠近仙岛，请求陛下调给一些射术高超的弓箭手使用，再遇见大鲛鱼捣乱，就用连弩射它。秦始皇听了这番胡诌，当夜做了一梦，梦见自己与水神打仗，水神的相貌与人一样。他让卜者解梦，有的博士官为了迎合秦始皇的求仙心理，又欺骗他说，水神不会轻易露面，陛下所梦见者乃是为水神站岗的大鱼、蛟龙等恶神。于是，秦始皇命令入海的方士携带击捕巨鱼的工具，自己也准备了连弩，打算一旦大鱼出现就亲自射击。从琅邪山到成山，一路也没见到大鱼的踪影，走到芝罘时发现巨鱼，于是射杀一条。

秦始皇沿胶东半岛北岸继续向西行进，直到求仙无望，便决定返回咸阳，连日的旅途劳累，加上心情沮丧，到平原津（今山东平原附近）就病倒了，于始皇三十七年七月死在途中，终年五十岁，他一生追求长生不老，最后却死在求神拜仙的路上，神仙真是可望而不可即的。

躁极则昏　静极则明

原文

时当喧杂，则平日所记忆者，皆漫然忘去；境在清宁，则夙昔所遗忘者，又恍尔[1]现前。可见静躁稍分，昏明顿异也。

注解

①恍尔：恍然、忽然。

译文

每当周遭环境喧嚣杂乱使心情浮躁时，平日所记忆的事物，就会忘得一干二净；每当周遭环境安宁使心神平和时，以前所遗忘的事物又会忽然浮现眼前。可见心神的浮躁和宁静只要有一点点区分，那么灵智的昏暗和明朗就会迥然不同。

事典

茅盈志在悟道

汉初时人茅盈，字叔中，咸阳南关人氏。其祖先是周朝后裔，因分支迁于茅地，遂以地名为姓。他的祖父茅嘉，秦庄襄王时被封为广信侯。茅嘉第六子茅柞，无意于仕途，亦不愿治学，淡泊宁静，终身以农事为业。茅盈是茅柞的长子，生于汉景帝中元五年。

茅盈自幼就具有奇禀异思，聪颖出众。他生性不愿闻达，志趣恬淡而常心怀玄远之志，终于在十八岁那年遁入恒山，潜心研习老子的《道德经》、《周易系传》。隐读之时，茅盈饥食山术，渴饮清泉，志超凡俗而不涉于尘世。如此在山中六年多，每日存念至道妙论，寻思密应。以后他拜王先生为师，从他修习道术。二十年后，茅盈回到家中，父亲见到他大怒骂道："你为人子既不孝又不亲附尊长，反倒去追逐那些神神鬼鬼的妖妄之术，流走四方不见归家，我只当没有你这个儿子！"说罢，他父亲举杖欲打，但杖刚举起，就自动断成几十段，四散疾飞。父亲无话可说。

到汉宣帝时，茅盈的两个弟弟都仕途大展，茅衷受征召为五官大夫，茅固为执金吾，乡里众亲相送者有几百人。当茅盈也去时，他对大家说："我虽不去做太守之类的大官，但却有仙境灵台的职分。到明年的四月三日，不知大家肯来验证一下吗？"大伙一齐答应。待到第二年的四月三日，乡亲果然相邀而来，集于茅家门前，道路为之阻塞。茅盈说："大凡得道之人归隐时形迹悄然，不事张扬。我之所以如此，目的是想劝沉溺于世俗官场的两个弟弟共归大道。"说罢，便隐迹句曲山而去，再说茅衷和茅固两人，听到茅盈飞升方才相信道是可以得到的，于是，分别弃官回家修炼。

出世在涉世　了心在尽心

原文

出世之道，即在涉世中，不必绝人以逃世；了[1]心之功，即在尽心内，不必绝欲以灰心。

注解

①了：懂得，明白。《南史·蔡撙传》："卿殊不了事。"

译文

远离凡尘俗世修行的道理，应在人世间磨炼，根本不必离群索居与世隔绝；要想完全明了智慧的功用，应在贡献智慧的时刻去领悟，根本不必断绝一切欲望使心情犹如死灰一般寂然不动。

事典

视富贵如浮云　不必隐居山林

《庄子·盗跖》中有这样的对话，无足向知和问道："人们终究没有谁不想树立名声并获取利禄的。人富有了人们就归附他，人们也就自以为卑下，以自己为卑下就更会尊崇富有者。受到卑下者的尊崇，就是人们用来延长寿命、安康体质、快乐心意的办法。如今唯独你在这方面没有欲念，是才智不够用呢？还是有了念头而力量不能达到呢？”

知和说：“舍弃了贵重的生命，离开了最崇高的大道，而追求他一心想要追求的东西，这就是他们所说的延长寿命、安良体质、快乐心意的办法吗？”

身放闲处　心在静中

原文

此身常放在闲处，荣辱得失谁能差遣我；此心常安在静中，是非利害谁能瞒昧①我。

注解

①瞒昧：隐瞒实情。

译文

只要经常把自己的身心放在安闲的环境中，世间所有的荣华富贵与成败得失都无法左右我；只要经常把自己的身心放在安宁的环境中，人间的功名利禄与是是非非就不能欺蒙我。

事典

知足者常乐

《庄子·达生》中有个叫孙休的，那天，孙休叩门求见扁庆子并惊讶地问庆子道："我在乡里，无人说我没修养；临危难，无人说我不勇敢。然而我种地总碰不上好年成，做官不被国君重用。乡里排斥，州郡驱赶我，我有什么罪触犯了上天？命运为什么这么不济呀？"

扁庆子说："你难道没听说过至人的行为吗？忘却了肝胆，忘却了耳目，茫然在尘世以外游荡，在无所事事的职业中逍遥自在，这叫做虽然有所做但并不依仗，虽然为主宰但并不理事。现在增进你的知识使愚人吃惊，修养你的德行使别人显得鄙污，你这是明显地好像擎（qíng）着日月走路。你能保全生命，护住九窍，没有因为瘸拐聋盲而中道夭折，还能和人为伍，就是万幸了，还有什么资格怨天尤人呢？您走开吧！"

春之繁华　不若秋之清爽

原文

春日气象繁华，令人心神骀荡[①]；不若秋日云白风清，兰芳桂馥[②]，水天一色，上下空明[③]，使人神骨俱清[④]也。

注解

①骀荡：舒放散发。

②馥：香气。

③空明：比喻天地晴朗的状态。

④神骨俱清：指精神和形体都感到舒适畅快。

译文

每到春天万象更新大地为人间带来生机，百花齐放百鸟齐鸣充满了一片蓬勃朝气，置身其间使人感到精神舒适畅快；但是却不如秋高气爽时的清风拂面兰桂飘香，水连天天连水水天一色，天朗气清大地辽阔，置身其间更能使人感到精神爽朗轻快异常。

事典

力量与命运的对话

《列子·力命第六》中有一段力量与命运有趣的对话：

力量对命运说："你的功劳怎么能和我相比呢？"命运说："你对事物有什么功劳却要和我比？"力量说："长寿或短命、穷困或得意、尊贵或卑贱、贫苦或富裕，是我的力量能够做到的。"命运说："彭祖的智慧不比尧舜高，却活到八百岁；颜回的才能不在一般人之下，却仅活十八岁；仲尼的道德不在各国君主之下，却在陈、蔡几乎饿死；殷的纣王行为不在箕（jī）子、微子、比干之上，却居君王之位。假若这些是你的力量所能达到的，为什么使此人长寿使那人短命，使圣人潦倒使坏人得志，使贤人下贱使愚人居高位，使好人贫穷使恶人多钱财呢？"力量说："若像你所说的，我对事物本没有功劳，但事物又像是你所说的这样吗？这是你使它那样的吗？"命运说："已经说是命运，怎么能有主宰呢？我只不过是合理的推动一下，不合理的听之任之罢了。他自己长寿或短命，自己穷困或得意，自己尊贵或下贱，自己富裕或贫困，我难道不能认识到吗？我难道能认识到吗？"

梦幻空华　真如之月

原文

发落齿疏，任幻形[①]之凋谢；鸟吟花开，识自性之真如[②]。

注解

①幻形：佛教认为人的躯体是地、水、火、风假合而成，无实如幻，所以叫幻形或幻身。《圆沉经》有“幻身灭故幻心亦灭”。

②真如：佛家语，指永恒不变的真理。《唯识论》中有“真为真实，显非虚妄；如谓如常，表面变易。谓此真实于一切法，常如其性，故曰真如。”

译文

人一到老年，头发和牙齿都会逐渐稀落，这都是生理上的自然现象，所以大可任其自然退化而不必悲伤；从小鸟的歌唱和鲜花的盛开，来认识人类永恒不变的本性，才算是最豁达的人生观。

事典

自然真性贯穿万物

《庄子·外物》中说：“眼睛敏锐叫做明，耳朵灵敏叫做聪，鼻子灵敏叫做膻（shān），口感灵敏叫做甘，心灵透彻叫做智，聪明贯达叫做德。大凡道德总不希望有所壅（yōng）塞，壅塞就会出现梗阻，梗阻而不能排除就会出现相互践踏，相互践踏那么各种祸害就会随之而起。物类有知觉靠的是气息，假如气息不盛，那么绝不是自然禀赋的过失。自然的真性贯穿万物，日夜不停，可是人们却反而堵塞自身的孔窍。腹腔中有许多空旷之处因而能容受五脏怀藏胎儿，内心虚空便会没有拘系地顺应自然而游乐。屋里没有虚空感，婆媳之间就会争吵不休；内心不能虚空而且游心于自然，那么六种官能就会出现纷扰。森林与山丘之所以适宜于人，也是因为人们内心促狭、心神不爽。”

欲心生邪念　虚心生正念

原文

欲其中者,波沸寒潭①,山林不见其寂;虚其中者,凉生酷暑,朝市不知其喧。

注解

①波沸寒潭:指深寒平静的潭水被扬波起浪。

译文

一个内心充满欲望的人,能使平静心湖掀起汹涌波涛,即使住在深山古刹也无法平息;一个内心毫无欲望的人,即使在盛夏也会感到浑身凉爽,甚至住在闹区之中也不会感到喧嚣。

事典

万恶淫为首　最耻为挥霍

1993 年初,北京。某日,长安街由东向西陡然开来一支车队,打头的是 6 辆世界上最豪华的总统级"凯迪拉克"轿车,随后是一长串"奔驰""蓝鸟""奥迪"。这支车队并非北京市民往日常见的国宾车队,而是本市姓申的私营企业老板的婚礼车队。车队威风八面,浩浩荡荡,在号称"中国第一路"的长安街扬长而过,让事先不知内情的值班交警惊出一身冷汗。申老板的车队,在京城八面威风地兜了一圈之后,来到一家五星级饭店大设婚宴。当听说一桌酒席的标准只能是1500元时,手一挥,满脸不屑地直喊价码太低,死活也要总统级别的。在饭店经理将每桌酒席的价钱翻了几倍之后,他才露出了得意的笑容。在一番觥筹交错,饕(tāo)餮(tiè)大餐之后,申老板"潇洒"地向"收银台"甩下了30万元。

某日,北京一家五星级饭店。两位素不相识的"大款"在一番舒畅的桑拿浴之后,各自来到酒吧小饮。甲要了一杯"拿破仑二世",乙要了一杯"人头马"。甲见乙要的酒比自己高档,不甘心落后,便又点了杯"大将军";乙见甲换了酒,紧接着要了杯"意大利红葡萄"……各自的酒不断地升高档次,酒吧最高档次的酒都被他们点光了,没得比。最后,甲要了份"小联合国",乙见甲有点要与自己较劲的意思,心里暗笑,你算什么东西,敢与大爷对着干!他一挥手招来服务员,慷慨地要了份"大联合国"。甲一见乙的这种架势,知道自己今天遇到强手了,再斗下去,恐怕自己不是对手,最终只好俯首称臣。乙见对方败下阵来,满脸露出轻蔑又不无得意的神情对围观者说:"这才叫作喝得潇洒,活得开心。"

生活在中国大地的绝大多数公民恐怕没有多少人知道国际组织之外的所谓"联合国"吧?它就是将酒吧的所有品种的酒都要一份,堆成一座"塔"。一盎司"拿破仑二世"合人民币150元,一盎司"人头马"180元,一盎司"大将军"200元。一盎司"意大利红葡萄酒"500元……闭上眼睛算一算,看一份"大联合国"要多少盎司名酒?得多少钱?

可"大款"们不吝惜,酒足饭饱之后。一边狂笑,一边轻轻松松地甩出一句话:"这才叫'喝得潇洒,活得开心'。"

这样的"喝得潇洒,活得开心"真叫人咋舌、叫人心颤!

在广州一家豪华歌舞厅发生了这样一件事:

那夜,依然是灯红酒绿,依然是乐声如潮,红男绿女们踏金踩银,伴随着音乐的节奏翩翩起舞,心旌摇曳。一位花容月貌、芳艳迷人的女歌星接连被人点了3支歌后,正气喘吁吁地准备退场,却忽然被一位刚刚落座的"大款"看中,那位"大款"刚刚坐定,要了一瓶人头马,正准备一边品味美酒,一边欣赏歌曲,没成想一落座这位歌星竟要离去,一肚子的不高兴,立刻叫随从保镖前去留她。

女歌星不知道点她的款爷是个什么"码头",不肯再唱,只说了声"谢谢啦,让我吃一片'草珊瑚'啦"就放下话筒。大款见状,不禁面带愠色,又让随从捧上5万元现钞,声称:"我就不信5万块买不了她露露脸!"这位歌星这辈子头一回遇上这样一位愿意花5万元请她唱一支歌的"大款",顿觉身价百倍,好运降临。她来不及让这突如其来的激动与欣喜多舒展一会儿,立刻转向前台,把话筒再次抱在她那高耸的胸前,风情万种地唱了一首《其实你不懂我的心》。唱毕,她特意向那位“大款”深深地鞠了一躬。“大款”心满意足、得意扬扬地告诉随从:“其实我也听不懂她唱的什么,老子就是要她听我的,老子让她出来,她就得出来,这就叫做潇洒‘点’一回!”

与每一个时代都有它的“流行色”一样,每一个时代都有它的“流行语”和流行的词汇。

富者多忧　贵者多险

原文

多藏者厚亡,故知富不如贫之无虑;高步者[1]疾颠,故知贵不如贱之常安。

注解

①高步者:指走路时昂首阔步、目空一切的人。

译文

一个财富聚集太多的人,整天忧虑自己的财产被人夺去,可见富有不如贫穷那样无忧无虑;一个身份地位很高的人,整天患得患失担心自己会丢官,可见为官不如平民那样逍遥自在。

事典

孙皓杀无辜　尽失天下心

三国时，吴国末任国主孙皓生性残暴，他即位后迁国都，建新宫，征美女，国中怨声载道。对朝臣的谏诤议论，他一概指为“谤讪”，处以重刑，他用刑不按常法，有的剥下脸皮，有的凿出眼珠，令人发指。

对孙皓的暴政，中书令贺邵上疏有所规劝，大司农楼玄召对时也说了几句真话，孙皓竟一一忌恨在心。有一回两人相逢谈笑几句，孙皓就诬为“谤讪政事”。楼玄流放交趾，被迫自杀，子孙受诛。贺邵后来也被处死，头颅锯断，家属流放临海。

会稽太守车浚因郡中遭旱上表请求赈灾，孙皓说他收买人心，派人把他杀死，枭首示众。尚书熊睦对这件事稍有非议，孙皓竟亲自动手杀人，用马镊把他捣得体无完肤。

中书令张尚学问渊博，孙皓经常向他提出一些难题，但每次都难不倒他，便因妒生恨。一次孙皓喝酒，问张尚谁的酒量可与自己相比。张尚回答说：“陛下有百觚(gū)之量。”据说孔子有百觚之量，张尚如此回答按理说无懈可击。谁知孙皓却大发雷霆。指责他明知孔子没有称王的命运，故意将其与自己相比。于是张尚为此被逮捕治罪。朝臣一百多人为张尚叩头求情，孙皓不许，下令将他押送建安造船处做苦工，不久又处以死刑。

侍中韦昭是一位著名学者，著有《吴书》等，所注《国语》流传至今，他为人正直，对当时上上下下折腾“祥瑞”的风气非常厌恶。孙皓曾根据谶(chèn)书的记载，向他询问“祥瑞”之事，他直言提出批评，使孙皓恼羞成怒，从此埋下了祸根。

后来韦昭奉命修《吴书》，孙皓想为自己的父亲、废太子孙和立本纪，韦昭不同意，认为孙皓没有登帝位，只可以立传，不该立本纪。这类“忤旨”的事不是一

次两次,孙皓便决心除去韦昭,并且毫不费力地找到了借口:孙皓常在酒后命人戏弄公卿大臣,拿人的隐私寻开心,有一次命韦昭承当这差事,韦昭却只提经义学问上的问题,一句开玩笑的话也没有,孙皓扫兴之余就把韦昭关进监狱,罪名是"不承用诏命"。

韦昭以著述为生命,他在狱中上书陈述自己的著述情况,希望得到宽免,以完成未竟之业。东观令华覈(hé)也一再上疏申救,把韦昭比作司马迁、叔孙通,说韦昭年已七十,所剩岁月不多,而《吴书》尚缺叙、赞,有待他完成。孙皓一概不听,硬是于凤凰二年(273)将韦昭处死,家人流放零陵。

来去自如　融通自在

原文

身如不系之舟[①],一任流行坎止;心似既灰之木,何妨刀割香涂。

注解

①不系之舟:指不用绳索缚住的船,比喻自由自在。语出《庄子·列御寇》篇:"巧者劳而智者忧,无能者无所求,饱食而遨游,泛若不系之舟,虚而遨游者也。"

译文

身体像一只没有缆绳的孤舟，自由自在地随波逐流尽性而泊；内心就像一棵已经烧成灰的树木，所以人间的成败毁益都跟我无关。

事典

官场变莫测　悟透可称臣

张之洞（公元1837—1909年）是中国近代史上一个复杂的人物。他出身于一个官僚家庭，通过科举进入仕途，做过词臣，当过学官，又先后督抚山西、两广、湖广、两江，久任封疆大吏，到晚年时终于跻身于军机枢要。开始，他是忠君爱国而又偏于保守的清流党人，尔后又转变成晚期洋务派中最大的代表人物。他曾提出过"中学为体，西学为用"的著名主张，在中法战争、中日战争的危急之秋，他又是主战派的健将。而在戊戌变法、义和团运动等重大事变中，张之洞则见风转舵，反复不定，表现出一个狡黠奸猾的官僚形象。

中日甲午战争失败后，李鸿章代表清政府同日本签订了投降卖国的《马关条约》。康有为联合在京会试的一千余名举人公车上书，要求"拒和、迁都、变法"。戊戌维新运动开始酝酿。光绪二十一年（公元1895年），经康有为联络，由光绪帝一党要员、翰林院侍读学士文廷式出面，组成了强学会，列名会籍及支持学会者，除康有为、梁启超外，还有户部尚书军机大臣翁同龢（hé）、大学士军机大臣李鸿、内阁中书杨锐、英国传教士提摩太、美国传教士李佳白等。张之洞的儿子张权时以举人身份在北京任主事，也成为京师强学会的发起者之一。一些朝中大臣、封疆大吏纷纷要求入会，或出资对强学会进行资助。当时张之洞已经成为洋务新政的著名代表人物，他为了表示对救亡变革之议的支持，扩大自己的影响，捐银五千两，加入了强学会。但由于他暂署两江总督，坐镇江宁，没有直接参加京师强学会的活动。

这年十月，康有为以北京强学会主将的身份赴江宁，联络张之洞，筹备组织上海强学会。张之洞对此积极支持，并派其幕僚梁鼎芬由江宁抵上海，与康有为共同发起成立上海强学会。又发行《强学报》，力言科举积弊，阐述变法主张。

上海强学会成立不久，慈禧太后在北京加紧了对强学会的压制。她先将翁同龢的助手汪鸣銮和长麟革职，其罪名是“离间两宫”。随后又强迫光绪帝下令封禁京师强学会。张之洞得到这一消息后，立即改变了对强学会的态度。他借口不同意康有为的“孔子改制说”和用孔子纪年，于是“背盟”，电告康有为“勿办”，并下令封禁上海强学会和《强学报》，以此表示对慈禧太后的响应。

强学会虽然被禁止了，但维新变法派的势力还在继续增长。张之洞深知维新派背后有光绪帝支持，因此仍继续与之保持联系。光绪二十二年（公元1896年），张之洞授意利用强学会余款在上海创办社会政治旬刊《时务报》，由其亲信汪康年任总理，由梁启超等主笔。该报以宣传维新变法、救亡图强为宗旨，数月之内即风靡海内，“销行至万余份，为中国有报以来所未有”。这时张之洞已返回湖广任总督，他不仅对这份报纸大力“助资推行”，而且亲自撰文宣传，以湖广总督的名义公开发表了《饬行全省官销时务报札》。

此后不久，张之洞又主动邀请《时务报》的主笔梁启超访问武汉，并给梁启超以格外礼遇。

但正如严复所指出的那样，张之洞以“谈新法为一极时髦之装，以此随声附和，不出于心”。因此对于康、梁等人一些激进的文章和言论，张之洞也经常公开表示反对。随着维新变法运动的深入，老奸巨猾的张之洞深知帝后矛盾重重，“新旧水火之象”，出于权术的考虑，他千方百计地要给自己留条后路。光绪二十四年（公元1898年）四月，他撰写了著名的《劝学篇》，一方面批评顽固派“守旧”不知变通；另一方面又指责维新派“菲薄名教”“不知本”，公开提出了他所主张的第三条道路，即“中学为体，西学为用”，实质上还是实行洋务派的政治、经济和文化政策，其锋芒主要指向维新派。他断言“民政之说，无一益而有百害”“若人皆自主”“不尽灭人类不止”，还鼓吹“三纲为中国神圣相传之至教”“圣人所以为圣人，中国所以为中国，实在于此，故知君臣之纲，则民权之说不可行也；知父子之纲，则父子同罪，免丧废祖之说不可行也；知夫妇之纲，则男女平权之说不可行也”。正如张之洞的幕僚辜鸿铭所指出的，张之洞在戊戌变法新旧两派即将摊牌的关键时刻公开发表《劝学篇》，其目的在于“绝康、梁并谢天下耳”。

张之洞的《劝学篇》不仅在当时受到慈禧太后的充分肯定，下令军机处给各省督、抚、学政各发一部，要求他们“广为刊布，实力劝导，以重名教而杜厄言”，致使《劝学篇》“不胫而遍于海内”，十天之间就三易版本，刊印不下 200 万册。当戊戌维新被镇压后，有人提出张之洞曾支持过维新派，应予惩处时，慈禧太后亦因张之洞曾著《劝学篇》，而下旨免予追究。

以失意之思　制得意之念

原文

自老视少，可以消奔驰角逐[①]之心；自瘁[②]视荣，可以绝纷华靡丽之念。

注解

①奔驰角逐：指拼命争夺利益。

②瘁：毁败。

译文

一个人假如能从老年再回头来看少年时代的往事，就可以消除很多争强斗胜的心理；一个人假如能从没落世家回头再去看荣华富贵的往事，就可以消除奢侈豪华的念头。

事典

治河十余年　凡事必亲躬

清初几十年间，由于战乱的影响，黄河连年泛滥，河道敝(bì)坏至极，运河阻塞，漕粮不能按期运抵京师。河患已成为威胁清初政权巩固的一个严重问题，从顺治初年至康熙十五年(公元1676年)，清廷曾五易河道总督，却不得其人，治河毫无成效。值此危难之际，靳(jìn)辅作为第六任河道总督，接受了治河的艰巨任务，从此，清代治河史开始了新的篇章，而靳辅也成了清代第一位治河功臣。

靳辅(公元1633—1692年)，字紫垣，辽阳(今属辽宁)人，隶汉军镶黄旗。顺治年间入仕，康熙初年迁内阁学士。康熙十年(公元1671年)任安徽巡抚，其间，他很注意农田水利，曾“疏请行沟田法”“涝则泄水，旱以灌田”，并针对黄河年久失修问题多次上疏，阐明自己的治河主张，康熙帝对靳辅的工作十分满意。“奖辅实心任事”。因此，在五易河督不得其人的情况下，康熙帝深知靳辅“可任大事，故排群议而用之”，于康熙十六年(公元1677年)三月，大胆提拔了他。

当时，人们对黄河水患，大有谈虎变色之感，群臣对于河道总督之任，无不视之为畏途。靳辅受命治河，虽然心中也充满“忧惶悚惧之念”，但他十分感激康熙帝的“知遇”之恩，决心“不惮胼胝，不辞艰巨，不恤恩怨”，挺身而出，全力以赴地投身治河。

以往几任河督，治河之所以不见成效，很重要的一个原因，就在于他们不能深入实际，往往高高在上，单凭下面的汇报及个人的愿望而制定方案，自然屡屡失败。而靳辅却与其前任不同，在整个治河活动中，他十余年如一日。不辞辛劳，事必躬亲，常年活动在治河第一线，掌握了大量的第一手资料，为其制定周密的治河方

案从而为顺利完成大修计划奠定了坚实基础。

靳辅深知,治河必须先知河,“非历览而规度焉,则地势之高下,不可得而知,水势之来去,不可得而明,施工之次第,亦不可得而定也”。而靳辅对黄、淮水情和患情的透彻了解,主要是通过长期而艰苦的实地考察后取得的。康熙十六年四月初五日,靳辅赶赴宿迁河工署所就任后,立即在助手陈潢的陪同下,遍历河干,广咨博询。他们常常沿河跋涉险阻,上下数百里,一一审度。有时为了获得一个数据,甚至要在狂风暴雨中,驾一叶扁舟,到激流汹涌的波涛中测量水的深度。他们每到一处,都十分注意和倾听来自各方面的意见。“毋论绅士兵民以及工匠夫役人等,凡有一言可取,一事可行者”,“莫不虚心采择,以期得当”。由于通过实地考察,靳辅对整个黄、淮的水流规律、水患情形、致患原因、冲决要害以及整治的关键都了若指掌,因而才能站得高,看得远,提出了正确的治河方案,制定出包括八项内容的周密的大修计划,并在其上疏中论之以理,持之有据,从而取得了康熙帝的支持。

按照清初制度,凡军国大事,须召开议政王大臣会议集体讨论定夺,即所谓“廷议”。由于靳辅提出的大修计划事关重大,康熙帝便下令廷议。廷议的结果,以“目今需饷维殷”和用夫过多为由,请暂缓实行。然而康熙帝被靳辅的治河计划所打动,决心大修,便谕令说:“河道关系重大,应否缓修,并会议各本内事情,著总河靳辅再行确议具奏。”表现了对靳辅的充分信任。

靳辅为了使大修计划在下次“具奏”时能确保通过,他再一次不避劳苦,对黄、淮、运各重要工地进行了周密的实地考察。他在复奏中说:“臣反复筹维,再三勘阅,上历桃、宿、邳、睢、灵璧以至徐州,下而山(阳)、清、安东经云梯关各套港,以达海口。复阅洪泽湖一带,并高邮、宝应、江都、泰州以及安丰、何垛等各场,凡江南扬州以北,黄运两河,并黄河之南北两岸,运河之东西二堤,臣莫不亲行遍历,详加体察。以臣目之所见,耳之所闻,合之舆情,参之往籍,有断难以缓议者。”由于靳辅深入实践,脚踏实地,终于用无以辩驳的证据,令人信服的道理征服了群臣,他的大修计划终于被廷议通过并付诸实施。

制定方案不易,付诸实施更难。治河是一项庞大的工程,靳辅既要同洪水拼搏,又要同积弊斗争,还要克服国家财力、人力、物力不足等困难,他呕心沥血,事必躬亲,凡事都亲自过问,并亲临第一线。真正做到了“居中调度,反复查勘”,亲自指挥施工。即使有时身体不佳,“颜色憔悴”,也坚持在治河工地,最突出的是在修筑清水潭决口的会战中,靳辅竟“身宿工次,调度董率”。一个总理全国治河工程的公卿大臣,不是高高在上,而是如此遇事奋勉,勇于实践,亲自考察,亲临第一线指挥施工,确实是难能可贵的。

靳辅治河十余载,呕心沥血,不辞劳苦,先后疏通下流,大辟海口,开挑烂泥

浅渚引河，整治高家堰，筑塞翟家坝及清水潭诸决口，修复运堤，移建南、北运口，创开皂河、中河，终于大见成效，“黄淮悉复其故，运道大通”。靳辅治河成功，首先使河南、安徽、江苏数省百姓免遭水患之灾，使其生命财产得到一定保障。同时，保证了漕运畅通，促进了南北经济、文化的交流，使运河两岸各城市商品经济日趋繁荣，为“康乾盛世”的出现打下了基础，在中国古代治河史上写下了极其光辉的一页。

康熙四十六年(公元1707年)，康熙帝第六次南巡，视察河工，此时靳辅已去世15年，然而，康熙帝看到的、听到的则是“沿淮一路军民感颂靳辅治绩者，众口如一，久而不衰”。靳辅正是以其光辉的业绩，名传青史，成为一代著名的治河专家。王士稹为靳辅所作《墓志铭》，称赞他“其力可以任大事，其识可以决大疑，其才可以成大功”。

世态变化无极　万事必须达观

原文

人情世态，倏忽[1]万端，不宜认得太真。尧夫云：“昔日所云我而今却是伊，不知今日我又属后来谁？”人常作如是观，便可解却胸中闷矣。

注解

①倏忽：极短的时间。倏，迅速，极快。

译文

人情冷暖世态炎凉的变化，真是错综复杂瞬息万变，所以对任何事都不要太认真。宋儒邵雍说："以前所说的我，如今却变成了他；还不知道今天的我，到头来又变成什么人？"一个人假如能经常抱这种看法，就可解除心中的一切烦恼。

事典

尼克松开明 不记人旧恶

尼克松当选总统后，立即邀请基辛格到他的竞选总部——皮埃尔饭店见面，这不仅使基辛格感到十分意外，而且也使他大惑不解。他心想，尼克松明明知道我是洛克菲勒的人，又曾在选举活动中极力反对过他，他找我这个反对派干什么？是报复、奚落，还是别有他图？

早在尼克松和洛克菲勒竞争共和党的总统候选人提名时，基辛格对洛克菲勒当选总统的可能性估计得十分乐观，他十分卖力地为洛克菲勒鼓吹，并公开反对尼克松。在一次记者招待会上，有记者问他对尼克松的评价，基辛格回答得很干脆："荒谬可笑！""要是尼克松当选为总统呢？"记者进一步问道。基辛格毫不迟疑地回答："那就更加荒谬可笑了！"基辛格说，"这个家伙根本没有资格统治美国。"这些话自然传到了尼克松的耳中。尼克松赢得党内提名后，基辛格十分伤心，回到自己的寓所蒙头大睡，如今尼克松当选为总统了，失望而伤心的基辛格真不知如何应付这次难堪的会面。

会面是在皮埃尔饭店39层的一个豪华套间进行的，双方谨慎而又急切地会谈了三个多小时，尼克松发现，双方的观点十分接近，希望能架一条通往基辛格办公室的专线以保持更密切的联系。然而基辛格委婉地拒绝了："有事通过哈佛总机找我，十分方便。"这一切并没有使尼克松泄气，他要以真诚来感动基辛格。次日，尼克松面见基辛格，提出要他出任总统国家安全事务助理一职，直接掌管美国外交政策的最高决策机构。基辛格“迟疑”了好几天，才答复尼克松：“我已经考虑过了，咱们就一言为定吧！我准备接受，这事我就不再找人谈了。”

1968 年 12 月 2 日，尼克松还未选定自己的内阁成员，就先在皮埃尔饭店的记者招待会上宣布了对基辛格的任命。

后来的事情，完全证明了尼克松这一任命的正确性，美国的外交在基辛格的主持下，取得了重大的进展，他积极协助尼克松总统处理复杂的国际事务，协助尼克松打开了中美建交的大门，他机智多变的外交艺术，使美国外交进入了基辛格时代，他被称为美国外交史上的“智多星”。

心地能平稳安静　触处皆青山绿水

原文

心地上无风涛，随在皆青山绿水；性天[1]中有化育[2]，触处见鱼跃鸢飞[3]。

注解

①性天：本性、天性。

②化育：本指自然生成万物，此处指先天善良的德性。据《礼记·中庸》：

"能尽物之性,可以赞天地之化育。"

③鱼跃鸢飞:鱼跃鸢飞比喻自由自在的乐趣。《诗经·大雅·旱麓》:"鸢飞戾天,鱼跃于渊。"

译文

只要心湖中没有任何风波浪涛,到处所见都是一片青山绿水的美景;只要本性保存一颗善良的爱心,随时都像鱼游水中鸟飞空中那样自在。

事典

晏子崇节俭 恤民防"三殃"

晏子,名婴,字平仲,春秋时齐国大夫,历仕灵公、庄公、景公三世。晏子从政思想,以崇俭恤(xù)民为最突出。他认为,作为一个"领导治国"的国君,一定要体恤民间的疾苦,关心人民的生活,"知其贫富,勿使冻馁,则民亲矣"。"古之贤君饱而知人之饥,温而知人之寒,逸而知人之劳"。如果身为国君只顾自己享乐、奢侈过度,"则亦为民而忧矣"。因此,他针对齐国危机四伏的政治局面,不顾个人安危,当面规谏齐景公说:"穷民贱力以供嗜欲,谓之暴;崇好威严,拟乎君,谓之逆;刺杀不辜谓之贼。此三者守国之大殃。"意思是吸尽人民血汗用来供自己享受,是一种暴行;模拟天子的威严而讲排场,是一种逆行;杀害无辜的人,是一种恶行。治国的人若有这"三殃",国家就会濒临危险的境地,江山必定难保。

晏子为了让景公明白"三殃"的危害,常常用历史故事或比喻去加以规谏。有一次,晏子向景公讲述周文王和楚灵王的故事,然后意味深长地指出:周文王求贤若渴，不嬉戏，不打猎，国泰而民安；楚灵王嫉贤妒能，爱细腰，修宫室，众叛而亲离。景公听了很受感动，立即采纳晏子的忠言。严格要求自己，节制奢华生活，并下令开仓，赈济受饥寒的劳苦群众。因此，百姓能安心生产，社会得到稳定，经济逐渐繁荣。

晏子不仅经常规劝国君要警惕“三殃”的危害，而且还能严格约束自己的行动，他的一件狐裘穿了30年，食不重肉，坐则敝车，连住的也是又低又潮的破房子。他对自己一贯很苛刻，而对人民的疾苦却时刻关心。由于晏子在施政中能够体恤民情，时刻提醒国君要崇俭恤民，力戒奢侈。在外交中又为齐国争得了荣誉，因而深得人心，他与郑国子产、吴国季札被列为“三贤”。

人生本无常　盛衰何可恃

原文

狐眠败砌[1]，兔走荒台，尽是当年歌舞之地；露冷黄花[2]，烟迷衰草，悉属旧时争战之场。盛衰何常？强弱安在？念此令人心灰！

注解

①砌：台阶。

②黄花：菊之异名。李清照诗：“帘卷西风，人比黄花瘦。”

译文

狐狸做窝的破屋残壁，野兔奔跑的废亭荒台，都是当年美人歌舞的胜地；遍地菊花在寒风中瑟缩，一片枯草在烟雾中摇曳，都是以前英雄争霸的战场。兴衰成败是如此无常，而富贵强弱还在哪儿呢？每当想到这些名利地位是非得失，就会使人产生无限感伤而心灰意懒。

事典

生死存亡间　瞬息生万变

军事上的兵家之争，政治上的权力争斗，都是极其残酷的，不是你死就是我亡，而往往于瞬息之间，胜负已判。其后胜者便可稳操生杀大权，败者则成他人砧上鱼肉，下场注定是惨不堪言的。

要想夺取胜利，必须在决战前做好充分的准备，对敌我双方的情况了如指掌，即所谓“知己知彼，百战不殆”。对于占有利地位的一方来说，自然信心十足，大胆应战。但若双方实力不相上下，或者己方处于劣势，而又不得不决一雌雄。这时如果明刀明枪与对方展开厮杀，极可能惨遭失败，严重的甚至导致全军覆没，一蹶不振，即使侥幸获胜，也必元气大伤。

因此必须在临战之前正确决策做好判断，这样，才能改变劣势，取得胜利。

在曹爽同司马懿的权力斗争中，曹爽占尽优势。他是曹氏王朝宗室，麾下有何晏、邓题等足智多谋之士，他剥夺了司马懿的兵权。政治上也大力排挤司马氏，独掌朝纲。司马懿若公然与其对立，根本不堪其一击。

刘秀当时若一开始就表露对谢躬的敌对情绪，要想除去谢躬自不免要费一番手脚，何况双方冲突起来附近的义军便可乘机出击、坐收渔人之利。

鳌拜势力强大，党羽众多，年轻的康熙计划稍有不周，便会反被鳌拜先下手除掉。

高欢、石勒原先的实力也远不是尔朱兆、王浚的对手。

但他们最后都大获全胜，他们凭的是正确的判断和聪明的决策，制造假象，迷惑对手。

司马懿装成病入膏肓的模样，消除曹爽对他的顾忌心理，避免了受其进一步迫害，取得了作好反击准备的时间。

汉光武帝对谢躬表面友善，背后下刀，谢躬无论如何也想不到并肩作战的“朋友”会突然翻脸无情。

石勒对王浚极尽巴结逢迎之能事，王浚被他的甜言蜜语哄得飘飘然，还梦想石勒把他扶上“天子”的宝座，不料却成了他的刀下之鬼。

曹爽、王浚、尔朱兆等，受敌人的迷惑愚弄，错误地低估了对手，骄傲自满，大意轻敌，对敌人的警惕性不足，在斗争中处于被动挨打的地位，终究注定了最终的失败。

更始元年（公元23年），王郎在刘林和大豪李育等拥戴下，伪称“赤眉当立刘子舆”。入邯郸城，立为天子，成了公然树起的一个与更始政权抗衡的政治实体。

更始帝刘玄派遣尚书谢躬率六将军征讨王郎，一直没打下。后来光武的军队来了，刘秀与谢躬合军而战，围攻巨鹿，打了一个多月也没打下，最后改变策略，径直进攻邯郸，攻克邯郸斩了王郎。但谢躬的裨将烧杀掳掠不服从命令，加上光武原就同谢躬不和，所以想除掉谢躬，虽然两人都驻军邯郸，但不住一处，只是有什么事便互通消息。谢躬勤于公务，光武常常当着谢躬的面称赞“谢尚书真是好官啊”，所以，谢躬对光武却毫无戒心。

不久谢躬率领他的几万军队驻扎到邺城。这时，光武向南追击青犊军队，对谢躬说：“我追到射犬时，一定能击破贼军，在射犬南面的尤来军势必成惊弓之鸟逃跑，如果您发兵歼击这起散兵游勇，一定能手到擒来。”谢躬一点也没识破刘秀的阴谋，说：“很好。”等青犊被击破，尤来军果然从山阳（今河南焦作市东）向北逃窜到隆虑山（今河南林县）。谢躬把大将军刘庆和魏郡太守陈康留下来守邺城，自己率领大军去追击，但打了大败仗，死了几千人，而后方却被刘秀派兵攻占，妻子儿女都被俘。谢躬率领败兵回邺，被刘秀所派的吴汉伏兵击溃杀死。

苦海茫茫　回头是岸

原文

晴空朗月，何处不可翱翔？而飞蛾独投夜烛；清泉绿果，何物不可饮啄？而鸱鸮偏嗜腐鼠。噫！世之不为飞蛾鸱鸮[1]者，几何人哉？

注解

①鸱鸮：一种像黄雀的小鸟，俗称夜猫子。

译文

晴空万里，皓月当空，哪里不可以自由自在飞翔呢？可是飞蛾偏偏扑向人家灯火自取灭亡；清澈泉水，翠绿瓜果，什么东西不可以饮食果腹呢？可是鸱鸮却偏偏喜欢吃腐烂恶臭不堪的死鼠。唉！人间不做飞蛾鸱鸮傻事的人，在你身边数数究竟有几人呢？

事典

暴君酷一生　臣亲皆叛离

南北朝时宋后废帝刘昱即帝位年仅九岁，十四岁就被侍卫杀死。他一生短暂，在位不过五年，得到的却是身首异处、社稷易主的恶果，以狂悖暴虐留名史册。

刘昱是宋明帝刘彧之子，三岁被立为太子，他贪玩耍，不爱学习，喜怒无常，明帝为使太子早日熟悉朝政，七岁时就让他参加元正朝贺，九岁时就会见四方朝贺者。泰豫元年（公元472年）四月，明帝病死，九岁的刘昱登上皇帝宝座，是为后废帝。

刘昱刚当皇帝时，犹有所顾忌，时间一长，就变得肆无忌惮了，他觉得在宫廷中寂寞乏味，又要受种种约束，非常喜欢出宫游玩，几乎每日都要外出寻欢作乐。他外出时，随从人员手执铁把短矛，行人中无论男女老幼，以及犬马牛骡等牲畜，只要遇上，就难以幸免。百姓见后废帝如见虎狼，白天大门关闭，路上行人绝迹。

后废帝性格十分暴戾，只要有人违旨忤意，就施以酷刑。他让左右侍卫准备了几十根白色木棒，各有名号，手拿针、锤、凿、锯等刑具的人，不离身边。他经常动用击脑袋、锤阴囊、剖腹等酷刑，每天受刑者达数十人之多，他尤以见人卧尸流血为乐趣，一天不见种种惨状，就闷闷不乐。有一次，他用铁锤把一个人

的阴囊打破,旁边有个人目睹这种惨状,不禁皱了下眉头,他看后大怒,让此人袒露肩胛,用短矛刺穿肩胛。一次,他闻到大臣孙超口中有一股蒜气,竟要剖腹察看,真是残暴绝伦!

后废帝狂悖至极,太后曾多次训斥劝诫,他便怀恨在心。适逢端午节,太后赐给他一把羽毛扇,他嫌扇子不华丽,就让太医熬毒药,要害死太后。身边人规劝道:"皇上如果干了这种事,便成了孝子。要服丧守灵,就不能自由出入游戏了!"他闻言说:"此话有理。"方才作罢。

见微知著　守正待时

原文

伏久者飞必高,开先者谢独早;知此,可以免蹭蹬[1]之忧,可以消躁急之念。

注解

①蹭蹬:失势的样子。晋代木华《海赋》:"或乃蹭蹬穷波,陆死盐田。"

译文

一只隐伏很久的鸟，一旦飞起来必能飞得很高；一棵开得很早的花木，等到凋谢时也必然凋谢得很快。人只要能明白这种道理，就可以免除怀才不遇的忧虑，也可以消解急于求取功名利禄的念头。

事典

勤廉“莽知县”　“惠政”解民苦

“官不勤职，咎有难辞。”这是清朝乾隆年间湖南宁远县知县汪辉祖的一句名言，也是他为官的座右铭。

汪辉祖（公元 1730—1807 年），字焕曾，号龙庄，晚号归庐。浙江萧山人。年轻时曾“入州县掌书记”。充当州县官的幕僚，并以“持正不阿，为时所称”。

乾隆三十一年（公元 1766 年）中进士，授湖南宁远县知县。由于有在官场的经历，汪辉祖上任之初便公开向百姓表明了自己的态度：要勤于政务。上对得起朝廷，下对得起黎民百姓。并明确提出：“官不勤职，咎有难辞。”

实际上，这也是他的就职宣言。在封建社会晚期，当众多官员都在醉生梦死、贪赃枉法的情况下，汪辉祖能公开表明自己的态度，并把自己的行动置于百姓的监督之下，这还是需要些勇气的。

汪辉祖做官的时间并不长，但他确实是按照自己的话去做的。他处理政务事必躬亲，从来不假他人之手。据阮元《循吏汪辉祖传》中记载，汪辉祖到任之后，即“延见绅耆（qí），问民疾苦，四乡广狭肥瘠、人情良莠皆籍记之。然后教民多种植，知礼让,惜廉耻。诫昏(婚)礼之费,而民知俭;禁丧礼之酒,而民知哀。鄙陋之俗,翕然丕变”。

以上记载不免有溢美之词,但汪辉祖以勤职自勉,处理政务事必躬亲却是事实。正因为如此,他才能任官有“惠政”,同时得到了百姓的信赖。

汪辉祖“惠政”之突出者,即判案公允。这与他认真研究律法,亲自查阅案卷,注重调查了解情况是分不开的。同时,在办案中,他还“尤善色听”,从而保证了审案不先入为主,并不受他人影响。

因此,“决狱皆曲当”,人称“神明”。对此,汪辉祖还不满意。为了不造成冤狱,“每决狱,纵民观听”,判决之后,也还经常询问堂下观者是否允当。

他在宁远的几年中,处理了众多案件,大都为百姓所称赞。更为可贵的是,汪辉祖审案不仅注意判决之公允,而且还特别注意对犯人的教育。他常在判决之后对犯人晓之以理,动之以情,劝其改恶从善。阮元的《循吏汪辉祖传》有如下记载:

遇罪人当予杖,呼之前曰:“若律不可逭,然若受父母肤体,奈何行不肖亏辱之?”再三语,罪人泣,君亦泣。或对簿者反代请得保全。去卒改行为善。

汪辉祖判案远近闻名,以致“他邑有讼,闻移辉祖鞫(jū)之者。皆大喜”。

汪辉祖另一个突出的“惠政”,即解决了宁远的食盐问题。宁远县一直是由政府控制,行销淮盐,而淮盐价格昂贵,比盐商私行销售的粤盐高出几倍。

因此,宁远百姓多食粤盐。但是,粤盐的买卖在当时的宁远县是违反清政府有关食盐销售法的。因此,上官经常派营弁侦捕,以致“人情惶忧”。

汪辉祖了解到这一情况后,深感为百姓解除疾苦乃当官之要务,于是下决心解决百姓的食盐问题。他走出官府,亲自调查了私盐的销售情况,以及百姓的意愿,制定了妥善的改革方案。他一方面向上司呈文,指出“盐愈禁则值日增,夫私不可纵,而食淡可虞”。

请求上司允许在宁远改售粤盐。同时在县内张贴告示,声明:凡盐商少量销售粤盐,一次不超过十斤者,听其便。很快,宁远的食盐问题得到了改善,百姓拍手称快。

但是,上司派出的侦弁却上告汪辉祖故意放纵走私。汪辉祖敢作敢为,据理力争。后来,湖广总督毕沅(yuán)了解了这一情况,不仅佩服汪辉祖的胆量,而且十分赞赏他的做法,于是下令嘉奖,并“立弛粤盐禁”。这件事在当时影响颇大,汪辉祖也因此受到舆论的赞扬,被称为“莽知县”。

心境恬淡　绝虑忘忧

原　文

人心有个真境，非丝非竹①而自恬愉，不烟不茗②而自清芬。须念净境空，虑忘形释③，才得以游衍④其中。

注　解

①丝、竹：乐器。

②茗：茶水。

③形释：形是躯体，释有解脱之意。

④游衍：逍遥游乐。

译　文

人只要在内心维持一种真实的境界，根本不需要美妙音乐来调剂生活，就会自然感到舒适愉快，同时也不需要焚香烹茶而使满室飘散着清香之气。只要能使心中有真实感受，而且思想纯洁意境空灵，就会忘却一切烦恼，超脱形骸于困扰之外，如此才能使自己优哉游哉地生活在乐趣中。

事典

意念清纯　心中自明

南伯子葵向女问道："你的岁数已经很大了，可是你的容颜却像孩童，这是什么缘故呢？"女回答："我得'道'了。"南伯子葵说："道，可以学习吗？"女回答说："不！怎么可以呢？你不是可以学习'道'的人。卜梁倚有圣人明敏的才气却没有圣人虚淡的心境，我用圣人虚淡的心境来教诲他，恐怕他果真能成为圣哩！然而却不是这样，把圣人虚淡的心境

传告具有圣人才气的人，应是很容易的，我还是持守着并告诉他，三天之后便能遗忘天下；既已遗忘天下，我又凝寂持守，七天之后能遗忘万物；既已遗忘存在的生命，而后心境便能如朝阳一般清新明彻；能够心境如朝阳般清新明彻，而后就能够感受那绝无所待的'道'了；既已感受了'道'，而后就能超越古今的时限，既已能够超越古今的时限，而后便进入无所谓生无所谓死的境界。摒除了生也就没有死，留恋于生也就不存在死。作为事物，'道'无不有所送，也无不有所迎；无不有所毁，也无不有所成，这就叫'樱宁'。樱宁，意思是不受外界事物的纷扰，而后保持心境的宁静。"

自然人心　融和一体

原文

当雪夜月天，心境[1]便尔澄澈；遇春风和气，意界[2]亦自冲融。造化[3]人心混合无间。

注解

①心境：指心中的情绪。
②意界：习意的境界。
③造化：创造化育。

译文

在雪花飘落的夜晚，皓月当空，天地间一片银色世界，这时人的心情也会随着清朗明澈；在和风徐徐吹拂的春季，万物都呈现一片蓬勃生机，这时人的情绪自然会得到适当的调剂。可见大自然和人的心灵是浑然一体的。

事典

庄子谈自葬

《庄子·列御寇》中有这样一段描述：

庄子将死，弟子想厚葬他。庄子说：“我把天地看成棺椁，把日月当作两块玉璧，星辰当作珠宝，万物都来陪葬。我这样多的葬物还算不齐备吗？还有什么比这更好的！”

弟子说：“我怕乌鸦老鹰吃了先生。”

庄子说：“在地上让乌鸦老鹰吃，在地下让蝼蛄蚂蚁吃，夺走乌鸦嘴中的东西去喂蚂蚁，不是太偏心吗！”

不弄技巧　以拙为进

原文

文以拙进，道以拙成，一拙字有无限意味。如桃源犬吠，桑间鸡鸣，何等淳庞①。至于寒潭②之月，古木之鸦，工巧中便觉有衰飒气象矣。

注解

①淳庞：淳是朴厚，庞当充实解。

②寒潭：指深冷寂静的潭水，含有深冷及寂静的双重意义。

译文

不论做学问或写文章都要用最笨的方法才有进步，尤其是修养品德更必须态度朴实才有成就，可见“笨拙”二字含有无穷奥义。恰如陶渊明的《桃花源记》中所说的，“阡陌相通，鸡犬相闻。”这该是一种多么淳朴之风。至于在清冷潭中所映出的月影，以及老树上栖落的乌鸦，表面看来真是诗情画意，然而实际上却显示出虚幻衰败的景象。

事典

庸帝惧奸逆　糊涂求生存

晋代，司马睿十五岁袭父爵王，由于其父、祖不曾建功立业，又是远支，所以在皇室中地位并不显赫。“八王之乱”爆发，与其关系密切的东海王司马越，为了给自己在江南留个退路，将司马睿任命为安东将军，督扬州、江南诸军事，镇守建业。

司马睿到建业上任时，当地世家豪族都没把他放在眼里，一个多月也没人来见他。这时大族王导看到西晋的天下已乱，认为司马睿有机可乘，便对他“倾心推奉”。为了给司马睿树立威信，抬高身价，王导利用三月初三“禊（xì）水节”（古人一种到水边求福消灾的旧俗），演出了一幕闹剧。他以请司马睿去观看官民欢度“禊水节”为名，让其坐上华丽的轿车，派士兵排成队伍，前呼后拥。王导和当时扬州刺史王敦以及一些北方南渡的名士、世家，骑马紧紧相随，以炫耀司马睿的威风。江南名门望族看到这个势头大为震动，纷纷出来拥戴司马睿。从此，司马睿才算在江南站住了脚跟。

建武元年（公元317年）三月，司马睿即晋王位，定都建康（今南京），这就是东晋的第一个皇帝——晋元帝。元帝即位后，认为王导功劳极大，竟在登基大典上拉着王导的手，让他与自己同坐御床，共受百官朝贺。王导虽再三推辞，但他在东晋王朝中的特殊地位，却十分明显地表露出来。他位至宰辅，掌握中央行政大权；其从兄王敦则手握军权，镇守荆州；王氏家族中的许多人也都身任重职，致使东晋政权中，司马氏有其位，而王氏有其权。王家与司马氏几乎达到平起平坐的地位。因此，当时流行一句话：“王与马，共天下。”

东晋政权是靠门阀势力支持建立起来的,元帝便对这些大族采取了十分纵容的态度,使门阀制度在东晋达到了历史上的鼎盛期,贵族官僚比西晋时享有更大的特权。比如贵族官僚可以按官品高低庇荫佃(diàn)客,而佃客明确记入他们的家籍,不隶属政府户籍,子孙永无脱离主人的自由。由于继续实行九品中正制,还进一步确立了"举贤不出世族,用法不及权贵"的政治标准,大族便可以做大官,做大官便可以横行不法。王导做扬州刺史时,曾派属官到各州郡考察政治。一次,当所派属官回来向王导报告郡太守的得失,座中只有顾和不说话。王导向他询问,他回答,如今吞舟的大鱼都可以漏出网去,你是国家首辅,又何必去计较地方官的好坏呢?王导对此连声称赞。因为王导的考察只是一种形式,对真实情况既不愿听,也不愿管,故以"镇之以静,群情自安"的糊涂处世哲学自诩。对此,元帝竟然也十分赞赏。

元帝本人也是靠糊涂来求安静的。他即位后,只想做个偏安皇帝,王导也只想建立一个王氏当权的小朝廷。为此,从皇帝到大臣,都把目光放在内部权力的分配上,从来不做北伐收复失地的准备。但是,偏安皇帝并不好做,元帝后期时,看到王导兄弟的权力越来越大,心中很不平,便起用刁协等心腹排挤王氏势力。为此,王导的从兄王敦十分恼火,起兵攻入建康,杀了刁协等人。元帝见王敦如此霸道,又气又怕,一病不起,永昌元年(公元322年)十一月忧惧而死,时年四十七岁。

以我转物　逍遥自在

原文

以我转物[1]者，得固不喜，失亦不忧，大地尽属逍遥；以物役我[2]者，逆固生憎，顺亦生爱，一毛便生缠缚[3]。

注解

①以我转物：以我为中心去推动和运用一切事物，即我为万物的主宰。转，支配。

②以物役我：以物为中心，而我受物质的控制。

③缠缚：束缚、困扰。

译文

能以我为中心来操纵一切事物的人，成功了固然不觉得高兴，失败了也不至于忧愁，因为广阔无边的大地到处都可优游自在；以物为中心而受物欲奴役的人，遭遇逆境时心中固然产生怨恨，处于顺境时却又产生恋栈之心，即便鸡毛蒜皮的小事也会使身心受到困扰。

事典

宋神宗善治　因时而立法

治平四年(公元1067年)正月,宋英宗逝世,其年不满十九岁的长子赵顼即位,是为神宗。当时,北宋建国已有百余年。整个国家的状况,正如王安石在嘉祐四年(公元1059年)上宋仁宗的《言事书》中所说的那样:

顾内则不能无以社稷为忧,外则不能无惧于夷狄。天下之财力日以困穷,而风俗则日益衰坏。

对于这种内外交困的局面,赵顼(xū)是相当清楚的。所以,他即位以后,也十分急切地希望扭转过去的局面,实现国强民富的盛世。

赵顼即位所做的第一件大事,就是提倡节俭之风,并且从皇帝家开始,率先实行,以表率天下。在营修英宗陵墓的问题上,赵顼所下的诏书说,"国家多难,四年之中,连遭大丧,公私困竭"。"朕惟山陵所费浩大,方今府库空竭,民力凋敝,正当扶危拯溺之际,……凡事须节省"。希望臣下与他戮力同心,共行节俭。

然后就是诏求直言,讲究为政之要。赵顼在治平四年(公元1067年)闰三月所下诏书中说:

"朕以菲德承至尊,托于公卿兆民之上,惟治忽在朕躬,夙夜兢兢,上思有以奉天命,下念所以修政事之统,愧不敏明,未独厥理。……其布告内外文武群臣,若朕知见思虑之所未及,至于朝之阙政,国之要务,边防戎事之得失,郡县民情之利害,各令直言抗疏以闻,无有所隐。"

紧接着,于治平四年(公元1067年)四月,赵顼又下令天下诸州,自今不得再向皇帝贡献土特产品。同时,释出宫女数十人,减省后苑工匠,乘舆章服也多有减损。时有谏官建议将这些事迹付史馆,以颂皇帝美德,赵顼却没有批准。

同年六月,赵顼又鉴于差役之法害农极甚,降诏令群臣和庶民议论差役利害。其诏书说:

"农,天下之本也。……州郡差役之法甚烦,使吾民无敢力田,……至有遗亲背义自谋安全者多矣。不幸逢其暴政;骨肉或不相保,……害农若此,为弊最深。上下偷安,苟务因循,重于改作,故农者益以匮乏。……生生之路至谬戾(lì)也,朕甚悼焉。……故访中外群议,宜有嘉谋宏策贡于予闻,朕将亲览。择

善而从。……令中外臣庶。限诏下一月(内),并许条陈差役利害,实封以闻。”

九月,又命“深于史家之学、知治乱兴坏之迹”的司马光为翰林学士兼侍读学士。又免司马光著撰翰林学士院的文字,使其专修《资治通鉴》,然后进读。十月,司马光刚编定一两卷,赵顼即令进读。并把御制序文当面赐给司马光。又将其旧日个人藏书两千多卷赐给司马光,以资其撰述。希望于前代历史所载“明君、良臣,切摩治道,议论之精语,德刑之善制”中,探究“威福盛衰之本,规模利害之效”。以“前车之失”“履霜之渐”资其当世求治之道。

经过了这一年,从理论到实践、从历史到现实的准备之后,赵顼在即位的第二年,即熙宁元年(公元 1068 年),开始筹谋旨在富国强兵的一系列改革。

首先,于熙宁元年(公元 1068 年)六月,针对“用度太奢,赏赐不节,宗室繁多,官职冗滥,军旅不精”这五个弊端,设立裁减国用局,讨论如何裁减浮费。

第二年春天,赵顼又力排众议,起用主张改革的王安石为参知政事(副宰相)。设置“制置三司条例司”为议行新法的专门机构,委王安石主持其事。

时过四个月,就颁布了“均输法”。以求实现从豪富贾手里“稍收轻重敛散之权归于公上,而制其有无”“便转输,省劳费”“去重敛,宽农民”“国用可足,民财不匮”的目的。

同年秋季,制定了“青苗法”。在灾荒期或青黄不接时,由各级政府出钱贷给农民,只有二三分的低息,以使农民免遭高利贷的盘剥。

十一月,又颁降了“农田水利约束”,在全国范围内,大搞水利建设,以振兴农业。

十二月,又制定了“免役法”草案。于第二年冬季,先在开封地区试行。经过完善、充实后,于熙宁四年(公元 1071 年)十月,颁行全国。民户按田产数量多寡交纳免役钱,政府用这些钱雇人充役,以使百姓免遭破家之害。

熙宁三年(公元 1070 年)冬,公布了“畿(jī)县保甲条制”,后渐次推向全国。以加强基层政权,同时实现“寓兵于民”。

熙宁五年(公元 1072 年)三月,公布了“市易法”。凡商旅、民间货物滞销而不售者,官府出钱以平价收购,以促进流通,抑制富商大贾对市场的操纵。

同年八月,又公布“方田均税法”,查田亩数量,辨土质肥瘠,明产权归属,定税赋多寡,清除“诡名挟佃”“隐产漏税”和“产去税存”等弊端,以保证国家的赋税征敛。

熙宁六年(公元1073年)夏,又推行“将兵法”,加强禁兵的军事训练。元丰三年至五年。赵顼又亲自主持了官制改革。对唐末、五代以来形成的一套政治体制,进行了全面调整。政府体制,恢复了三省、六部制。在任官制度上,建立了一套较为完备的官、职、差遣体制。

赵顼在紧张地主持变法的过程中,始终重视勤廉执政。治平四年(公元1067年)七月,下令清查富民与妃嫔家结亲而夤(yín)缘得官职者。熙宁三年(公元1070年)十二月,下令详定命官、使臣过犯。四年(公元1071年)十一月,降诏:“凡赏功罚罪,事可惩劝者,月颁之天下。”同时,一再裁抑对宗室、大臣的赏赐、恩荫等恩泽。他自己则一贯讲究务实,不尚虚名。其在位期间,群臣屡次奉上尊号,全被赵顼驳回,认为那尊号是虚文繁礼,决意终身不受尊号。

元丰八年(公元1085年)三月,宋神宗赵顼在即将三十七岁的时候,过早地结束了他那忙碌的一生。他在位近二十年间的举措,对于拯救赵宋王朝的统治,起了极为重要的作用。但是,由于他用人不专,两次罢免主张改革的王安石,使得他的政绩未能达到应有的光彩。更因为后来保守派对改革的否定,宋神宗竟然背上了“致祖宗之良法美意,变坏几尽”的恶名。

任其自然　万事安乐

原文

幽人[①]清事总在自适，故酒以不劝为欢，棋以不争为胜，笛以无腔为适[②]，琴以无弦[③]为高，会以不期[④]约为真率，客以不迎送为坦夷[⑤]。若一牵文泥迹[⑥]，便落尘世苦海矣！

注解

①幽人：隐居不仕的人。

②笛以无腔为适：意思是只为陶冶性情不一定要讲求旋律节奏。

③无弦：陶渊明诗有“但识琴中趣，何劳弦上音”。

④会以不期：会是约会，不期是说没有指定时间不受时间所约束。

⑤坦夷：坦白快乐。韩愈诗有“颍水清且寂，箕山坦而夷”。

⑥牵文泥迹：为一些繁琐的世俗礼节所牵挂拘束。

译文

一个隐居的人，内心清净而俗事又少，一切只适应自己本性。因此喝酒时谁也不要劝谁多喝，以能各尽酒量为乐；下棋只是消遣，以不争胜败为胜；吹笛只是为了陶冶情趣，以不讲求旋律节奏为宜；弹琴只是为了消遣休闲，以无弦之琴为最高雅；和朋友约会是为了联谊，以不受时间限制为真挚；客人来访要宾主尽欢，以不送往迎来最自然。反之，假如有丝毫受到世俗人情礼节的约束，就会落入烦嚣尘世苦海而毫无乐趣了。

事典

无为恬静自安乐

老子和庄子都认为虚胸是万物的本性,因而恬静的生活是一种符合人的本性的生活,符合本性的也是自然的,而自然的境界就是一种最高的境界,亦是人性的正直本源。

自然规律的运行无休无息,所以天下人心归顺。如果能了解自然规律,通晓成圣成王的道理,并明白上下古今四方的变化,都是遵循各自的天性。那个人的心境和行为也就能归于平静。平静是天地的"水平仪",恬静是个人最高的精神境界,是古代高尚之士精神的休息场所,心神宁静便空明,空明便能充实,充实便是完备。心神空明既象征宁静,由后再行动就无往而不得,无往而不宜,同时,心神便是无为。无为恬静自然就安逸和乐,安逸和乐的人就不受忧息灾难所困扰。当一个人内心非常安逸时,就能出现从容不迫的神态,这时考虑任何事情,就容易发现事理的奥妙,也就是最能找出"识心之真机"。

人我一视　动静两忘

原文

喜寂厌喧者往往避人以求静,不知意在无人便成我相①,心着于静便是动根②,如何到得人我一视③动静两忘的境界?

注解

①我相:佛家语,是佛教四相之一。

②动根:动乱之源。

③人我一视:我和别人属于一体。

译文

一个喜欢清静讨厌喧嚣的人往往离群索居来求取安宁,岂不知道远离人群只是为了自我。而一心求静的结果是,一旦遇到喧嚣就会烦躁不安。可见由于过分求静,反而成为烦躁的祸源。人我本是一体的,而动静也是互相关联的,假如不能忘怀自我,只知一味过分强调宁静,又如何能达到真正安宁的境界呢?

事典

排除外界干扰　自然心态平和

知向北游历来到玄水岸边,登上名叫隐的山丘,正巧那里遇上了无为谓。知对无为谓说,“我想向你请教一些问题:怎样思索、怎样考虑才能懂得道?怎样居外、怎样行事才符合于道?依从什么、采用什么方法能获得道?”问了好几次无为谓都不回答,不是不回答,而是不知道怎样回答。知从无为谓那里得不到解答,便返回到白水的南岸,登上名叫狐阕(què)的山丘,在那里见到了狂屈。知把先前的问话向狂屈提出请教。狂屈说:“唉,我知道怎样回答这些问题,我将告诉给你,可是心中正想说话却又忘记了那些想说的话。”知从狂屈那里也没有得到解答,便转回到黄帝的住所,见到黄帝向他再问。黄帝说:“没有思索,没有考虑方才能够懂得道;没有安处,没有行动方才能符合于道;没有依从,没有方法方才能够获得道。”

山居清丽　入都俗气

原文

山居胸次[①]清洒，触物皆有佳思：见孤云野鹤而起超绝之想，遇石涧流泉而动澡雪[②]之思；抚老桧寒梅而劲节挺立，侣沙鸥麋鹿[③]而机心顿忘。若一走入尘寰[④]，无论物不相关，即此身亦属赘旒[⑤]矣！

注解

①次：次，中。

②澡雪：澡是沐浴，雪在此处当动词用，作洗涤解。澡雪是指除去一切杂念保持纯洁的心灵。《庄子·知北游》有："澡雪而精神。"

③麋鹿：麋，大鹿，性温柔。《孟子·梁惠王上》有"顾鸿雁麋鹿"。

④尘寰：世界。

⑤赘旒：赘，当形容词，是多而无用的意思。旒是旗下所垂之穗，引申为多余的装饰物。

译文

隐居在山间胸怀自然开朗洒脱，所接触的事物自然都能引起高雅的思绪：看见无拘无束的孤云野鹤，就会引起超尘脱俗的观念；遇到山谷溪涧的流泉，就会引起洗涤一切世俗杂念的思想；抚摸耸立在风霜中的老桧和腊梅，心中就会不由得涌起效法它们威武不屈的坚毅气节；终年与温和的沙鸥和麋鹿在一起，才使一切钩心斗角的邪念全消。假如再度走回烦嚣的都市，即使不跟各种声色环境接触，也会觉得自己就像旗帜的飘带犹如废物而毫无用处。

事典

徐无鬼论道

徐无鬼靠女商的引荐得见武侯，武侯慰问他说："先生一定是极度困惫了！为隐居山林的劳累所困苦，所以方才肯前来会见我。"徐无鬼说："你想要满足嗜好和欲望，增多喜好和憎恶，那么与性命攸关的心灵就会弄得疲惫不堪；你想要废弃嗜好和欲望，退却喜爱和憎恶，那么耳目的享用就会困顿乏厄；我正打算来慰问你，你对于我有什么可慰问的！"武侯听了怅然若失，不能应答。

祸福苦乐　一念之差

原文

人生福境祸区皆念想造成，故释氏云："利欲炽然即是火坑[①]，贪爱[②]沉溺便为苦海；一念[③]清静烈焰成池[④]，一念警觉船登彼岸[⑤]。"念头稍异，境界顿殊，可不慎哉。

注解

①火坑：佛家语，极其的境界。

②贪爱：指贪着爱恋五欲之境而不能离舍。《法华经，方便品》有："探着五欲如爱犁牛之尾，以贪爱自蔽。"

③一念：佛教认为思念对境一次叫一念。

④烈焰成池：烈焰和火坑的意思相同。

⑤彼岸：佛家语，即成正果的意思。

译文

人生的幸福与苦恼全是由自己的观念所造成，例如释迦牟尼佛说："名利的欲望太强烈就会使自己跳进火坑，贪婪之心太强烈就会使自己沉入苦海；只要有一丝纯洁观念就会使火坑变成水池，只要有一点警觉精神就能使苦海变成乐园。"可见意识观念略有不同，人生境界就会全面改变，所以一个人的所思所想必须慎重。

事典

祸福皆自招

子舆和子桑是好朋友，连绵的阴雨下了十日，子舆说："子桑恐怕已经因困乏而饿倒。"便包着饭食前去给他吃。来到子桑门前，就听见子桑好像在唱歌。又好像在哭泣，而且还弹着琴："是父亲呢？还是母亲呢？是天呢？还是人呢？"声音微弱的好像禁不住感情的表达，急促地吐露着歌词。

子舆走进屋子说："你歌唱的诗词，为什么像这样？"子桑回答说："我在探寻使我达到如此极度困乏和窘迫的人，然而没有找到。父母难道会希望我贫困吗？上天没有偏私地覆盖着整个大地，大地没有偏私地托载着所有生灵，天地难道会单单让我贫困吗？寻找使我贫困的东西，可是我没能找到。然而已经达到如此极度的困乏，还是'命'啊！"

这个"命"应该指的是为名利物欲所束缚的观念吧！

雪夜读书神清　登山眺望心旷

原文

登高使人心旷，临流使人意远；读书于雨雪之夜，使人神清；舒啸于丘阜①之巅，使人兴迈②。

注解

①阜：土山。《荀子·赋篇》："生于山阜。"
②迈：奋发，豪爽。

译文

假如你站在高山上放眼远看，就会立刻使你感到心胸开阔；假如你面对水凝思，就会马上使你意境悠远；假如你在雨雪之夜读书，就会使你感到心旷神怡；假如你爬上丘陵展胸长啸，就会使你感到意气豪迈。

事典

君子宜借境调心

有人问列子说："您为什么以虚无为贵？"

列子说："虚无没有什么可贵。"又说，"任何事物各有具体实在，给它个名词，不能包含那实在的内涵，这样，最好是静，最好是虚。清静和虚无，对事物没有抵触。赞赏和同意，必然有所不是。事物被破坏而后企图用仁义来修补它，就不能再修复了。”

就身了身　以物付物

原文

就一身了[1]一身者，方能以万物付[2]万物；还天于天下者，方能出世于世间。

注解

①了：明白、了解、觉悟。

②付：赋予、托付。

译文

能跳出自我来了解自我的人，才可根据自然法则使万物按照本性去发展而各尽其用；能把天下还给天下万民所共有的人，躯体虽然生存于世间思想却超越凡人。

事典

伯夷叔齐不食周粟

当年周朝兴起的时候，孤竹国有两位贤人，名叫伯夷和叔齐。两人相互商量："听说西方有个人，好像是有道的人，我们前往去看看。"他们来到岐山的南面，周武王知道了，派他的弟弟旦前去拜见，并且跟他们结下盟誓，说："增加俸禄二等，授予一等官职。"然后用牲血涂抹在盟书上埋入地下。

伯夷叔齐二人相视而笑说："咦，真是奇怪啊！这不是我们所谈论的道。从前神农氏治理天下，按时祭祀尽虔诚而不祈求赐福；他对于百姓，忠实诚信尽心治理的就让他们从事治理，不趁人危难而自取成功，不因别人地位卑下而自以为贵，不因遭逢机遇而图谋私利。如今周人看见殷商政局动荡就急速夺取统治天下的权力，崇尚各收买臣属，依靠武力保持威慑，宰牲结盟表示诚信，宣扬德行取悦众人，凭借征战求取私利，这是用推动祸乱的办法替代已有的暴政。我听说上古的贤士，遭逢治世不回避责任，遇上乱世不苟且偷生。如今天下昏暗，周人如此做法说明德行已经衰败，与其跟周人在一起而使自身受到污辱，不如逃离他们保持品行的高洁。"两人向北来到了首阳山，终于不食周粟而饿死在那里。

何处无妙境　何处无净土

原文

人心多从动处失真，若一念不生，澄然[①]静坐；云兴而悠然[②]共逝，雨滴而冷然具清；鸟啼而欣然有会，花落而潇然[③]自得。何地无真境，何物无真机[④]。

注解

①澄然：清澈，也就是心无杂念。

②悠然：闲静自得。

③潇然：豁达开朗，无拘无束。

④真机：指接触真理的妙机。

译文

人的心灵大半是从浮动处失去纯真本性，假如任何杂念都不产生，只是自己静坐凝思。那一切念头都会随着天际白云消失，随着雨点的滴落心灵也会有被洗清的感觉。听到鸟语呢喃就像有一种喜悦的意境，看到花朵的飘落就会有一种开朗的心情。可见任何地方都有真正妙界，任何事物都有真正的玄机。

事典

心平气和　噪音亦能成乐曲

《列子·黄帝》篇中有则很有趣的故事：

纪渻子替周宣王饲养斗鸡，十天后周宣王便问："鸡可以战斗了吗？"答说："不行。还没有真本领，却只仗着自己的骄傲之气。"过了十天，宣王又问，答说："不行。鸡看见别的公鸡的影子或者听到声音，便想应战。"过了十天，又问。答说："不行。还瞪着两眼，气势不足。"过了十天，又问。答说："差不多了。别的鸡大鸣大叫来挑战，它却毫无动静，望去似乎是一只木头鸡。它的修养已到顶点了。别的鸡再不敢应战了，只有转身逃跑罢了。"

顺逆一视　欣戚两忘

原文

子生而母危，镪[①]积而盗窥，何喜非忧也。贫可以节用，病可以保身，何忧非喜也，故达人当顺逆一视，而欣戚[②]两忘。

注解

①镪：古时用来贯串钱币的绳索。此处作金银的代称。

②戚：忧伤。

译文

就母亲来说生孩子是一件很危险的事，积蓄金钱却又容易引起盗匪的觊觎，可见任何一种值得高兴的事都附带有危险。贫穷虽然很可悲，但是如果能勤俭也能过得去；疾病固然很痛苦，但是由于疾病可学会保养身体的方法。可见任何值得忧虑的事也都伴随着欢乐。所以一个心胸开阔的人，总认为顺境和逆境是相同的，因此自然也就没有高兴和悲伤了。

事典

欲除后顾忧　讨赏释君疑

秦始皇在统一中国的过程中,先灭掉韩魏赵三国。在平定了中原地区之后,便图谋南取楚国。在屡屡打败楚军之后,他问大将李信:“我想最后灭掉楚国,你觉得用多少人马合适?”李信年轻气盛,自信地说:“最多20万人就够了。”始皇又问老将王翦(jiǎn),王翦说:“非60万人不可。”始皇说:“看来将军是老了,过于胆怯拘谨;还是李将军壮勇。”就命李信率兵20万攻楚。结果李信被楚军大败。这时王翦已告老还乡,称病不出。秦始皇便亲自前去给王翦赔礼道歉,请他出马。王翦说:“大王如果迫不得已非用臣下不可,那就非给我60万人马不可。”秦始皇同意了。

在当时,60万人马几乎是秦国的全部。王翦带上60万人,可以说是拥有了秦国的全部兵权。临出征,秦始皇亲自为王翦送行。王翦深知秦始皇的为人,便故意在出发前提出良田美宅的要求。秦始皇说:“将军自管出征,还怕日后受穷不成?”王翦说:“作为大王的将帅,即使有功也不能被封侯,我不得已才提前要求赏赐。”秦始皇大笑。王翦在行军途中,又三番五次地派人去向秦始皇讨封赏。他的手下不明白,便问王翦:“将军这样再三要求赏赐,不是太过分了吗?”王翦说:“不,大王的为人你不是不知道,他粗中有细,不轻易相信别人。我现在把秦军全部带了出来,他心里不能不对我产生疑虑。我为自己的子孙后代请求封赏,他就会知道,我是忠于他的,我只是想得赏赐,而不会背叛他。”就这样,王翦去掉了自己的后顾之忧,率兵灭掉了楚国。

体任自然　不染世法

原文

山肴[①]不受世间灌溉，野禽不受世间豢[②]养，其味皆香而且冽[③]。吾人能不为世法[④]所点染，其臭味不迥[⑤]然别乎！

注解

①山肴：肴本指荤菜，如鱼肉熟而可食都叫肴。此处的山肴似指香菇、木耳、竹笋等山产。

②豢：饲养。

③冽：味强烈。

④世法：指世俗的功名利禄，即世间一切法。

⑤迥：相异。

译文

生长在山间的野菜根本不必人们去灌溉施肥，生长在野外的动物根本不必人们饲养照顾，可是这些野菜和野兽的味道吃起来却特别甘美可口。同理，假如我们不受功名利禄所污染，品德心性自然显得分外纯真，跟那些充满铜臭味的人有明显区别。

事典

随心而游　自适自乐

庄子说："人若能随心而游，那么难道还会不自适自乐吗？流荡忘返于外物的心思，矢志不渝弃世孤高的行为，唉，恐怕不是真知大德之人的所作所为吧！"沉溺于世事而不知悔悟，心急如焚(fén)地追逐外物而不愿反顾，即使相互间有的为君有的为臣，也只是看作一时的机遇，时世变化后就没有谁会认为自己地位低下了。所以说道德修养极为高尚的人从不愿意在人生的旅途上有所滞留。尚古薄今，这是未能通达物我两忘之人的观点。道德修养极为高尚的人才能够做到大隐于世，顺随于众人中却不会失却自己的真性。

厉害乃世之常　不若无事为福

原文

一事起则一害生，故天下常以无事为福。读前人①诗云："劝君莫话封侯事，一将功成万骨枯。"又云："天下常令万事平，匣中不错千年死。"虽有雄心猛气，不觉化为冰霰②矣。

注解

①前人：唐代诗人曹松。

②霰：小雪珠，多在下雪前降下。

译文

有一利就有一弊，有一福就有一灾，所以达观者常以无事为福。曹松诗说："我奉劝阁下还是不要谈封侯拜相的事，因为名将的战功都是由千万人的头颅所堆成。"古人又说："要想天下永远太平无事，只有把所有兵器都收藏在仓库中。"当我们读完这两首诗之后，即使本来有一股奋发的雄心壮志，也不由得立刻变成冰雪一般的冷寂。

事典

天下以无事为福

《庄子·徐无鬼》中主张息弭战争。

武侯说："我希望见到先生已经很久了，我想爱护我的人民并为了道义而停止战争。这恐怕就可以了吧？"徐无鬼说："不行。所谓爱护人民，实乃祸害人民的开始；为了道义而停止争战，也只是制造新的争端的祸根。你如果从这些方面来着手治理，恐怕什么也不会成功。大凡成就了美好的名声，也就有了作恶的工具；你虽然是在推行仁义，却更接近于虚伪和作假啊！有了仁义的形迹必定会出现仿造仁义的形迹，有了成功必定会自夸，有了变故也必定会再次挑起争战。你一定不要浩浩荡荡地像鹤群飞行那样布阵于丽谯（qiáo）楼前，不要陈列步卒骑士于锱（zī）坛的宫殿，不要包藏贪求之心于多种苟有所得的环境，不要用智巧去战胜别人，不要用谋划去打败别人，不要用战争去征服别人，杀死他人的士卒和百姓，兼并他人的土地用来满足自己的私欲和精神，他们之间的争战不知道究竟有谁是正确的？胜利又存在于哪里？你不如停止争战，修养心中的诚意，从而顺应自然的真情而不去扰乱其规律。百姓死亡的威胁得以摆脱。你将哪里用得着再止息争战呢！"

观物须有自得　勿徒流连光景

原文

栽花种竹，玩鹤观鱼，亦要有自得处，若徒流连光景，玩弄物华①，亦吾儒之口耳②，释代之顽空③而已，有何佳趣？

注解

①物华：美丽繁茂的景色。

②口耳：口传耳听，形容无利于身心的教学。

③顽空：佛教小乘宗认为万事皆空，只知自身出世修行，而不知救世的方法。顽空有只知逃避现实而冥顽不化的意味。

译文

平日栽种一些花竹树木，再饲养一些可爱的小动物，自然能调剂生活陶冶心性，假如只为了增加风景，玩赏一些奇花异木珍禽异兽，那也不过是儒家所说"只知诵经，不明佛理"的表面文章而已，对于自己的学品人生根本没有任何美化作用。

事典

天地万物　妙不可言

一天，庄周在雕陵的栗园里游玩，看见一只怪鸟从南面飞来，翅膀有七尺宽，眼睛直径有一寸长，碰到庄周的额角而停在栗树林中。

庄周说："这是什么鸟啊！翅膀大而不能远飞，眼睛大而目光迟钝。"于是提起衣服快步上前，想用弹弓去射鸟儿，这时看见一只蝉，正在树荫下栖息忘了身后的危险，隐蔽在后的一只螳(táng)螂(láng)抓住了它，螳螂见有所得而忘了自身的隐蔽，怪鸟乘机吃掉了螳螂，眼见其利忘了自己的性命。

庄子怵(chù)然大惊："事物的累患，出自物类自相招害啊！"他急忙扔下弹弓就走，守园人以为他偷了栗子，追着他谇(suì)骂。

庄周回到家里，三天都不高兴。弟子蔺且问他："先生为何不高兴？"

庄周说："我留意外物而忘了自身，观看浑水而忘了清泉。我听先生说过：'到一处，便要随俗。'而我游园忘了自身，怪鸟碰头忘了性命，守园人又疑我偷栗，我因此而不快。"

身居局中　心在局外

原文

波浪兼天[1]，舟中不知惧，而舟外者寒心；猖狂骂坐[2]，席上不知警，而席外者咋舌[3]。故君子身虽在事上，心要超事外也。

注解

①兼天：滔天，形容波浪极大。
②骂坐：漫骂同席的人。《史记·田蚡传》："劾灌夫骂坐，不敬，系居室。"
③咋舌：惊吓得说不出话来的样子。

译文

当天气不好波浪涛天时，坐在船中的人并不知道害怕，反而把站在船外的人吓得胆破心寒；当酒宴中有人酒醉而怒骂时，同席的人并不知道警惕，反而把站在席外的人吓得目瞪口呆。所以一个有才德的君子，即使被某件事卷入漩涡中，但是心智却要抱着超然物外的态度。

事典

勿使外物役己

惠子对庄子说:“魏王送我大葫芦种子,我将它培植起来后,结出的果实有五石容积。用大葫芦去盛水浆,可是它的坚固程度承受不了水的压力。把它剖开做瓢也太大了,没有什么地方可以放得下。这个葫芦不是不大呀,我因为它没有什么用处而砸烂了它。”庄子说:“先生实在是不善于使用大东西呀!宋国有一户善于调制不皲(jūn)手药物的人家,世世代代以漂洗丝絮为职业。有个游客听说了这件事,愿意用百金的高价收买他的药方。全家人聚集在一起商量:‘我们世世代代在河水里漂洗丝絮,所得不过数金,如今一下子就可卖得百金,还是把药方卖给他吧。’游客得到药方,来游说吴王。正巧越国发难,吴王派他统率部队,冬天跟越军在水上交战,大败越军,吴王划割土地封赏他。能使手不皲裂,药方是同样的,有的人用它来获得封赏,有的人却只能靠它在水中漂洗丝絮,这是使用的方法不同,如今你有五石容积的大葫芦怎么不考虑用它来制成腰舟,而浮游于江湖之上,却担忧葫芦太大无处可用,看来先生你还是心窍不通啊!”

满腔和气　随地春风

原文

天运[①]之寒暑易避,人世之炎凉难除;人世之炎凉易除,吾心之冰炭[②]难去。去得此中之冰炭,则满腔皆和气,自随地有春风[③]矣。

注解

①天运：指大自然时序的运转。

②冰炭：此为争斗的意思。

③春风：春天里温和的风。此处取和惠之意。

译文

大自然的寒冬和炎夏都容易躲避，人世间的炎凉冷暖却难以消除；人世间的炎凉冷暖即使容易消除，积存在我们内心的恩仇怨恨却不易排除。假如有人能排除积压在心中的恩仇怨恨，那祥和之气就会立刻充满胸怀，如此自然也就到处都充满极富生机的春风。

事典

慈祥创造和平之气

列子问关尹道："至人在物中潜行而没有障碍，进入火中而不受灼热，在万物之上行走而不恐惧颤抖，请问为什么能到这个地步？"关尹说："这是由于他保持了极端的和气，不是机智、灵巧、果断、勇敢之徒。凡是有形象、能发声、有颜色的，都是物，物与物为什么差别很大？首要的差别是什么？是形状、颜色罢了。假若有一种物，没有形状颜色，也不发生变化，能达到这点并且通晓它，别的物怎能滞留它呢？这个物将处于不过分的地位，置身于没有尽头的循环中，在万物的起点和终点漫游。行动完全出于本性，保养自己的和气，德性合乎天然，和造就万物的天然形态相通。像这样去做，他天性完全，精神凝静，外物怎能伤害他呢？"

陷于不义　生不若死

原文

山林之士，清苦而逸趣自饶[1]；农野之人，鄙略[2]而天真[3]浑具。若一失身市井驵侩[4]，不若转死沟壑[5]神骨犹清。

注解

①饶：富有、丰足。

②鄙略：鄙是浅鄙，略是计谋、才华。鄙陋是指才华低劣。

③天真：天真烂漫，任其天然，未加丝毫人为教养的真性。

④驵侩：居中介绍买卖之人，古代称市郎。

⑤壑：山沟或积水的坑。

译文

隐居在山野林泉之下的人，物质生活虽然感到很清贫，但是精神生活确为充实，从事农业工作的人，学问知识虽然浅陋，但是却具有朴实纯真的天性。假如一旦回到都市变成一个充满市侩气的奸商蒙受污名，倒不如死在荒郊野外还能保持清白的名声。

事典

圆滑为保身　怠政留骂名

西汉始元六年(公元前81年)二月,丞相田千秋受汉昭帝诏命,与御史大夫桑弘羊一起召集郡国所举贤良文学,询问民间疾苦,这就是著名的盐铁会议。

在这次会议上,来自社会下层的贤良文学与代表中央政府的桑弘羊及其助手们就汉王朝内外政策进行了激烈辩论。

但作为政府首脑及会议主持人的田千秋,俨然是一个袖手旁观的局外人,全然不为双方的激烈争论所动,除了一两句无关痛痒的简短发问外,竟然再也没说什么话。

汉宣帝时,桓宽将此会议的文件加以整理,写成《盐铁论》一书。他对田千秋的表现十分不满,在书中公开批评田千秋:"即周吕之列,当轴处中,括囊不言,容身而去,彼哉!彼哉!"寥寥数笔,活生生地勾画出了一个尸位素餐、圆润滑头的官吏形象。

其实,田千秋并非无能平庸之辈。汉武帝征和二年(公元前91年)七月,发生了震惊朝野的"巫蛊(gǔ)事件",卫太子败死。

次年九月,时任高寝郎的田千秋"上急变讼太子冤",对于促使武帝悔悟起到较大作用。田千秋上书,虽然假托"高庙神灵"之名,但在当时他敢于冒"父子之间人所难言"的风险上书。也足以说明其过人之处。

为此,武帝任命他为大鸿胪。征和四年(公元前89年)三月,田千秋又建议武帝罢退装神弄鬼的方士,也是颇有见识的兴利除弊之举。

六月，武帝以田千秋为丞相，下“轮台诏”悔过，“禁苛暴，止擅赋，力本农”，田千秋对此心领神会，针对当时治狱、诛罚甚多，吏民恐惧的时弊，“与御史、中二千石共上寿颂德美，劝上施恩惠、缓刑罚，养志和神，为天下自虞乐”。

这种执行政事既安慰皇帝又宽缓天下的做法，更显示了田千秋的精明老成。《汉书》说他“敦厚有智，居位自称，逾于前后数公”，自是公允之语。

田千秋的变化自昭帝即位始，武帝临终之际，将国事托付给霍光、金日磾、上官桀等人，田千秋虽然与他们“并受遗诏，辅佐少主”，但由于霍光以大将军之任领尚书事，代表皇帝独揽大权，而作为百官之长的丞相，却被排除在权力核心外。

田千秋对自己实际地位的变化不乏敏感，为了保全身家性命、秩位爵禄，他只求在其位，不求谋其政，采取了与世无争、明哲保身的处世哲学。

尤其在霍光与上官桀分裂，两派斗争相持不下之时，他更是小心谨慎，遇事首鼠两端，模棱两可，对双方都采取了不即不离的态度，力图避免招来猜疑，陷入是非纷争，以求在两派的空隙中生存。

霍光为了战胜政敌，曾极力拉拢田千秋，故表面上对他十分恭敬。据《汉书》记载，“每公卿朝会，光谓千秋曰：‘始与君侯俱受先帝遗诏。今光治内，君侯治外，宜有以教督，使光毋负天下。’千秋曰：‘唯将军留意，即天下幸甚。’终不肯有所言。”他唯恐一言不慎，祸从口出。平日处理政务，也是人云亦云，没有自己的主见,“素无所守持”。

盐铁会议是在霍光的授意之下召开的,来自郡国的贤良文学得到了霍光的支持。田千秋深知这实际上是一场重大的政治斗争,虽然勉为其难地出席并主持了会议,但不愿得罪任何一方,于是便采取沉默的战术,不作明确表态。

正是由于田千秋以圆滑龟缩的庸人哲学来处理政事,他不仅没有卷入当时两派矛盾斗争的漩涡,反而成为争斗双方共同接受、争相拉拢的人物。霍光见田千秋甘于庸碌,不会对自己形成威胁。便“以此重之,每有吉祥嘉应,数褒赏丞相”。

其时,田千秋已是风烛残年的老人,霍光使昭帝下令,特许田千秋可以破例“乘小车入宫殿中”,田千秋由此而得了个“车丞相”的雅号。

上官桀等人被诛灭后,田千秋的地位曾一度发生动摇,但最终由于他的圆滑而渡过难关,体面地老死于丞相之任,可谓“因庸得福”。

把握要点　卷舒自在

原文

人生原是一傀儡①,只要根蒂在手,一线不乱,卷舒②自由,行止在我,一毫不受他人提掇③,便超出此场中矣!

注解

①傀儡:原是一个木头做的假人,由真人躲在幕后用线来操纵其动作。

②卷舒:伸缩。

③提掇:牵引上下。

译文

人生本来就像一场木偶戏，只要你能把控制木偶活动的线掌握好，那你的一生就会进退自如去留随意，丝毫不受他人或外物的操纵，能做到这些你就可以超脱这人生的游戏场了。

事典

保持朴实的个性

在《庄子·缮性》里有这样一段精辟的论述："古时候的人，生活在混沌鸿蒙、淳风未散的境况中，跟整个外部世界混为一体而且人们彼此都恬淡无为，互不交往。"正是这个时候，阴与阳谐和而又宁静，鬼神也不会干扰，四季的变化顺应时节，万物全不会受伤害，各种有生命的东西都能尽享天年，人们即使内存心智，也没处可用，这就叫做最完满的浑一状态。正是这个时候，人们不知道需要去做什么而保持着天然。

"等到后来道德衰退，到了燧（suì）人氏、伏羲氏统治天下，世事随顺却已不能浑然为一。道德再度衰退，到了神农氏和黄帝统治天下，世道安定却已不能随顺民心与物情。道德再度衰退，到了唐尧、虞舜统治天下，开启了治理和教化的风气，淳厚质朴之风受干扰与破坏，背离大道而为，寡有德行而行，这之后也就舍弃了本性而顺从于各自的私心。人们彼此都相互知道和了解，也就不足以使天下得到安定，然后又贴附浮华的文饰，增加了众多的俗学。文饰浮华毁坏了质朴之风，广博的俗学淹没了纯真的心灵，然后人民才开始迷惑和纷乱，没有什么办法返归本真而回复原始的情状。"

世间皆乐　苦自心生

原文

世人为荣利缠缚，动曰尘世苦海。不知云白山青，川行石立，花迎鸟笑，谷答樵讴[①]，世亦不尘、海亦不苦，彼自尘苦其心尔。

注解

①谷答樵讴：讴，齐声同唱，谷答是指山谷间的回音，樵是樵夫。谷答樵讴是说樵夫一边砍柴一边唱歌。

译文

由于一般俗人都被虚荣心和利禄心所困扰，因此，一开口就说人间是一个大苦海。然而他们却不知道，只要看淡名利不拼命去追逐，转身回头来欣赏白云笼罩下的青山翠谷，再欣赏屹立于河水奔流中的奇岩怪石，和迎风招展的美丽花卉，呢喃的小鸟歌唱，以及樵夫歌唱时的山鸣谷应，这时人们就会自然发出会心的微笑，而恍然大悟人间既非尘嚣万丈，世界也非大苦海，只是人们使自己的心落入尘嚣堕入苦海而已。

事典

王维苦中寻乐

唐玄宗开元二十八年(公元740年),王维买下了辋(wǎng)川别墅。这是唐初诗人宋之问的府邸,位于蓝田县境内。这里离长安不远,紧靠驿站,坐车、骑马,从长安半天即可到达。更吸引人的是这里环境优美,山川秀丽,林木掩映,恬静幽深,是修身养性的人间胜境。

作为辋川别墅的主人,王维常于公务之余、闲暇之日来到别墅,领略自然风光,洗涤胸中郁积的官场浊气,躲避不尽如人意的政治应酬。他在这里吟诗作画,饮酒弹琴,访僧问寺,谈禅论经,绝口不言世事,过了一小段十足的隐士生活。

王维不仅自己享用别墅的一切,同时也为诗友们敞开辋川别墅的大门,经常邀请一些人来别墅消闲,赋诗唱酬。王维于此时,写下了大量的被人传诵的好诗。

王维善于作画,因而他观察自然、刻画景物的艺术本领很高。在他的笔下,自然景物以及它们的动与静都显得清新宜人、富有韵味,如"明月松间照,清泉石上流""隔窗风惊竹,开门雪满山""嫩竹含新粉,红莲落故衣""山路元无雨,空翠湿人衣""雨中草色绿堪染,水上桃花红欲燃"。一些描绘辋川小景的诗,成了古今山水诗中的绝唱:"空山不见人,但闻人语响。返影入深林,复照青苔上。"这些诗非常传神地描绘了环境的清静幽美,表现了隐者清闲恬静的生活,以及摆脱了尘世纷扰后的怡然自得的心境。

在安史之乱前的15年里,王维往来于长安、辋川之间,过着身在朝廷、心在辋川的半官半隐生活。

月盈则亏　履满者戒

原文

花看半开，酒饮微醉，此中大有佳趣。若至烂漫[1]酕醄[2]，便成恶境矣。履盈满者，宜思之。

注解

①烂漫：花朵绽放。

②酕醄：形容烂醉如泥的样子。

译文

赏花卉以含苞待放时为最美，喝酒以喝得略带醉意为适宜。这种花半开和酒半醉含有极高妙的境界，反之花已盛开酒已烂醉，那不但大煞风景而且也活受罪。所以事业已经到巅峰阶段的人，最好能深思一下这两句话的真义。

事典

不纳荀攸计 曹操军失利

公元 198 年,曹操兵伐张绣,谋士荀攸相随。荀攸对曹操说:“张绣与刘表互相依持,其势很强。然而,张绣兵无定所,粮草供应皆仰仗于刘表,刘表却不愿提供,这种情况下二人必会分手。所以不如缓于进攻,设计诱使他们分离。如果急于进攻,刘表必然前来相救。”曹操不听,遂进军至穰(ráng)城,围攻张绣。刘表果然来救,曹军失利。曹操于是对荀攸说:“不听你的话,果然失败若此。”后来,曹操埋伏奇兵,才把刘表和张绣打败了。

猇亭之战

公元 220 年,曹丕称帝,建立魏朝,就是魏文帝,东汉王朝就此正式结束。

曹丕称帝的消息传到蜀汉,一时传说纷纷,说汉献帝已经被曹丕杀了。汉中王刘备还真的为献帝举行了丧礼。大臣们认为既然汉献帝已经死去,刘备是汉家皇室后代,理应接替皇位。公元 221 年,汉中王正式在成都即皇位,就是汉昭烈帝。因为他统治的地区在蜀(今四川、云南大部,贵州全部,陕西、甘肃一部分),历史上称为蜀汉或者蜀。

刘备对东吴占领荆州,关羽被杀这件事,一直是十分痛心的。他即位之后,第一件要紧的事就是进攻东吴,报仇雪耻。

大将赵云说,篡夺皇位的是曹丕,不是孙权。如果能灭掉曹魏,东吴自然就会屈服,不该放了曹魏去打东吴。

别的大臣劝谏得也不少,但是刘备说什么也听不进去。他把诸葛亮留在成都辅佐太子刘禅,亲自率领大军去征伐东吴。刘备一面准备出兵,一面通知张飞到江州(今四川重庆)会师。还没有等刘备出兵,张飞的部将叛变,杀了张飞投奔东吴。刘备一连丧失两员猛将,力量大大削弱,但他急于报仇,已经没有冷静考虑的余地了。

警报到了东吴,孙权听说刘备这次出兵声势很大,也有些害怕,派人向刘备求和,但是遭到刘备的拒绝。

没过几天,蜀汉人马已经攻下巫县(今四川巫中县北),一直打到秭归(今湖北省西部,秭音 zǐ)。孙权知道讲和已经没有希望,就派陆逊为大都督,带领五万人马去抵抗。

刘备出兵没几个月,就攻占了东吴的土地五六百里地。他从秭归出发,急于向东继续进军。随军官员黄权拦住他说:"东吴人打仗向来很勇猛,千万别小看他们。我们水军顺流而下,前进容易,要退兵可就难了。还是让我当先锋,在前面开路,陛下在后面接应,这样比较稳妥。"

刘备心急火燎,哪儿肯听黄权的话。他要黄权守住江北,防备魏兵;自己率主力沿着长江南岸,翻山越岭一直进军到了猇亭(今湖北宜都西北,猇音 xiāo)。

东吴将士看到蜀军得寸进尺,步步紧迫,都摩拳擦掌,想和蜀军大战一场。可是大都督陆逊却不同意。

陆逊说:"这次刘备带领大军东征,士气旺盛,战斗力强。再说他们在上游,占领险要地方,我们不容易攻破他。要是跟他们硬拼,万一失利,丢了人马,这是非同小可的事。我们还是积蓄力量,考虑战略。等日子一久,他们疲劳了,我们再找机会出击。"

陆逊部下的将军,有的还是孙策手下的老将,有的是孙氏的贵族,对孙权派年青的书生陆逊当都督,本来已经不大服气。现在听到陆逊不同意他们出战,认为陆逊胆小怕打仗,更不满意,在背地里愤愤不平。

蜀军从巫县到彝陵(今湖北宜昌东)沿路扎下了几十个大营,又用树木编成栅栏,把大营连成一片,前前后后长达七百里地。刘备以为这样好比布下天罗地网,只等东吴人来攻,就能把他们消灭。

但是陆逊一直按兵不动。从这年(公元 222 年)一月到六月,双方相持了半年。

刘备等急了,派将军吴班带了几千人从山上下来,在平地上扎营,向吴兵挑战。东吴的将军,耐不住性子,要求马上出击。

陆逊笑笑说:"我观察过地形。蜀兵在平地里扎营的兵士虽然少,可是周围山谷一定有伏兵。他们大声嚷嚷引我们打,我们可不能上他们的当。"

将士们还是不相信。过了几天,刘备看见东吴兵不肯交战,知道陆逊识破他的计策,就把原来埋伏的八千蜀军陆续从山谷中撤出来。东吴将士这才知道陆逊说得准。

一天,陆逊突然召集将士们,宣布要向蜀军进攻。将士们说:"要打刘备,早该动手了。现在让他进来了五六百里地,主要的关口要道,都让他占了。我们打过去,不会有好处。"

陆逊向他们解释说:“刘备刚来的时候,士气旺盛,我们是不能轻易取胜的。现在,他们在这儿待了这些日子,一直占不到便宜,兵士们已经很疲劳了。我们要打胜仗是时候了。”

他派了一小部分兵力先去攻击蜀军的一个营,刚刚靠近蜀营的木栅栏,蜀兵从左右两旁冲出来厮杀;接着,附近的几个连营里的兵士也出来增援。东吴兵抵挡不住,赶快后退,已经损失不少人马。

将军们抱怨陆逊,陆逊说:“这是我试探一下他们的虚实,现在我已经有了破蜀营的办法了。”

当天晚上,陆逊命令将士每人各带一束茅草和火种,预先埋伏在南岸的密林里,只等三更时候,就直奔江边,火烧连营。

到了三更,东吴四员大将率领几万兵士,冲近蜀营,用茅草点起火把,在蜀营的木栅栏边放起火来。那天晚上,风刮得很大,蜀军的营寨都是连在一起的,点着了一个营,附近的营也就一起延烧起来。一下子就攻破了刘备的四十多个大营。

等到刘备发现火起,已经无法抵抗。在蜀兵将士的保护下,刘备总算冲出了火网,逃上了马鞍山。

陆逊命令各路吴军,围住马鞍山发起猛攻,留在马鞍山上的上万名蜀军一下子全部溃散了,死伤的不计其数。一直战斗到夜里,刘备才带着残兵败将,突围逃走。吴军发现了,紧紧在后面追赶。还亏得沿途的驿站,把丢下的辎重、盔甲堵塞在山口要道上,阻挡住了东吴的追兵,刘备才逃到了白帝城(今四川奉节县白帝山上)。

这一场大战,蜀军几乎全军覆没,船只、器械和军用物资,全部被吴军缴获。历史上把这场战争称作“猇亭之战”,也叫“彝陵之战”。

刘备失败之后,又悔又恨,说:“我竟被陆逊打败,这岂不是天意吗?”过了一年,他在永安(今四川奉节)病倒了。

刘备战败后退到白帝城暂时驻扎下来,不久,他就因为忧愤悔恨而病倒了。在病势沉重的时候,刘备派人去成都,把丞相诸葛亮等人请到白帝城来安排后事。

刘备让诸葛亮坐在床边,对他说:“我有了丞相,才有今天的帝王事业。可是,我的知识浅陋,没有听丞相的话,自讨失败。想来又悔又恨,如今眼看我就要死了,儿子刘禅软弱无能,我只好把大事托付给丞相。”他一边说,一边把事先写好的遗嘱交给了诸葛亮,并且要求他尽力辅佐太子刘禅。诸葛亮向刘备表示,一定会尽一切力量辅佐少主,不辜负刘备的重托。蜀汉章武三年(公元223年)四月,刘备去世了,死的时候六十三岁。

大海寺之战

隋朝末年,炀帝暴政,信佞疏贤,骄奢淫逸,加之灾年饥馑,谷价猛增,百姓困苦,人心思反。大业七年(公元611年),翟让领导的瓦岗军揭竿而起。瓦岗军的壮大需要粮秣蓄积作为后方补给,当时仅靠截取朝廷漕运来维持军需。大业十二年(公元616年),李密向翟让建议:“先取荥阳,休兵馆谷,待士马肥充,然后与人争利。”

为镇压起义军,隋炀帝以张须陀为荥阳通守,率军进攻起义军。翟让牵制隋军正面,李密分兵一千余人埋伏于大海寺(今河南荥阳东北)北树林内。两军接战,翟让领军佯败,将隋军诱至伏击圈。起义军伏兵尽出,四面包围,击斩张须陀,大败荥阳隋军。

荥阳西面有隋号称天下第一粮仓的洛口仓(今巩义河洛镇七里村东的黄土岭上)。占领荥阳不仅能取得洛口仓的大量粮食,而且可逼近洛阳。翟让采纳李密的建议,亲自率兵攻下要塞金堤关(今荥阳东北),进逼荥阳城。同年十月,隋炀帝急调骁勇善战的张须陀为荥阳通守,率军两万围剿瓦岗军。张须陀是镇压农民军的老手,翟让曾经在他手里打过败仗,这次听说又是张须陀来了,不由心生怯意,打算放弃攻打荥阳计划。李密总结分析张须陀心态与作战特点后说:“须陀勇而无谋,兵又骤胜,既骄且狠,可一战而擒。公但列阵以待,保为公破之。”翟让听后茅塞顿开。大业十二年十一月十七日(公元616年12月1日),张须陀率军以方阵进击,瓦岗军与张须陀在荥阳大海寺决战。大海寺创建于北魏前期(今荥阳老城东、索河之滨)。李密带一千人马在大海寺北面的密林里设下埋伏,翟让率本部去与张须陀交战。张须陀欺负翟让不是他的对手,莽撞地指挥人马掩杀过来。翟让抵挡了一阵,佯装败退。张须陀紧追不放,追了十多里,路越来越窄,树林越来越密,正进李密布置的埋伏圈。李密率伏兵突然杀出,翟让等各部四面夹击,张须陀被伏兵层层包围,左冲右突,没法脱围,终于全军覆没,张须陀战死马下,时年五十二岁。瓦岗军乘胜出击,一举拿下荥阳城,并派精兵七千人西进,攻克洛口仓。

大海寺之战的胜利影响深远。对隋朝来说,不仅丧失了一员镇压起义的得力大将,而且使“河南郡县为之丧气”,损失可谓十分惨重。对于瓦岗军来说,前所未有的大胜使瓦岗声势大振。